工程图学

主　编　严　军　沙　琳
副主编　汝　艳　刘淑莉　胡　玮
　　　　张登霞　夏玲丽
编　者　司东亚　肖桂凤　李　坤
　　　　董王妍　刘　洲　周子鸣
主　审　吴　斌　余凯平

合肥工业大学出版社

图书在版编目(CIP)数据

工程图学/严军,沙琳主编. --合肥:合肥工业大学出版社,2024.6(2025.1 重印).
ISBN 978-7-5650-6846-1

Ⅰ. TB23

中国国家版本馆 CIP 数据核字第 2024TS6518 号

工 程 图 学

GONGCHENG TUXUE

严 军 沙 琳 主编

责任编辑	张择瑞
出版发行	合肥工业大学出版社
地　　址	(230009)合肥市屯溪路 193 号
网　　址	press. hfut. edu. cn
电　　话	理工图书出版中心:0551-62903204 营销与储运管理中心:0551-62903198
开　　本	787 毫米×1092 毫米　1/16
印　　张	14
字　　数	323 千字
版　　次	2024 年 6 月第 1 版
印　　次	2025 年 1 月第 2 次印刷
印　　刷	安徽联众印刷有限公司
书　　号	ISBN 978-7-5650-6846-1
定　　价	38.00 元

前　言

工程图学是图学的基本知识、基本概念和基本内容的通识型专业技术基础课程，是本科教育阶段首次任职培训的重要支撑课程。本教材依据新修订教学大纲和人才培养方案要求，总结多年制图的教学经验及成果编写，做到了强基础、重专业的特点。本书共10章，其主要内容有：制图的基本知识和技能，点、直线和平面的投影，立体的投影及其表面交线，组合体的视图，轴测图，机件表达形式，标准件和常用件，零件图，装配图的绘制和计算机绘图基础。本书符合教育部高等院校工程图学指导委员会2016年制订的《普通高等学校工程图学课程教学基本要求》及近年来发布的《机械制图》《技术制图》等相关国家标准规定。

本教材具有以下特点：

(1)在各章的编写中加强系统性。力求由浅入深、由易到难、由简到繁，符合初学者的认识规律，便于教学和自学。

(2)基础理论突出以应用为目的，以必须够用为度，强化读图能力的训练，适当减少大作业的次数，增加计算机绘图的内容。

(3)密切注意制图国家标准的变动，贯彻最新标准，体现教材的先进性和时代性。

(4)零件图部分引入军事图例，符合部队院校的军事人才培养方案的要求。

本教材由陆军炮兵防空兵学院机械工程系机械基础教研室编写，主编为严军、沙琳，副主编为汝艳、刘淑莉、胡玮、张登霞、夏玲丽。本教材在编写过程中由吴斌教授和余凯平副教授认真审阅，并提出了宝贵意见。

由于作者水平有限，书中不妥之处敬请读者批评指正，以便为后续编写修订提供参考。

编　者

2024年7月

目　录

第1章　制图基本知识和技能

工程图样是现代化工业生产中必不可少的技术资料，规范性要求高，因此对图样画法、尺寸注法等都必须作出统一的规定。本章主要介绍国家标准《技术制图》和《机械制图》中的基本规定，并简要介绍平面图形的基本画法、尺寸标注及平面图形的构型设计。

1.1　国家标准《技术制图》和《机械制图》的有关规定

为了便于生产、管理和技术交流，国家标准《技术制图》和《机械制图》对图纸的幅面和格式、比例、字体、图线和尺寸注法等，做了统一的规定。本节介绍其中的部分内容。

1.1.1　图纸幅面和格式（GB/T 14689—2008）

1. 图纸幅面

绘制技术图样时，应优先采用表1-1所规定的基本幅面。必要时，也允许选用加长幅面，但加长后的幅面尺寸须符合标准规定，由基本幅面的短边成整数倍增加后得出。

表1-1　图纸基本幅面代号和图框尺寸　　（单位：mm）

幅面代号	A0	A1	A2	A3	A4
$B\times L$	841×1189	594×841	420×594	297×420	210×297
e	20		10		
c	10			5	
a	25				

2. 图框格式

在图纸上必须用粗实线画出图框，其格式分为无装订边和有装订边两种，如图1-1、图1-2所示，其尺寸见表1-1。但同一产品的图样只能采用一种格式。

3. 标题栏

每张图纸上都必须在右下角画出标题栏（图1-1、图1-2）。GB/T 10609.1—2008中规定了标题栏的格式和尺寸。学生制图作业中的零件图标题栏建议采用图1-3所示的简化标题栏，也可以自定。把图1-3中的“数量”改为“质量”，“材料”改为“共×张”，其下方的空格改为“第×张”后，可作为简化装配图标题栏。

有些图纸上还具有对中符号、方向符号、剪切符号、投影符号等附加符号，需要时可查阅 GB/T 14689—2008。

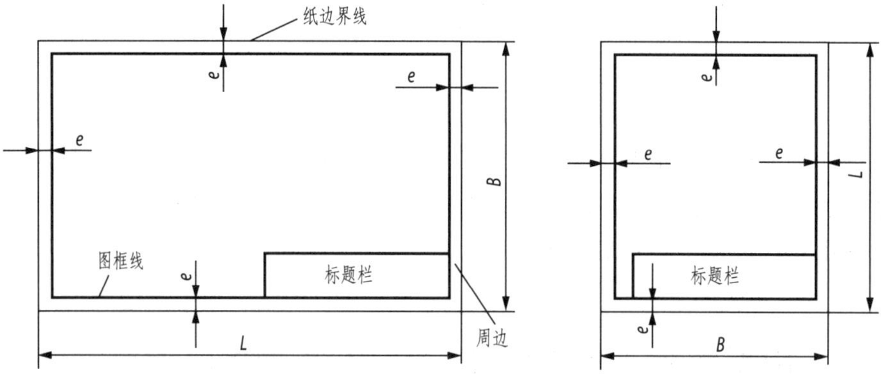

（a）X型　　（b）Y型

图 1-1　无装订边图纸的图框格式

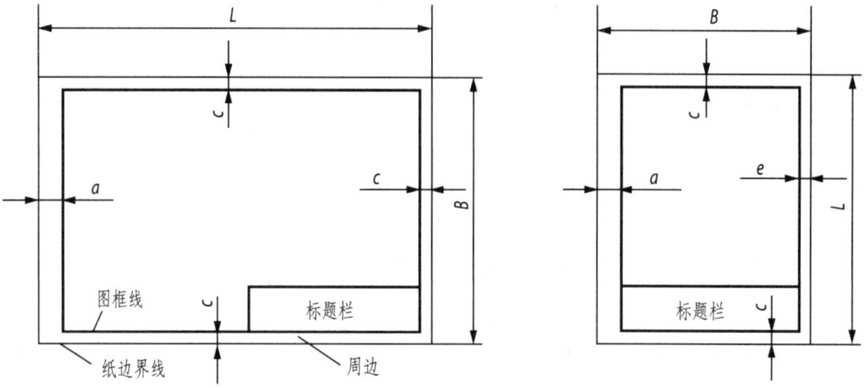

（a）X型　　（b）Y型

图 1-2　有装订边图纸的图框格式

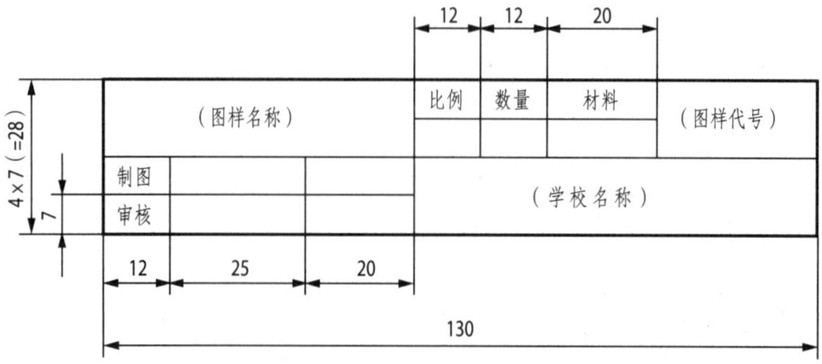

图 1-3　制图作业用简化零件图标题栏

1.1.2　比例（GB/T 14690—1993）

比例是指图中图形与其实物相应要素的线性尺寸之比。绘制图样时，应在表 1-2 规定的系列中选取适当的比例。必要时，也允许选取表 1-3 所列的比例。

表 1-2　比例（一）

种类	比例		
原值比例	1∶1		
放大比例	5∶1	2∶1	
	5×10^n∶1	2×10^n∶1	1×10^n∶1
缩小比例	1∶2	1∶5	1∶10
	1∶2×10^n	1∶5×10^n	1∶1×10^n

注：n 为正整数。

表 1-3　比例（二）

种类	比例				
放大比例	4∶1	2.5∶1			
	4×10^n∶1	2.5×10^n∶1			
缩小比例	1∶1.5	1∶2.5	1∶3	1∶4	1∶6
	1∶1.5×10^n	1∶2.5×10^n	1∶3×10^n	1∶4×10^n	1∶6×10^n

注：n 为正整数。

为使图形能直接反映实物的真实大小，绘图时，应尽可能采用原值比例。无论采用何种比例，图形上所注的尺寸数值，都必须是实物的实际大小。标注比例时，比例符号应以“∶”表示。如 1∶1、2∶1、1∶2 等。

1.1.3　字体（GB/T 14691—1993）

图样中书写的字体必须做到：字体工整，笔画清楚，间隔均匀，排列整齐。

字体高度（用 h 表示）的公称尺寸系列为：1.8、2.5、3.5、5、7、10、14、20（单位为 mm）。如需要书写更大的字，其字体高度应按 $\sqrt{2}$ 的比例递增。字体高度代表字体的号数。

1. 汉字

汉字应写成长仿宋体字，并应采用国家正式公布推行的简化字。汉字的高度 h 不应小于 3.5 mm，其字宽一般为 $h/\sqrt{2}$。

长仿宋体字的书写要领是：横平竖直，注意起落，结构匀称，填满方格。书写时，笔画要一笔写成，不得勾描；横从左到右要平直且略微提升，竖要铅垂，起落笔有力露锋；偏旁部首比例适当，结构匀称美观，如图 1-4 所示。

10 号字

字体工整 笔画清楚 间隔均匀 排列整齐

7 号字

横平竖直 注意起落 结构均匀 填满方格

5 号字

技术制图 机械 电子 汽车 航空 船舶 土木 建筑 矿山 井坑 港口 纺织 服装

3.5 号字

螺纹 齿轮 端子 接线 飞行指导 驾驶舱位 挖填施工 引水通风 闸阀坝 棉麻化纤

图 1-4　长仿宋体字示例

2. 数字和字母

字母和数字分为 A 型和 B 型。A 型字体的笔画宽度（d）为字高（h）的 1/14，B 型字体的笔画宽度（d）为字高（h）的 1/10。同一图样上，只允许选用一种型式的字体。

字母和数字可写成斜体和直体。斜体字字头向右倾斜，与水平基准线成 75°，如图 1-5所示。

ABCDEFGHIJKLMNOPQRSTUVWXYZ

abcdefghijklmnopqrstuvwxyz

12345678910

I II III IV V VI VII VIII IX X

R3　$2\times\Phi 5$　*M24-7H*　$\Phi 60H7$　$\Phi 30g6$

$\Phi 20^{+0.021}_{0}$　$\Phi 25^{-0.007}_{-0.020}$　*Q235*　*HT200*

图 1-5　拉丁字母和数字示例（B 型字体）

1.1.4　图线（GB/T 4457.4—2002，GB/T 17450—1998）

1. 线型

国家标准 GB/T 17450—1998《技术制图图线》规定了绘制各种技术图样的基本线型、

基本线型的变形及其相互组合。在机械图样中，国家标准 GB/T 4457.4—2002《机械制图 图样画法图线》规定，只采用粗线和细线两种线宽，它们之间的比例为 2∶1。图线宽度和图线组别见表 1-4。制图中应优先采用的图线组别为 0.5 和 0.7。

表 1-4　图线宽度和图线组别　　（单位：mm）

图线组别	0.25	0.35	0.5	0.7	1	1.4	2
粗线宽度	0.25	0.35	0.5	0.7	1	1.4	2
细线宽度	0.13	0.18	0.25	0.35	0.5	0.7	1

机械图样上常用的几种图线的名称，型式和一般应用见表 1-5。

表 1-5　线型

图线名称	线型	图线宽度	一般应用
粗实线		粗	可见棱边线
			可见轮廓线
			相贯线
			螺纹的牙顶线及螺纹长度终止线
			齿顶圆（线）
			剖切符号线
细虚线		细	不可见棱边线
			不可见轮廓线
细实线		细	尺寸线和尺寸界线
			剖面线
			过渡线
			指引线和基准线
			重合断面的轮廓线
			螺纹的牙顶线及齿轮的齿根线
			辅助线
			投影线
细点画线		细	轴线
			对称中心线
			分度圆（线）
			孔隙分布的中心线
			剖切线
波浪线		细	断裂处的边界线
			视图与剖视图的分界线

（续表）

图线名称	线型	图线宽度	一般应用
双折线		细	断裂处的边界线
			视图与剖视图的分界线
细双点画线		细	相邻辅助零件的轮廓线
			可动零件的极限位置的轮廓线
			剖切面前的结构轮廓线
			轨迹线
粗点画线		粗	限定范围表示线
粗虚线		粗	允许表面处理的表示线

以下将细虚线、细点画线和细双点画线分别简称为虚线、点画线和双点画线。图线应用示例如图 1－6 所示。

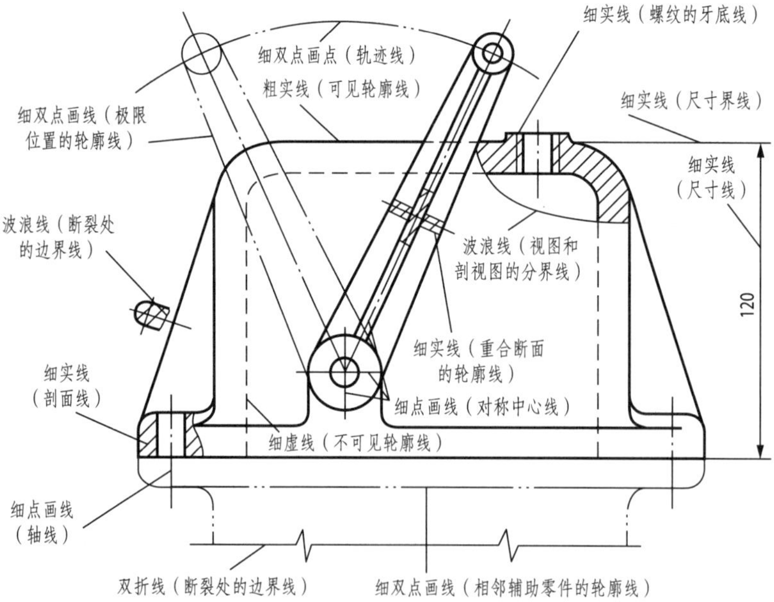

图 1－6　各种线型的应用

2. 图线的画法

机械图样中对图线的画法有明确的要求，如图 1－7 所示。

（1）在同一图样中，同类图线的宽度应一致。机械制图中通常采用两种线宽，称为粗线和细线，其宽度比例关系为 2∶1，粗线宽度优先采用 0.5、0.7。各类线素（不连续的独立部分，如点、画、间隔）的长度应各自大致相等，符合国家标准的规定（表 1－6）。

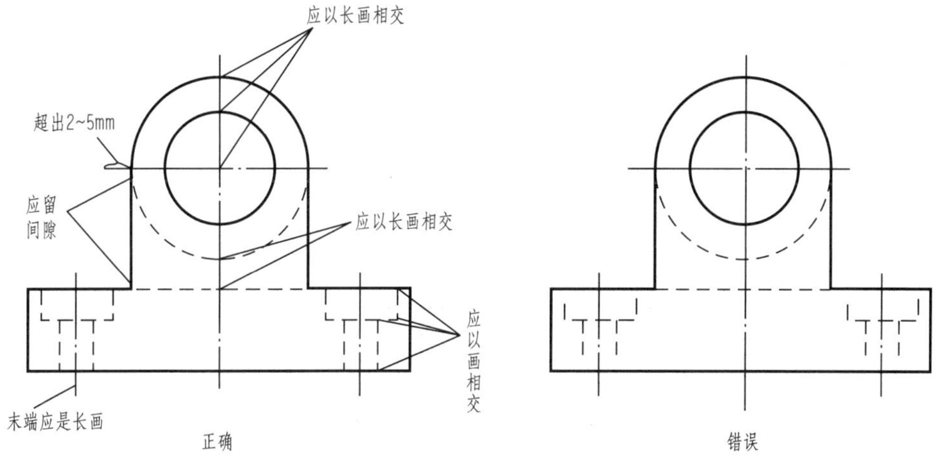

图 1－7　图线画法

表 1－6　常用线素的长度

线素	长度	线素	长度
点	≤0.5*d*	画	12*d*
短间隔	3*d*	长画	24*d*

注：*d* 为图线的宽度。

实际作图时，通常虚线画长 4～6 mm，间隔约 1 mm；点画线长画长 15～30 mm，两长画间间隔约 3 mm；双点画线长画长 15～30 mm，两长画间间隔约 5 mm。

（2）图线相交时，都应以画或长画相交，而不应该交于点或间隔。

（3）虚线直线在实线延长线上相接时，虚线应留出间隔；虚线圆弧与实线相切时，虚线圆弧应留出间隔。

（4）实际绘图时，图线的首末端应是长画或画，而不应是点或间隔。点画线的两端应超出轮廓线 2～5 mm。

（5）画圆的中心线时，圆心应是长画的交点；当圆的图形较小（直径小于 12 mm）时，允许用细实线代替点画线。

（6）当图线重合时，优先选择的绘制顺序是：可见轮廓线→不可见轮廓线→尺寸线→各种用途的细实线→轴线和对称中心线→假想线。

1.1.5　尺寸注法基本规则（GB/T 4458.4—2003，GB/T 16675.2—1996）

1. 基本规则

（1）机件的真实大小应以图样上所注的尺寸数值为依据，与图形的大小及绘图的准确度无关。

（2）图样中（包括技术要求和其他说明）的尺寸，当以 mm 为单位时，不需标注计量单位符号（或名称），如采用其他单位，则应注明相应的单位符号。

(3) 图样中所标注的尺寸，为该图样所示机件的最后完工尺寸，否则应另加说明。

(4) 机件的每一个尺寸，一般只标注一次，并应标注在反映该结构最清晰的图形上。

2. 尺寸要素

图样上标注的每一个尺寸，一般由尺寸界线、尺寸线、表示尺寸线终端的箭头或斜线、尺寸数字所组成，如图 1-8 所示。

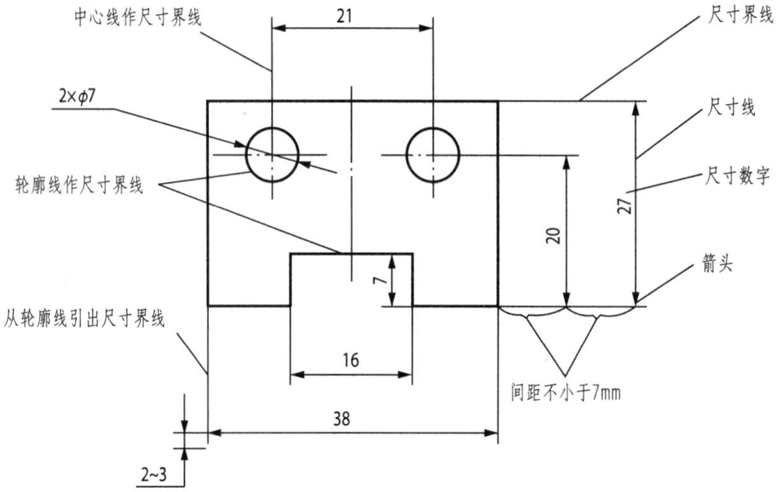

图 1-8　尺寸的组成

(1) 尺寸界线。尺寸界线表示尺寸的度量范围。它用细实线绘制，并应由图形的轮廓线、轴线或对称中心线处引出，也可利用轮廓线、轴线或对称中心线作尺寸界线。

尺寸界线一般应与尺寸线垂直，必要时才允许倾斜。在光滑过渡处标注尺寸时，应用细实线将轮廓线延长，从它们的交点处引出尺寸界线，如图 1-9 所示。

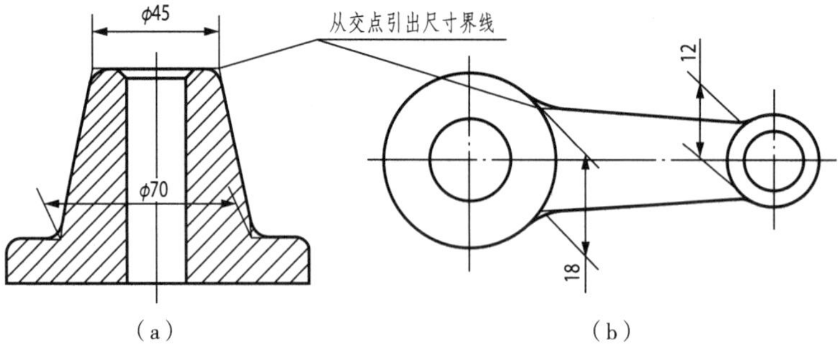

图 1-9　光滑过渡处尺寸界线的画法

(2) 尺寸线和尺寸终端。尺寸线表示尺寸的度量方向。它用细实线绘制，不能用其他图线代替，一般也不得与其他图线重合或画在其延长线上。标注线性尺寸时，尺寸线应与所注的线段平行。图 1-10 为尺寸线错误画法示例。

尺寸线的终端有箭头和斜线两种形式，如图 1-11 所示。箭头形式适用于各种类型的图样。当尺寸线的终端采用斜线（用细实线绘制）形式时，尺寸线与尺寸界线应相互垂直。

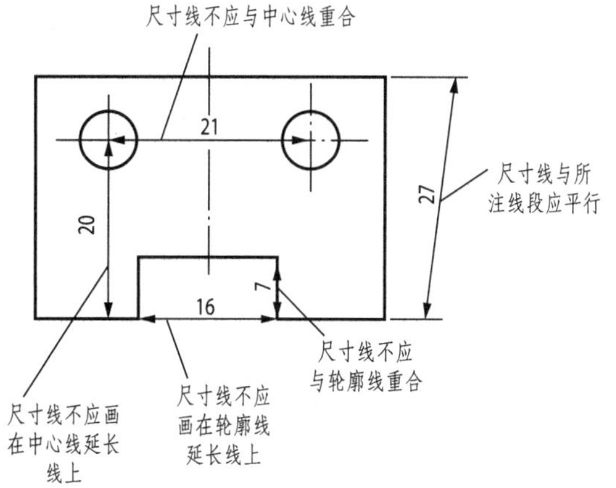

图 1－10　尺寸线错误画法示例

同一张图样中只能采用一种尺寸线终端形式。机械图样中一般采用箭头作为尺寸线的终端。

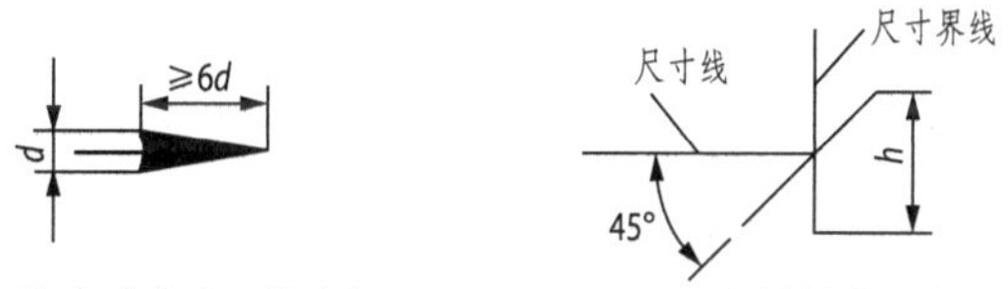

（a）箭头形式（已放大）　　（b）斜线形式

图 1－11　尺寸线的两种终端形式

d—粗实线的宽度；h—字体高度

（3）尺寸数字。尺寸数字表示尺寸度量的大小。线性尺寸的数字一般应注写在尺寸线的上方，也允许注写在尺寸线的中断处。同一张图样上注写方法应一致。

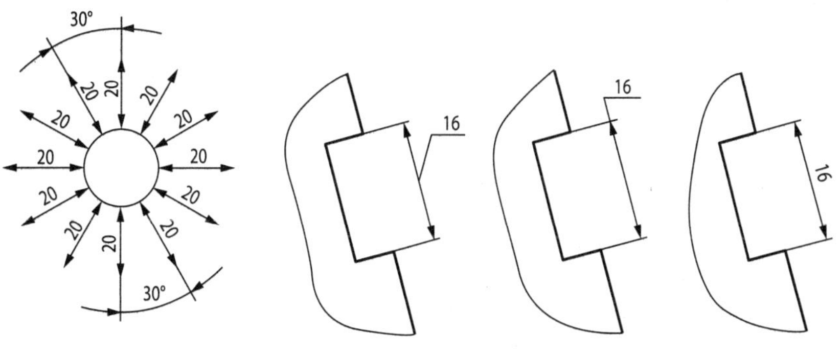

（a）　　（b）

图 1－12　线性尺寸数字的注写方向

线性尺寸数字一般应按图 1－12（a）所示的方向注写，即水平方向字头朝上，铅垂方向字头朝左，倾斜方向字头保持朝上趋势，并尽可能避免在图示 30°范围内标注。当无法

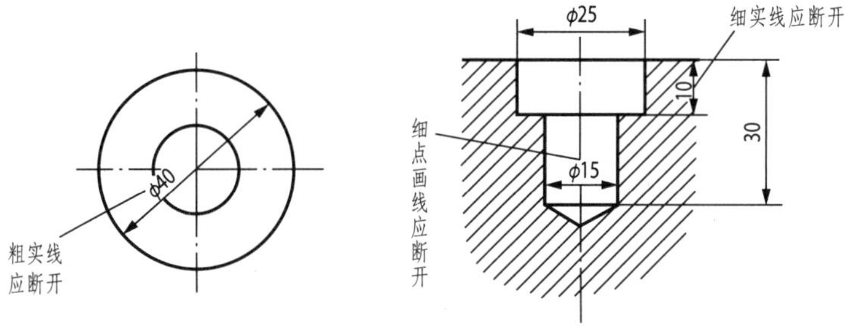

图 1-13　尺寸数字不可被任何图线通过

避免时，可按图 1-12（b）的形式标注。

尺寸数字不可被任何图线所通过，否则应将图线断开，如图 1-13 所示。

3. 标注示例

国家标准规定的常用尺寸注法示例见表 1-7。

表 1-7　常用的尺寸注法示例

项目	图例	说明
线性尺寸	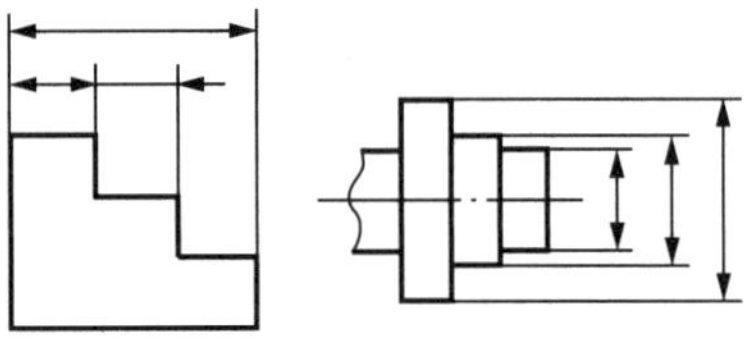	1. 串列尺寸，箭头应对齐 2. 并列尺寸，小尺寸注在内，大尺寸注在外，尺寸线间隔不小于 7 mm，间隔基本保持一致
圆和圆弧	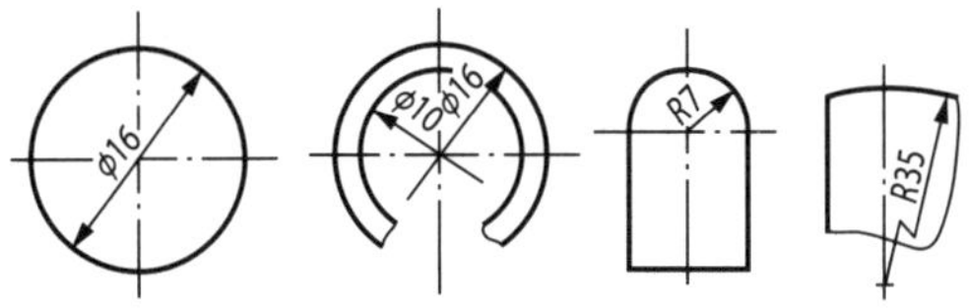	1. 圆和大于半圆的圆弧尺寸应标注直径，尺寸线通过圆心，箭头指在圆周上，且应在尺寸数字前加注符号“φ” 2. 小于和等于半圆的圆弧尺寸一般标注半径，只在指向圆弧的一端尺寸线上画箭头，尺寸线指向圆心，且在尺寸数字前加注符号“*R*”
小尺寸	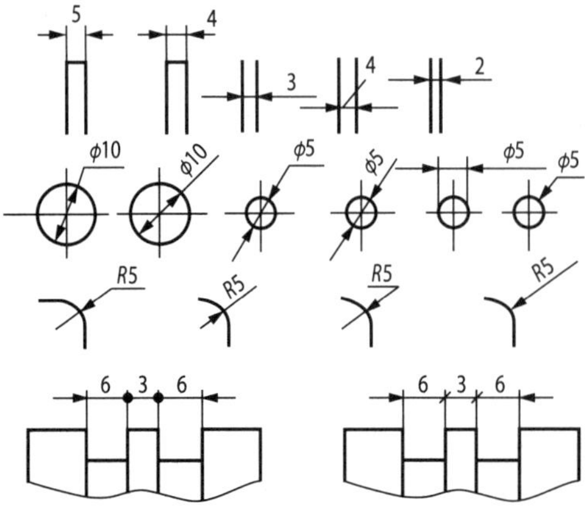	1. 在没有足够的位置画箭头或注写数字时，可将其中之一布置在外面，也可把箭头和数字都布置在外面 2. 标注一连串小尺寸时，允许用圆点或斜线代替中间的箭头

（续表）

<table>
<tr><th>项目</th><th>图例</th><th>说明</th></tr>
<tr><td>角度</td><td>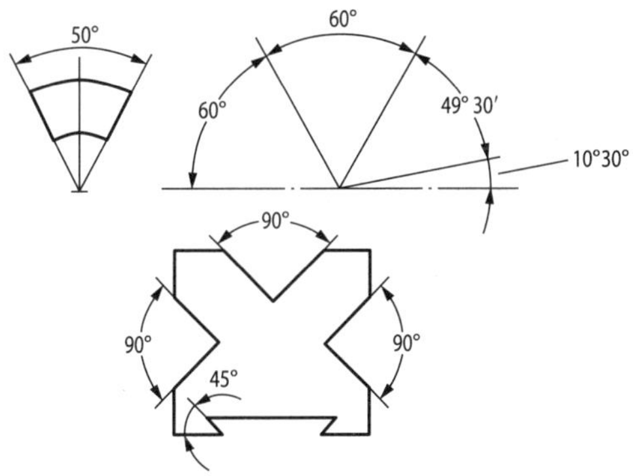
</td><td>1. 角度的尺寸界线沿径向引出，尺寸线应画成圆弧，其圆心是该角的顶点
2. 角度的数字一律写成水平方向，一般注写在尺寸线的中断处，必要时也可注写在尺寸线的上方、外面或引出标注</td></tr>
<tr><td>对称图形</td><td>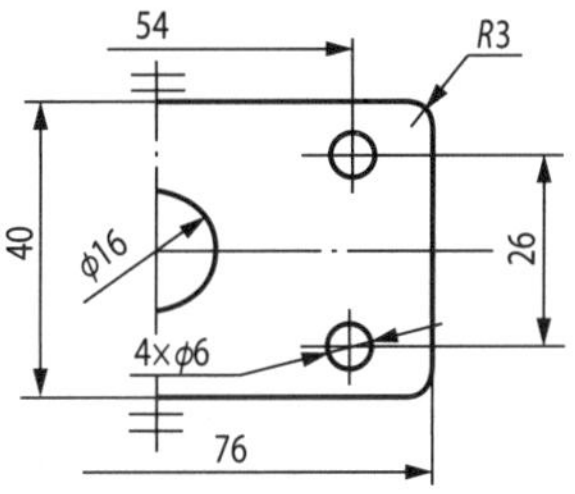
</td><td>1. 对称图形，应把尺寸标注为对称分布
2. 当对称图形只画出一般或略大于一半时，尺寸线应略超过对称中心线或断裂处的边界线，此时仅在尺寸线的一端画出箭头</td></tr>
<tr><td>球面</td><td>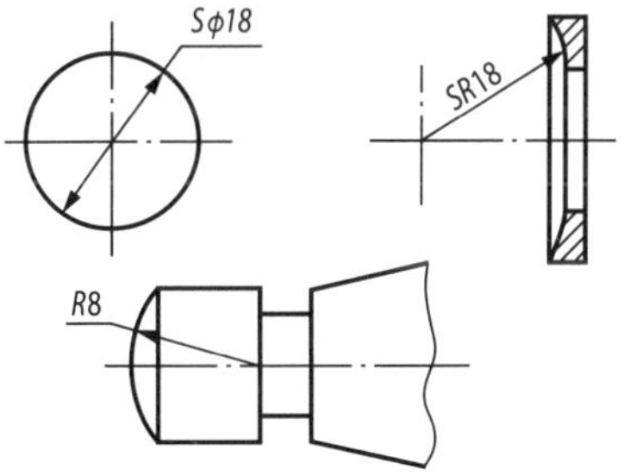
</td><td>1. 标注球面的直径或半径时，应在符号“φ”或“R”前再加注符号“S”
2. 对于轴、螺杆、铆钉以及手柄等的端部，在不致引起误解的情况下，可省略符号“S”</td></tr>
</table>

1.2　几何作图

为了提高手工绘图的质量和效率，必须正确地使用各种绘图工具。本节介绍常用的手工绘图工具及其用法。

1.2.1　图板

图板是用来固定图纸并进行绘图的。板面要求平整、光滑，左侧导边必须光滑、平直，如图 1－14 所示。

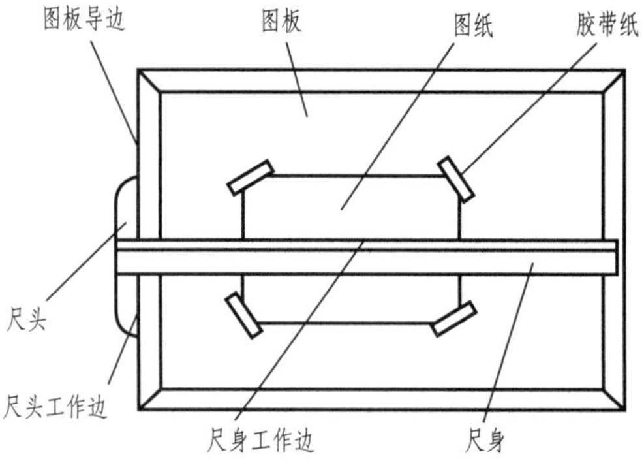

图 1-14　图板、丁字尺和图纸

1.2.2　丁字尺

丁字尺主要用来画水平线，还常与三角板配合画垂直线。使用时，需用左手扶住尺头，并使尺头工作边紧靠图板左导边，上下滑移到画线位置［图 1-15（a)］，然后压住尺身，沿工作边自左向右画水平线［图 1-15（b)］。禁止直接用丁字尺画垂直线，也不能用尺身下缘画水平线。

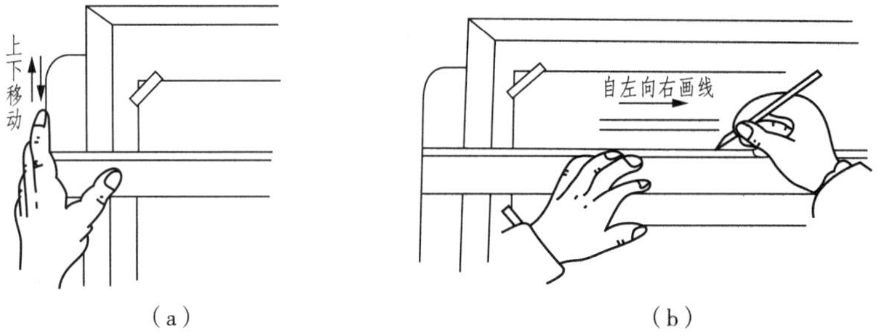

图 1-15　用丁字尺画水平线

1.2.3　三角板

三角板常与丁字尺配合，画水平线的垂直线，如图 1-16 所示。

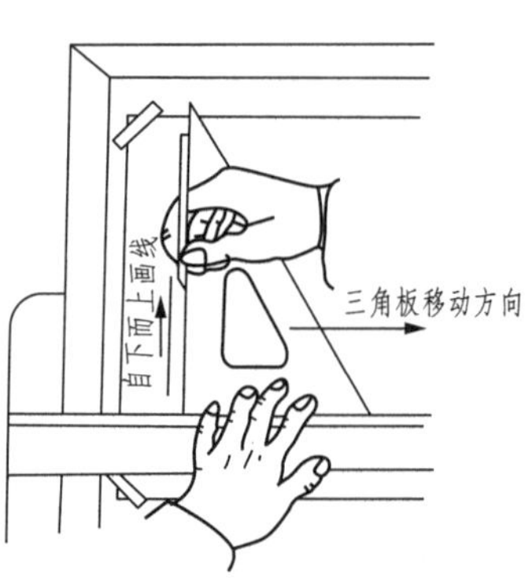

图 1-16　用三角板与丁字尺画垂直线

三角板与丁字尺或直尺配合使用，可以画与水平线成 15°倍数角的斜线，如图 1 - 17 所示。

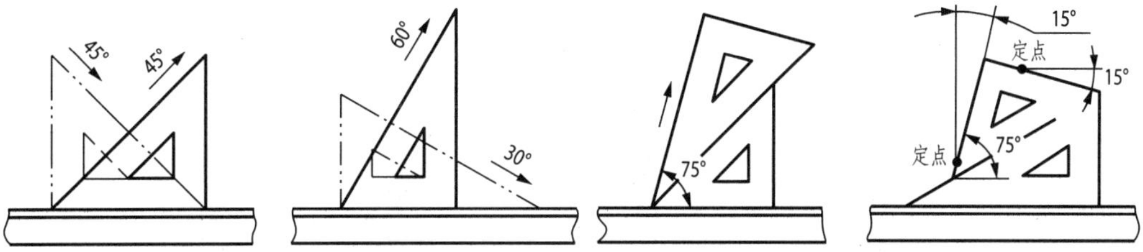

（a）　（b）　（c）　（d）

图 1 - 17　用三角板画 15°倍数角的斜线

三角板移动方向两块三角板配合，还可以画任意已知直线的平行线或垂直线，如图 1 - 18所示。

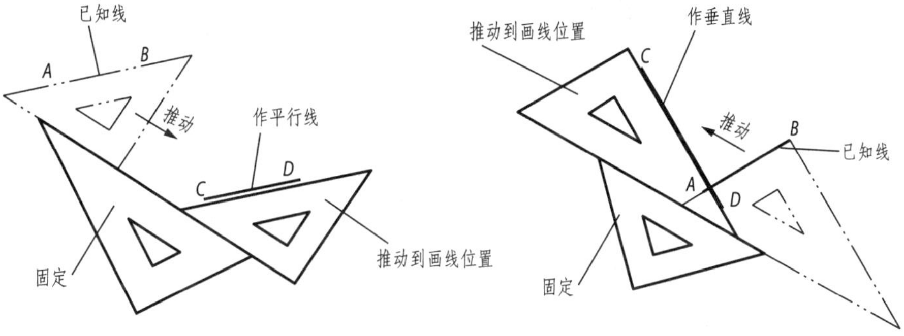

（a）画平行线　（b）画垂直线

图 1 - 18　画已知直线的平行线和垂直线

1.2.4　圆规

圆规用来画圆和圆弧。圆规上的铅芯应比画同类直线的铅芯软一号。

画圆时，应将圆规钢针有台肩端朝下，并使台肩面与铅芯尖端平齐，两脚与纸面垂直，按顺时针方向画圆，并向前进方向稍微倾斜［图 1 - 19（a）］；画较大圆时，应调整钢针与铅芯插脚，保持与纸面垂直［图 1 - 19（b）］；画小圆时，圆规两脚应向里弯曲［图 1 - 19（c）］；画大圆时，应接上接长杆［图 1 - 19（d）］。

1.2.5　分规

分规用来量取尺寸和等分线段。当两腿并拢时，两针尖应对齐，其用法如图 1 - 20 所示。

1.2.6　铅笔

绘图铅笔的铅芯有软硬之分，用标号 B 或 H 表示。B 前数字越大，铅芯越软；H 前

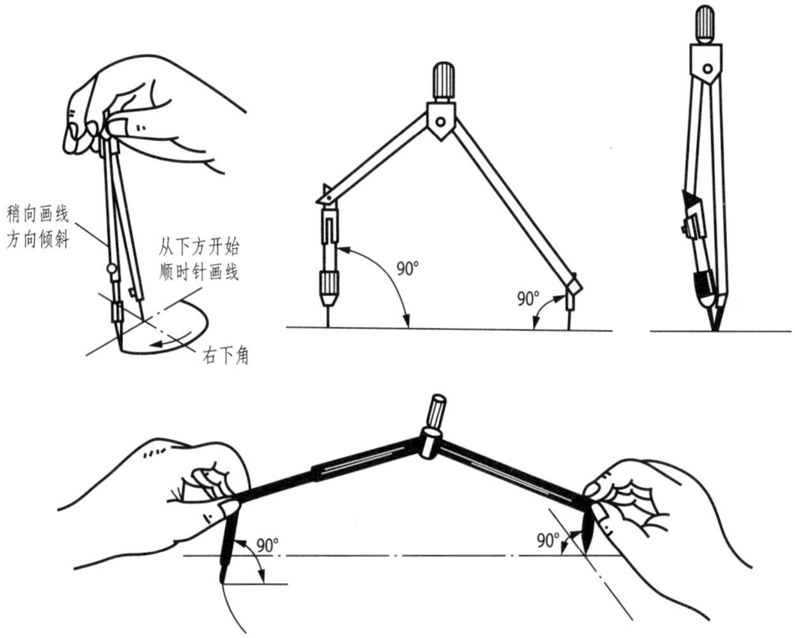

图 1－19　圆规的使用

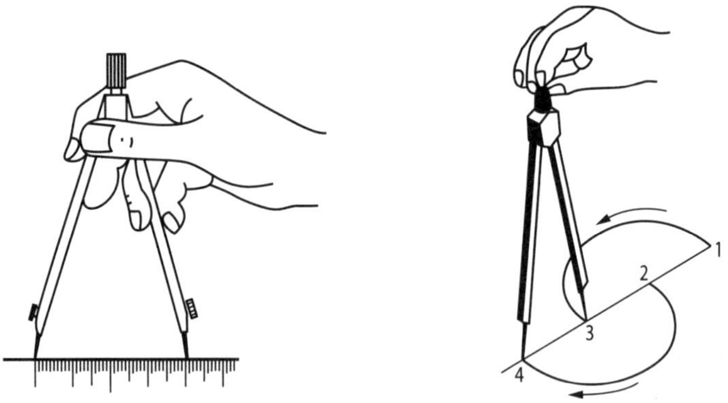

（a）量取尺寸　　（b）等分线段

图 1－20　分规的使用

数字越大，铅芯越硬；HB 铅芯软硬适中。

绘图时，一般用 H 或 2H 铅笔画底稿线，用 HB 或 B 铅笔加深粗线，用 H 铅笔加深细线；圆规用相应软一号的铅芯；用 HB 铅笔写字，画箭头。

铅笔应从没有标号的一端开始削起，铅芯的修磨，可在砂纸上进行［图 1－21（a）］。用于画底稿线、细线和写字的铅笔，其铅芯宜磨成圆锥形［图 1－21（b）］；用于画粗线的铅笔，其铅芯可磨成扁四棱台形［图 1－21（c）］。

常用的手工绘图工具和用品还有比例尺、曲线板、橡皮、胶带纸、擦线板、小刀、墨线笔、软毛刷、绘图纸等。

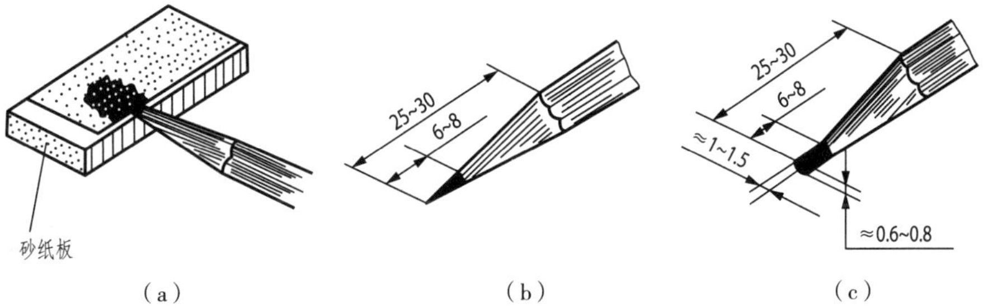

图 1-21　铅笔的修磨

1.2.7　几何作图

机件的轮廓形状，分析起来大多是由直线、圆弧、多边形或其他曲线等几何图形所组成的。本节介绍常用几何图形及其连接的尺规作图方法。

1. 等分圆周，作正多边形

(1) 正六边形

① 用圆规等分圆周并作正六边形（图 1-22）。

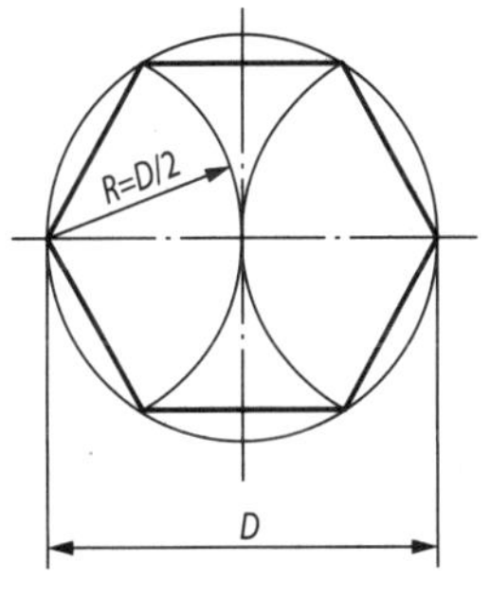

图 1-22　圆规作正六边形

② 用丁字尺和三角板作正六边形（图 1-23）。

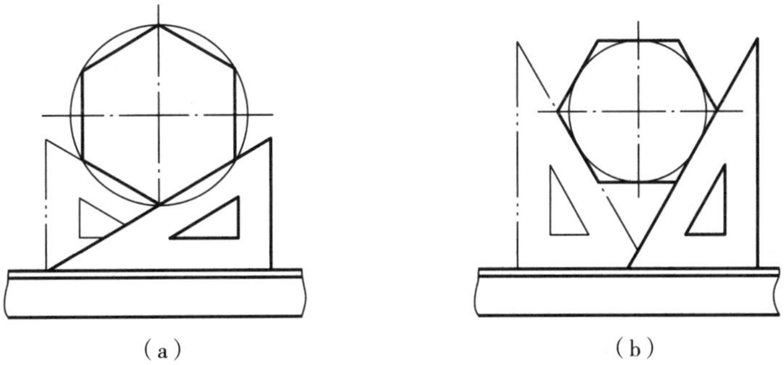

图 1-23　用丁字尺和三角板作正六边形

（2）正五边形（图 1-24）。

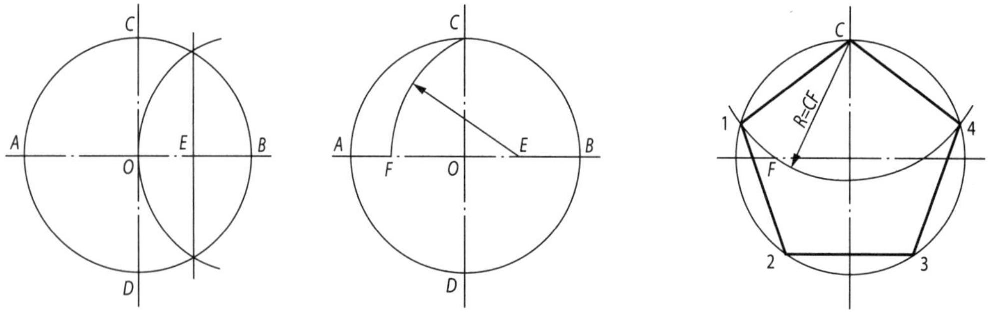

（a）作出OB的中点E　（b）以E为圆心，EC为半径作圆弧交OA于F，CF即为五边形的边长　（c）以CF长依次截取圆周得五个等分点，连接相邻各点即为正五边形

图 1-24　五等分圆周并作正五边形

2. 圆弧连接

绘制机件图形时，经常需要用圆弧去光滑地连接已知圆弧或直线，见表 1-9。这种用圆弧光滑地连接相邻两线段的方法，称为圆弧连接。光滑连接，实质上就是圆弧与直线或圆弧与圆弧相切，其切点即为连接点。为此，必须准确地找出连接圆弧的圆心和切点。

（1）圆弧连接的作图原理（表 1-8）

表 1-8　圆弧连接的作图原理

类别	圆弧与直线连接（相切）	圆弧与圆弧外连接（外切）	圆弧与圆弧内连接（内切）
图例	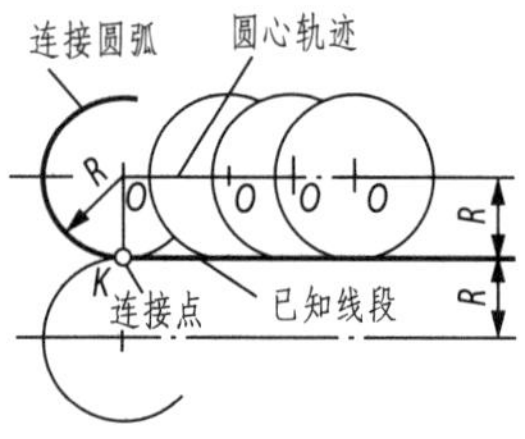	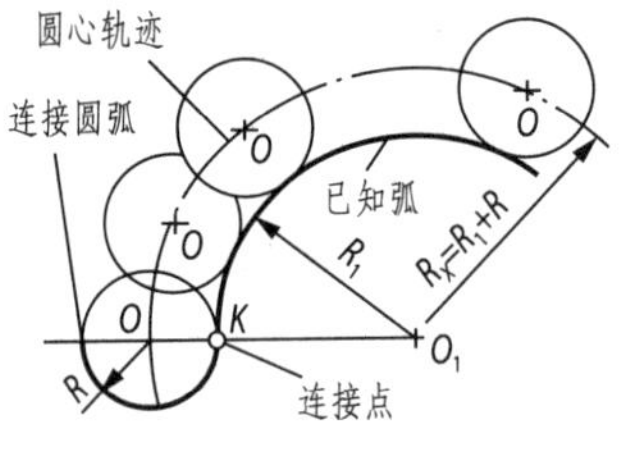	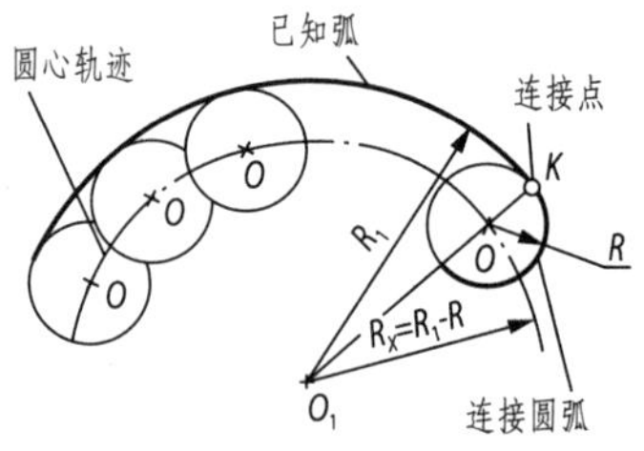
连接弧圆心轨迹及切点位置	连接弧圆心的轨迹是平行于已知直线且相距为 R 的直线 连接弧圆心向已知直线作垂线，垂足 K 即为切点	连接弧圆心的轨迹是已知圆弧的同心圆弧，其半径为 R_1+R 两圆心连线与已知圆弧的交点 K 即为切点	连接弧圆心的轨迹是已知圆弧的同心圆弧，其半径为 R_1-R 两圆心连线的延长线与已知圆弧的交点 K 即为切点

（2）圆弧连接的作图方法

作圆弧连接，先求出连接弧的圆心，再找出连接点（切点），最后画连接弧。作图步骤见表 1-9。

表 1－9　圆弧连接的作图步骤

形式	实例	作图	步骤
两直线间的圆弧连接	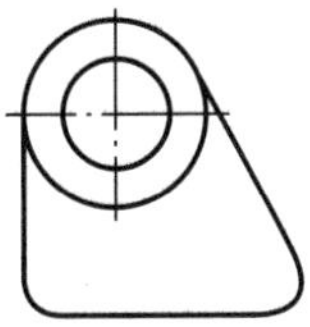	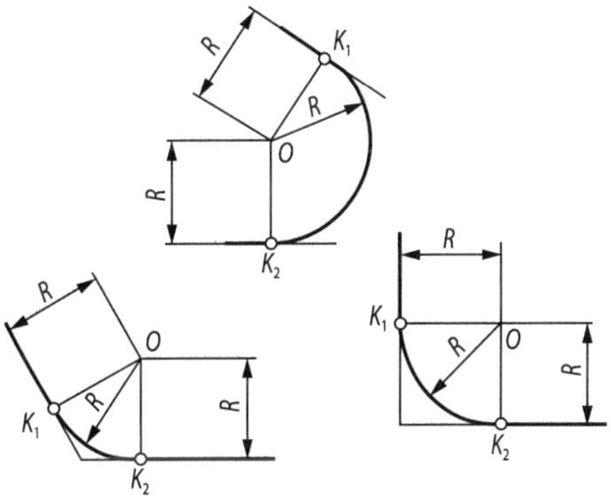	1. 分别作与两已知直线距离为 R 的平行线，其交点 O 即为连接圆弧的圆心 2. 过 O 点分别作两已知直线的垂线，得垂足 K_1 和 K_2，即为切点 3. 以 O 为圆心、R 为半径在两切点 K_1、K_2 之间作圆弧，即为所求
两圆弧间的圆弧连接 外连接	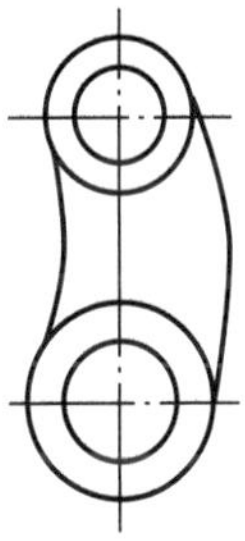	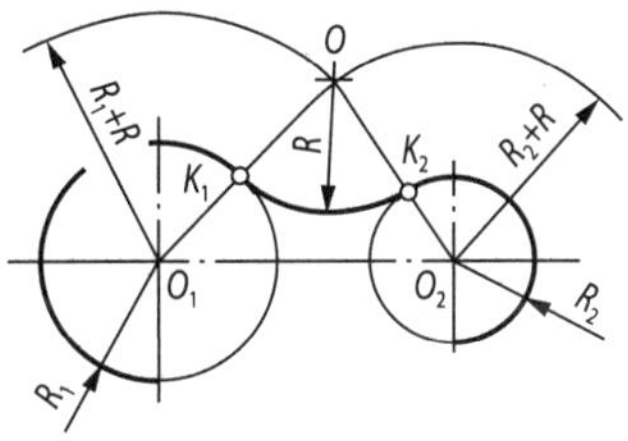	1. 分别以 O_1、O_2 为圆心、R_1+R 和 R_2+R 为半径画圆弧得交点 O，即为连接圆弧的圆心 2. 连接 OO_1、OO_2 与已知圆弧分别交于 K_1、K_2，即为切点 3. 以 O 为圆心、R 为半径在两切点 K_1、K_2 之间作圆弧，即为所求
两圆弧间的圆弧连接 内连接		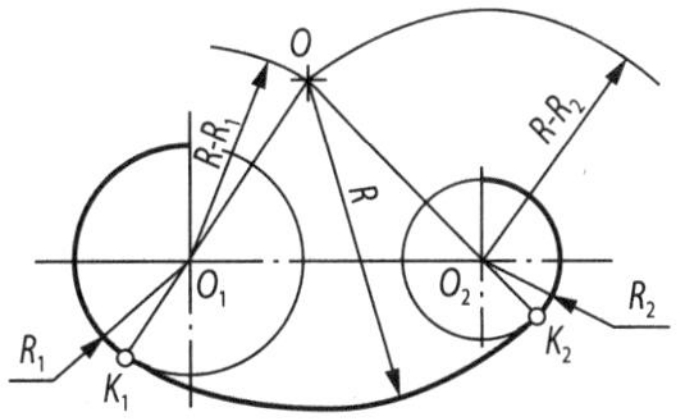	1. 分别以 O_1、O_2 为圆心、$R-R_1$ 和 $R-R_2$ 为半径画圆弧得交点 O，即为连接弧的圆心 2. 连接 OO_1、OO_2 并延长，与已知圆弧分别交于 K_1、K_2，即为切点 3. 以 O 为圆心、R 为半径在两切点 K_1、K_2 之间作圆弧，即为所求
两圆弧间的圆弧连接 混合连接	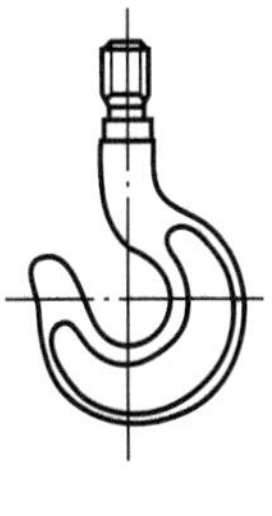	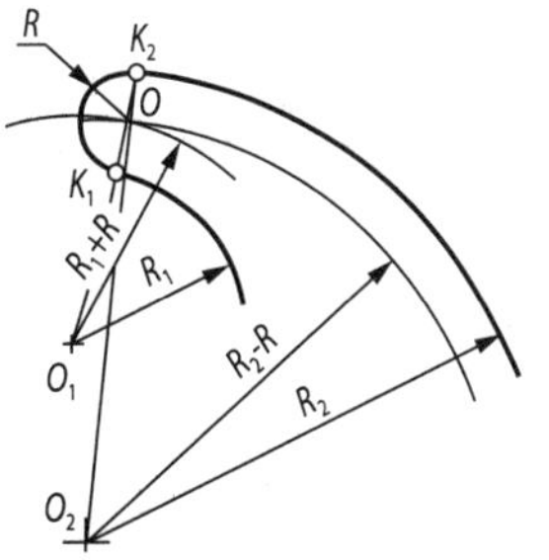	1. 分别以 O_1、O_2 为圆心、R_1+R 和 R_2-R 为半径画圆弧得交点 O，即为连接弧圆心 2. 连接 OO_1、OO_2 并延长 O_2O 与已知圆弧分别交于 K_1、K_2，即为切点 3. 以 O 为圆心、R 为半径在两切点 K_1、K_2 之间作圆弧，即为所求

（续表）

形式	实例	作图	步骤
直线和圆弧间的圆弧连接	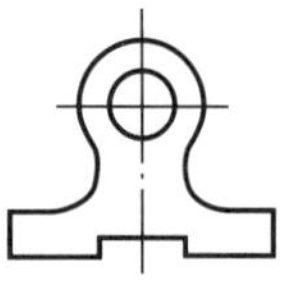	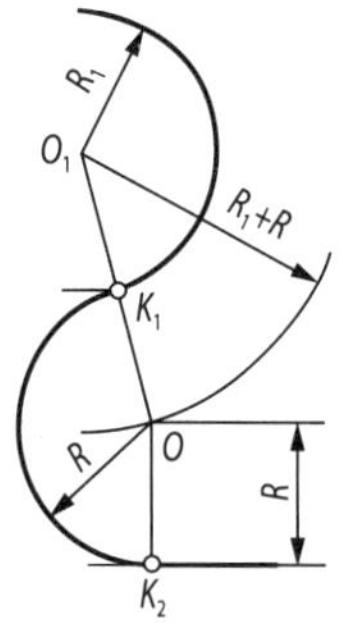	1. 作与已知直线距离为 R 的平行线 2. 以 O_1 为圆心、R_1+R 为半径画圆弧与平行线交于 O，即为连接圆弧圆心 3. 过 O 作已知直线的垂线，得垂线 K_2，连接 OO_1 与已知圆弧分别交于 K_1、K_2，则 K_1、K_2 为切点 4. 以 O 为圆心、R 为半径在两切点 K_1、K_2 之间作圆弧，即为所求

3. 椭圆的近似画法

非圆曲线种类很多，这里仅介绍根据长、短轴作椭圆的近似画法。这种近似画法是以四段圆弧依次连接代替椭圆曲线的。因为四段圆弧有四个圆心，所以将这种画法称为四心法。作图步骤如图 1－25 所示。

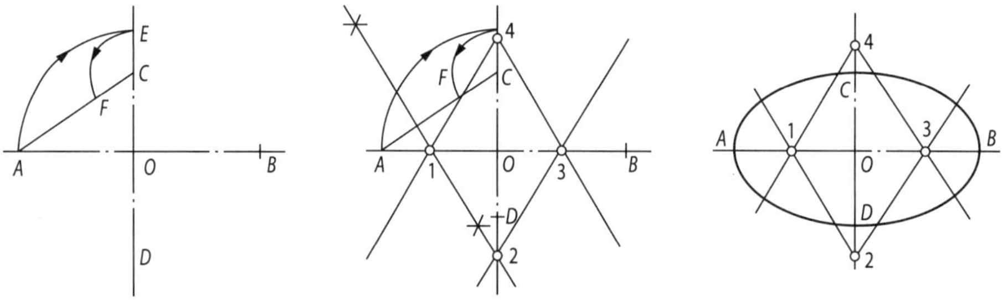

（a） （b） （c）

（a）画长、短轴AB、CD，连接AC。以O为圆心、OA为半径画弧与OC的延长线交于E点；以C为圆心、CE为半径作圆弧交AC于F点；（b）作AF的中垂线，与长、短轴分别交于1、2点。作出1、2的对称点3、4，连接21、23、41和43并延长；（c）分别以2、4为圆心、以$2C$（或$4D$）为半径做圆弧，再分别以1、3为圆心，以$1A$（或$3B$）为半径作圆弧，这四段圆弧两两相切于21、23、41和43四条直线上，即画出了近似椭圆。

图 1－25　四心法画近似椭圆

1.3　平面图形的分析

画平面图形前，首先要对图形进行尺寸和线段分析，以明确作图顺序，然后按一定的绘图方法和步骤，正确快速地画出图形并标注尺寸。

1.3.1　平面图形的尺寸分析

平面图形的尺寸按其作用可分为两类：

1. 定形尺寸

确定平面图形中各线段或线框形状大小的尺寸称为定形尺寸，如线段长度、圆的直径、圆弧半径以及角度大小等，图 1-26 中的 15、ϕ20、ϕ5、*R*15、*R*12、*R*50、*R*10 等均为定形尺寸。

2. 定位尺寸

确定平面图形中线段或线框间相对位置的尺寸称为定位尺寸，如线段、圆心的位置尺寸等，图 1-26 中的 8 是确定ϕ5 位置的尺寸。

有时，同一个尺寸既是定形尺寸又是定位尺寸，如图 1-26 中的尺寸 75、ϕ30。

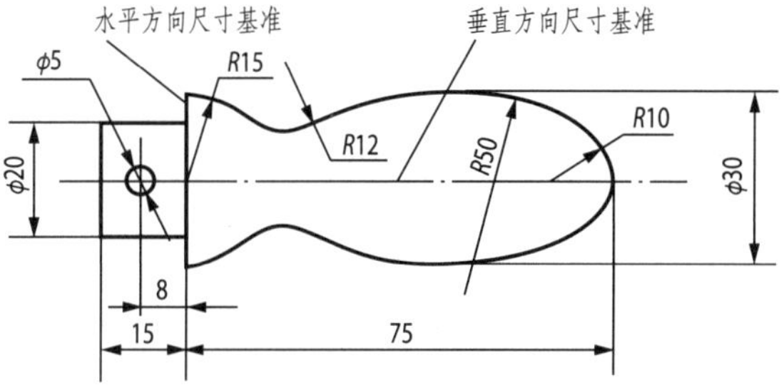

图 1-26　手柄

确定平面图形中尺寸位置的几何元素称为尺寸基准。通常以对称线、较长的直线或圆的中心线作为尺寸基准，如图 1-26 所示。平面图形中，水平和垂直方向应各有一个主要基准，复杂的图形还可能有一个或几个辅助基准。

标注平面图形尺寸时，应分析图形各部分的构成，选定尺寸基准，先注出定形尺寸，再注出定位尺寸，使所注尺寸正确、完整、清晰。

1.3.2　平面图形的线段分析

平面图形的线段通常根据所注尺寸分为三类：

1. 已知线段

即注有齐全的定形尺寸和定位尺寸的线段。已知线段不依靠与其他线段的连接关系即可画出。注有圆弧半径和圆心的两个定位尺寸的圆弧为已知圆弧，如图 1-26 中的 *R*15、*R*10。

2. 中间线段

即标注尺寸不齐全，需待与其一端相邻的线段作出后才能画出的线段，具有圆弧半径和圆心的一个定位尺寸的圆弧为中间圆弧，如图 1-26 中的 *R*50。

3. 连接线段

即标注尺寸不齐全或不标注尺寸，需待与其两端相邻的线段作出后才画出的线段。只有圆弧半径没有圆心定位尺寸的圆弧为连接圆弧，如图 1-26 中的 *R*12。

画图时，应先画已知线段，再画中间线段，最后画连接线段。

1.3.3 平面图形的作图步骤

1. 准备

分析图形的尺寸与线段，拟定作图步骤。

（1）确定比例，选取图幅，固定图纸。

（2）画出图框和标题栏。

2. 绘制底稿

画底稿步骤（图 1－27）

（1）画作图基准线，确定图形位置。

（2）依次画出已知线段、中间线段和连接线段，完成图形。

（3）画尺寸界线和尺寸线。

（4）检查底稿，修正错误，擦去多画的图线。

要求：图形位置适当，图线细淡、准确、清晰，图面整洁。

3. 加深

加深步骤

（1）先细后粗——先加深全部虚线、点画线和细实线，再加深描粗全部粗实线等。

（2）先曲后直——加深同一种线型时，应先画圆弧，后画直线。

（3）先水平后垂直——先从上而下画水平线，再从左到右画垂直线，最后画倾斜线。

要求：同类图线粗细浓淡一致，连接光滑，图面整洁。

4. 完成

画箭头，填写尺寸数字、标题栏等，完成全图。

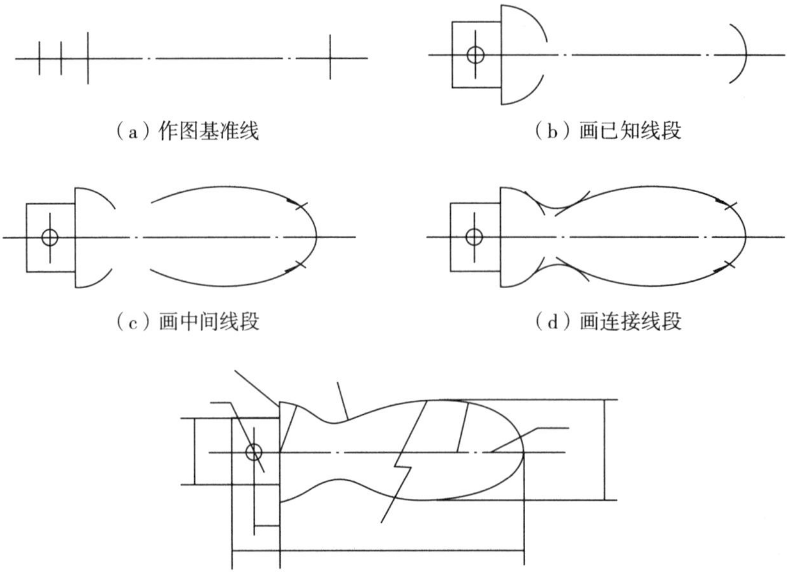

（a）作图基准线　（b）画已知线段

（c）画中间线段　（d）画连接线段

（e）检查修正图形，画尺寸界线和尺寸线

图 1－27　画底稿的步骤

本章小结

通过本章的学习，应掌握国家标准《技术制图》和《机械制图》中关于图幅、图框格式、常用比例、字体、图线等基本内容。应掌握常用绘图工具的使用，以及正六边形、椭圆等作图。能正确地对平面图形进行尺寸和线段分析，正确选择基准，完整地标注定位及定形尺寸；能准确求出切点及圆心，按照已知线段、中间线段、连接线段的顺序光滑连接。

第2章　点、直线和平面的投影

点、直线和平面是构成物体的基本几何元素，掌握了这些基本几何元素的正投影规律，是学好工程图学的基础。本章主要介绍投影法的基础知识及点、线和面的投影、绘图原理和方法。

2.1　投影法的基本知识

2.1.1　投影法的概念

在日常生活中可以看到，当太阳光或灯光照射物体时，会在墙面上或地面上出现物体的影子，这就是一种投影现象。人们将这些现象进行科学的总结和抽象，提出了投影法。

如图 2-1 所示，用 S 表示光线方向，即投射方向，将墙面抽象为平面 P，称为投影面。过空间点 A 作与投射方向 S 平行的直线和平面 P 相交得到点 a。直线 Aa 称为投射线，交点 a 称为空间点 A 在平面 P 上的投影。这种产生投影的方法称为投影法。当投射方向和投影面确定后，空间点 A 在投影面上的投影 a 是唯一的。但是，根据点的一个投影不能唯一确定空间点的位置。例如，图 2-1 中的 b 是空间一点的投影，但 B_1、B_2、B_3 等空间点都在 Bb 投射线上，它们的投影都是 b，所以仅由一个投影 b 不能唯一确定它是哪一空间点的投影。

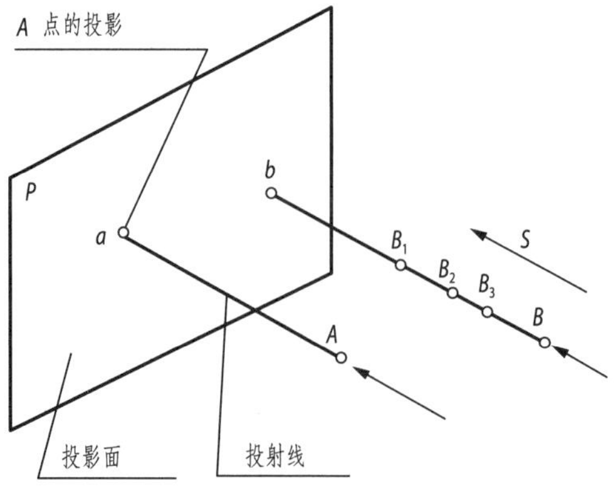

图 2-1　投影法

2.1.2　投影法的分类

常用的投影法有两种：中心投影法和平行投影法。

1. 中心投影法

如图 2－2（a）所示，投射线都是从投影中心 S 发出，在投影面上做出物体的投影的方法称为中心投影法。中心投影法所得投影△abc 的大小会随投影中心 S 距空间△ABC 的远近，或者空间△ABC 离开投影面的远近而变化。由此可知，中心投影不反映形体的真实大小，且作图方法较为复杂，故工程图样不采用此方法，此方法主要用于绘制建筑物或产品具有真实感的立体图——透视图。

2. 平行投影法

如果把中心投影法中的投射中心移到无穷远处，则各投射线就成为相互平行的，如图 2－2（b）所示，这种投影法就称为平行投影法。

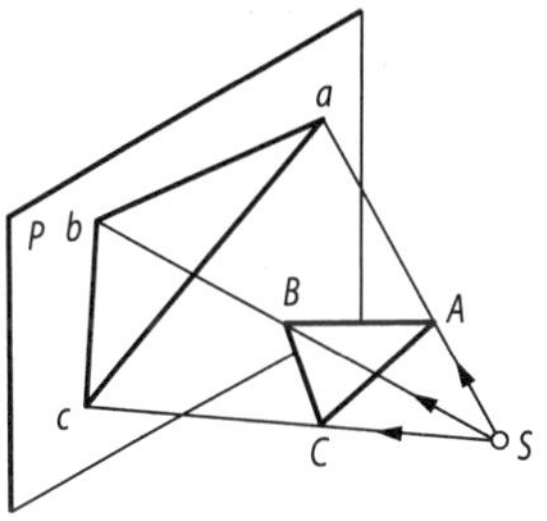

（a）中心投影法

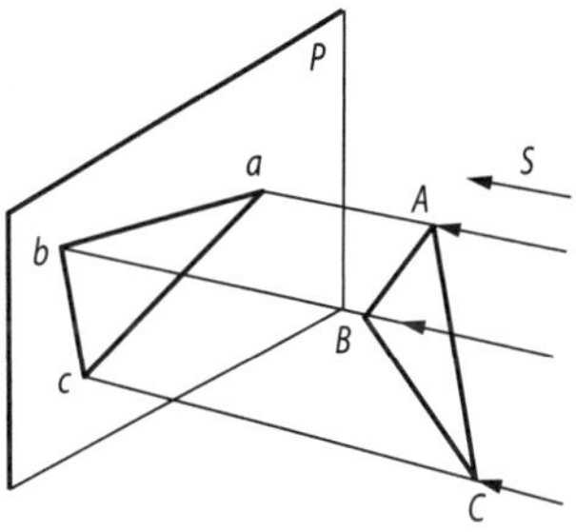

（b）平行投影法

图 2－2　两种投影法

根据投射线与投影面是否垂直，平行投影法又可以分为以下两种情况：

（1）正投影法——投射方向 S 垂直于投影面 P，也称直角投影法；

（2）斜投影法——投射方向 S 倾斜于投影面 P。

投射线与投影面倾斜的平行投影法称为斜投影法，根据斜投影法所得到的投影称为斜投影，如图 2－3（a）所示。投射线与投影面垂直的平行投影法称为正投影法，根据正投影法所得到的投影称为正投影，如图 2－3（b）所示。工程图样主要是采用正投影法绘制的。

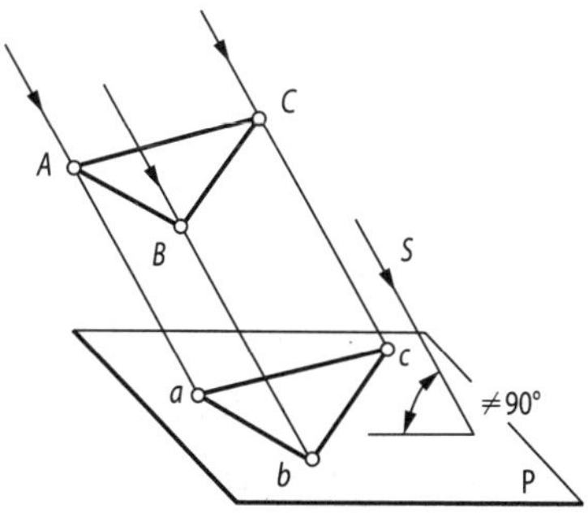

（a）斜投影

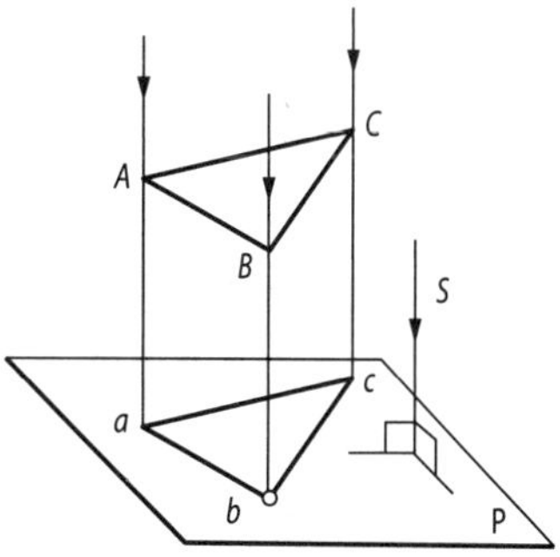

（b）正投影

图 2－3　斜投影和正投影

2.1.3 正投影法的基本性质

在研究应用正投影法表示物体的形状时，首先应了解构成物体的平面和直线的正投影的基本特性。

1. 平行性

平行两直线的投影一般仍为相互平行的直线。如图 2-4（a）所示，$AB//CD$，则有两投射平面 $ABba//CDdc$，且垂直投影面 P，所以 $ab//cd$，这种特性称为平行性。

2. 定比性

一条直线上任意三个点的简单比与对应点的投影的比值保持不变。如图 2-4（b）所示，点 A、B、C 为直线上的三个点，其对应投影点为 a、b、c，由初等几何的平行线截割定理可证明：$AC/CB=ac/cb$，这种特性称为定比性。

3. 实形性

当平面或线段平行于投影面时，其投影反映平面的实形或线段的实长。如图 2-4（c）所示平面多边形 $ABCDEFGH$ 平行于投影面 P，其投影反映实形；线段 AB 平行于投影面 P，其投影反映实长，即 $ab=AB$，这种特性称为实形性。

4. 积聚性

当平面或线段垂直于投影面时，其投影积聚成为一直线或一点。如图 2-4（d）所示，平面多边形 $ABCDEFGH$ 垂直于投影面 P，其平面多边形的投影积聚成为一直线；线段 AB 的投影积聚为一点，这种特性称为积聚性。

5. 类似性

当平面或线段倾斜于投影面时，其平面图形的投影成为一个与其不全等的类似形，线段投影成为比实长短的线段。如图 2-4（e）所示，平面 $ABCDEFGH$ 倾斜于投影面 P，则其投影仍为与其边数相同的类似形；线段 AB 倾斜于投影面 P，其投影变短，即 $ab<AB$，这种特性称为类似性。

以上所述的正投影的基本特性，对图示、图解空间几何问题和学习工程图学起着极其重要的指导作用。

2.1.4 三投影面体系的形成

1. 三投影面体系

三投影面体系由三个互相垂直的投影面所组成，如图 2-5 所示。正立放置的投影面称为正立投影面，简称正面，用 V 表示。水平放置的投影面称为水平投影面，简称水平面，用 H 表示。侧立放置的投影面称为侧立投影面，简称侧面，用 W 表示。相互垂直的投影面之间的交线，称为投影轴。V 面与 H 面的交线称为 OX 轴（简称 X 轴），它代表长度方向；W 面与 H 面的交线称为 OY 轴（简称 Y 轴），它代表宽度方向；V 面与 W 面的交线称为 OZ 轴（简称 Z 轴），它代表高度方向；三根投影轴相互垂直，其交点称为原点。

如图 2-6 所示，投影面 V 和投影面 H 将空间分成四个分角，这里只讲述物体在第一分角中的投影。

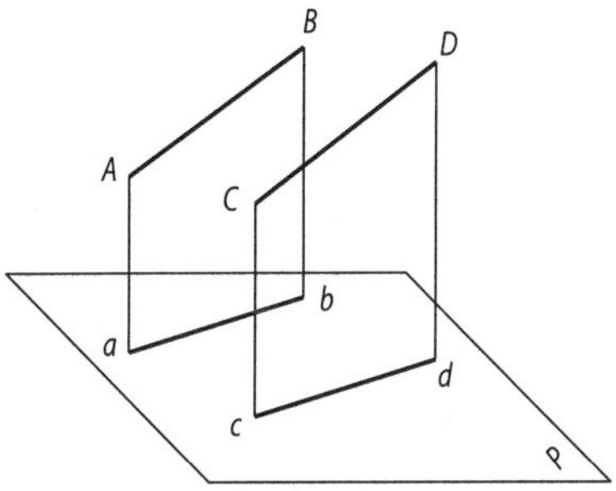

（a）平行性

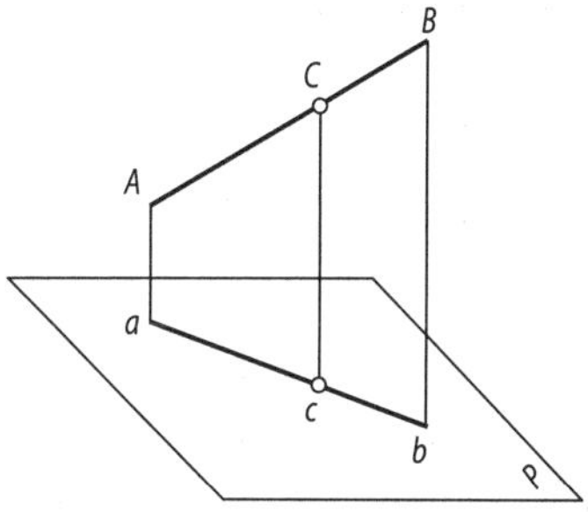

（b）定比性

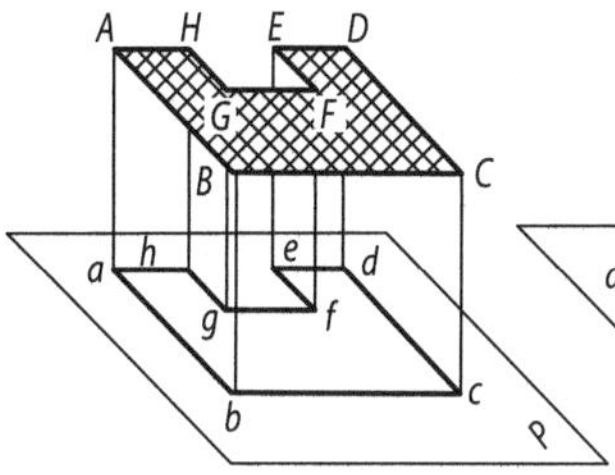

（c）实形性

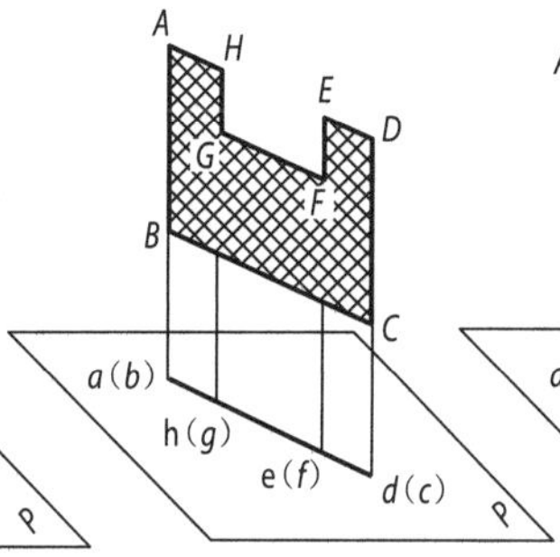

（d）积聚性

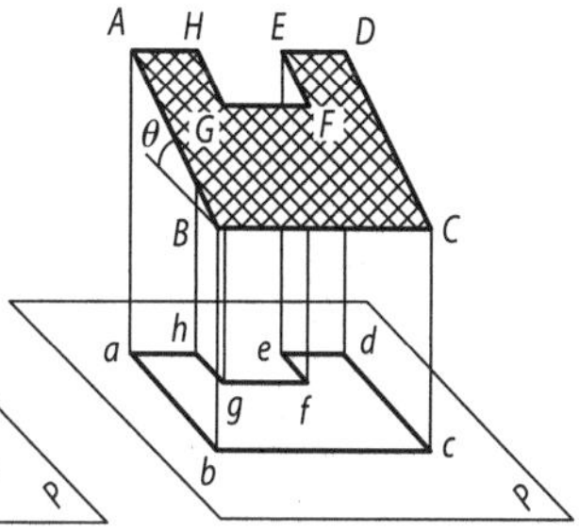

（e）类似性

图 2－4　正投影法的基本特性

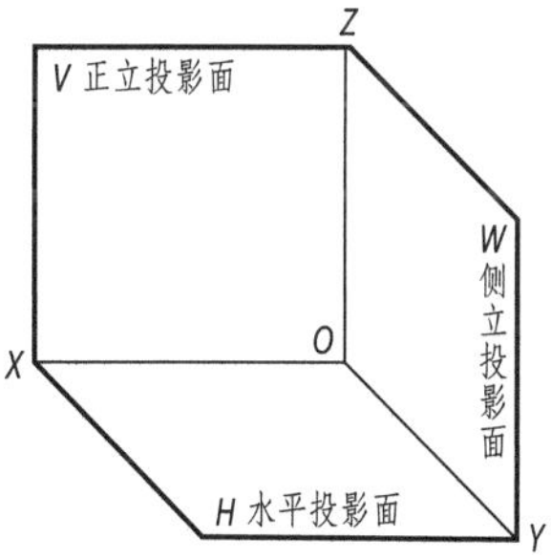

图 2－5　三投影面体系

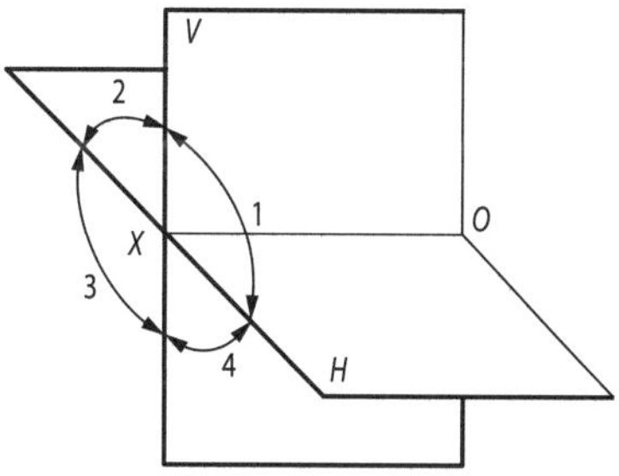

图 2－6　四个分角的划分

2. 物体在三投影面体系中的投影

将物体放置在三投影面体系中，按正投影法向各投影面投射，即可在 V 面上得到物体的正面投影、在 H 面上得到物体的水平投影、在 W 面上得到物体的侧面投影，如图 2－7（a）所示。

3. 三投影面的展开

为了画图方便，需将互相垂直的三个投影面展开在同一平面上，V 面保持不动，H 面绕 OX 轴向下旋转 90°，W 面绕 OZ 轴向右后旋转 90°，展开后均与 V 面重合。这时 OY 轴被分为两处，H 面上的用 OY_H 来表示，W 面上的用 OY_W 来表示，如图 2－7（b）所示。

2.1.5 物体的三视图及其投影规律

1. 三视图的形成

用正投影法将物体向投影面投影所得的图形，称为视图。物体在三个投影面上所得的三个视图，即为三视图，如图 2-7（c）所示。分别为：

（1）主视图：由前向后投射在 V 面上得到的视图，即物体的正面投影。

（2）俯视图：由上向下投射在 H 面上得到的视图，即物体的水平投影。

（3）左视图：由左向右投射在 W 面上得到的视图，即物体的侧面投影。

画图时，不必画出投影面的范围，因为它的大小与视图无关。这样三视图更为清晰，如图 2-7（d）所示。

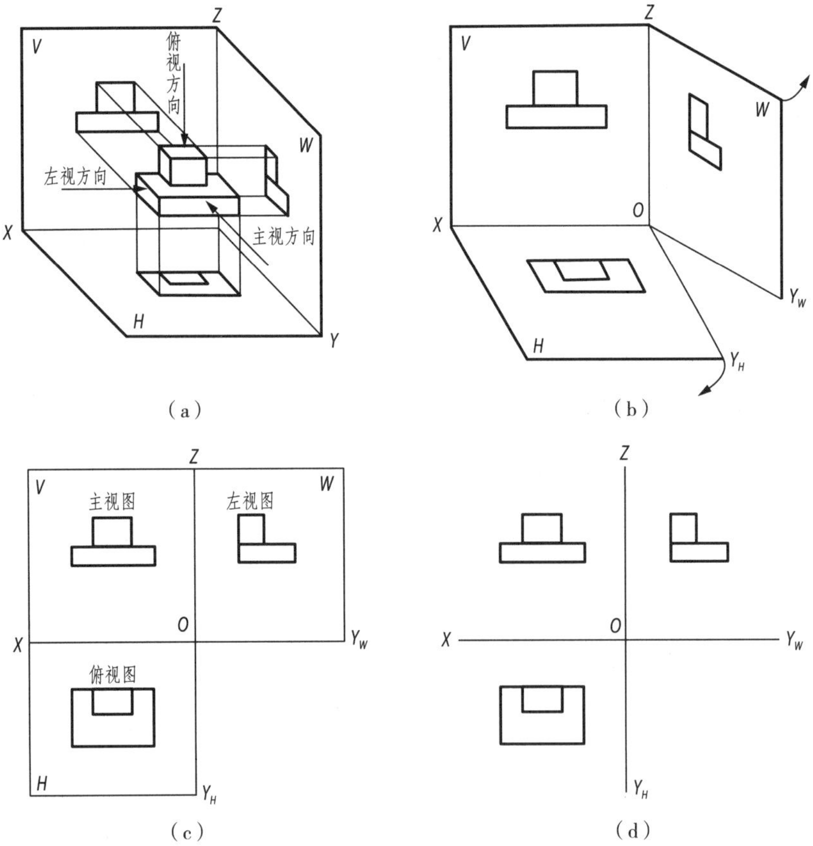

图 2-7　三视图的形成

2. 三视图的位置关系

以主视图为准，俯视图在它的下面，左视图在它的右面。

3. 投影规律

由投影面展开后的三视图可以看出，主视图反映物体的长和高；俯视图反映物体的长和宽；左视图反映物体的高和宽。由此可得出三视图的投影规律：

（1）主、俯视图长对正（等长）。

（2）主、左视图高平齐（等高）。

（3）俯、左视图宽相等（等宽）。

应当指出，无论是整个物体或物体的局部，其三面投影都必须符合“长对正，高平齐，宽相等”的“三等”规律，如图 2－8 所示。

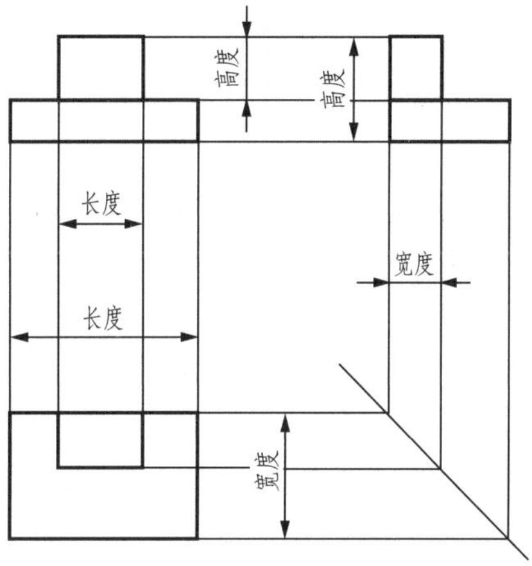

图 2－8　视图间的“三等”关系

4. 视图与物体的方位关系

方位关系，是指以绘图者面对正面（即主视图的投射方向）来观察物体为准，如图 2－9（a）所示看物体的上、下、左、右、前、后六个方位在三视图中的对应关系，如图 2－9（b）所示。

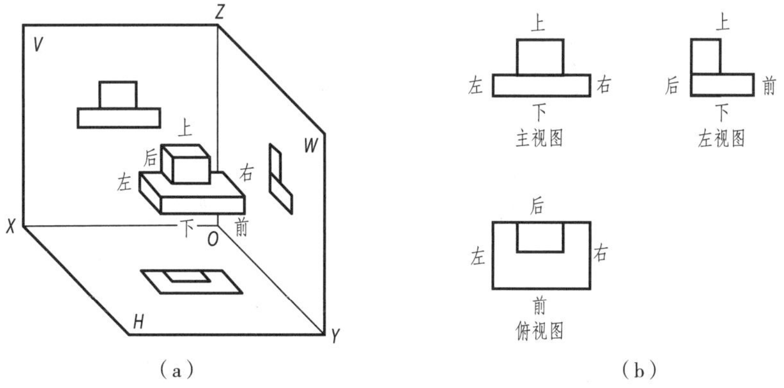

图 2－9　三视图的形成

（1）主视图反映物体的上、下和左、右。

（2）俯视图反映物体的左、右和前、后。

（3）左视图反映物体的上、下和前、后。

2.2 点的投影

2.2.1 点的三面投影

假设在第一分角中有一点 A，由点 A 分别向 H、V、W 面作投射线，所得交点 a、a'、a''就是点 A 的水平投影、正面投影、侧面投影（本书用与空间点符号相应的小写字母加一撇和两撇作为该点的正面投影和侧面投影的符号），如图 2－10 所示。

1. 点的三面投影特性

在图 2－10（a）中，三条投射线 Aa、Aa'、Aa''中的每两条线可确定一个平面，分别与三个投影面垂直相交构成一个长方体 $Aa a_X a' a_Z a'' a_Y O$。由于长方体的每组平行边分别相等，由此可概括出点的三面投影特性，见图 2－10（b）：

（1）点的 V 面投影与 H 面投影连线垂直于 OX 轴，即 $a'a \perp OX$。

（2）点的 V 面投影与 W 面投影连线垂直于 OZ 轴，即 $a'a'' \perp OZ$。

（3）点的水平投影到 OX 轴的距离等于其侧面投影到 OZ 轴的距离，即 $aa_X = a''a_Z$。

在画投影图时，不必画出投影面的边框和点 a_X、a_Y、a_Z，可利用过原点 O 且与水平方向成 45°的辅助线绘图，如图 2－10（c）所示。

2. 点的投影与坐标

如图 2－10（b）所示，点的投影与坐标有如下的关系：

（1）x 坐标：$Oa_X = a'a_Z = aa_{YH} = Aa''$（点 A 到 W 面的距离）。

（2）y 坐标：$Oa_{YH} = Oa_{YW} = aa_X = a''a_Z = Aa'$（点 A 到 V 面的距离）。

（3）z 坐标：$Oa_Z = a'a_X = a''a_{YW} = Aa$（点 A 到 H 面的距离）。

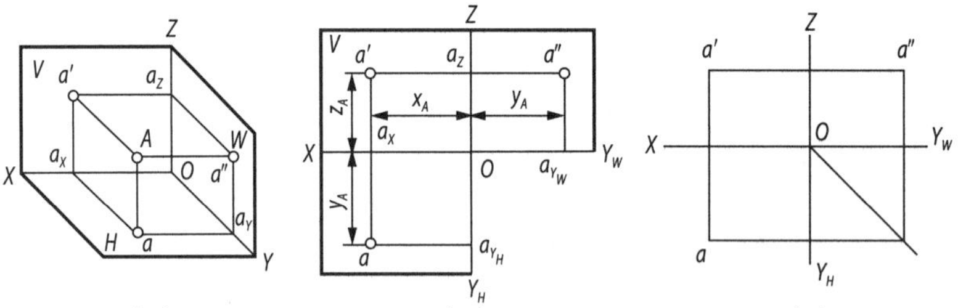

（a）　　（b）　　（c）

图 2－10　点的三面投影

例 2－1　如图 2－11（a）所示，已知点 A（15，10，20），求作其三面投影图。

作图步骤：如图 2－11（b）。

（1）作出相互垂直的投影轴，并标出其名称。

（2）在 OX 轴上量取 $Oa_X = 15$，得点 a_X。

（3）过点 a_X作 OX 垂线，向上量取 $a_Xa' = 20$，得点 a'；向下量取 $a_Xa = 10$，得点 a。

（4）过点 a'作 OZ 轴的垂线，与 OZ 轴交于 a_Z，延长后量取 $a_Za'' = 10$，得点 a''。

作出点 A 的正面投影和水平投影后，也可利用 45°辅助线，求出侧面投影。

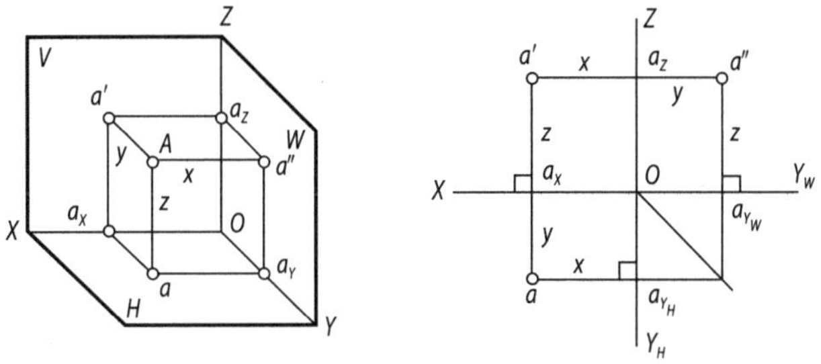

（a）立体图　　（b）投影图

图 2-11　求作点的三面投影

3. 投影面和投影轴上的点

如图 2-12 所示，在 V 面、H 面上有 B 点、C 点，在 OX 轴上有 D 点，由其立体图和投影图可以得出投影面和投影轴上的点的坐标和投影具有如下特性：

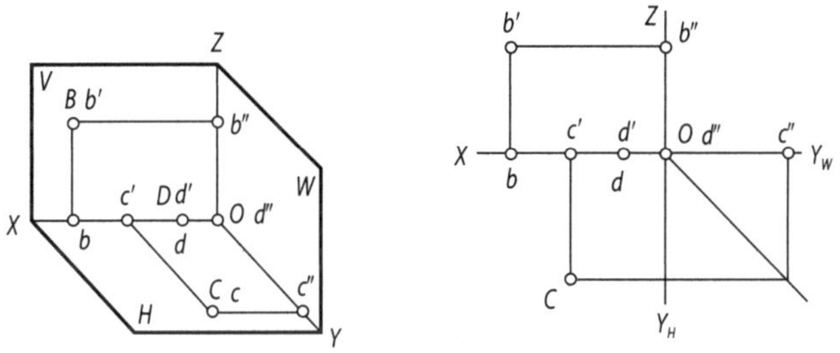

（a）立体图　　（b）投影图

图 2-12　投影面和投影轴上的点

（1）投影面上的点有一个坐标为零，在该投影面上的投影与该点重合，在相邻投影面上的投影分别在相应的投影轴上。

（2）投影轴上的点有两个坐标为零，在包含这条轴的两个投影面上的投影都与该点重合，在另一投影面上的投影则与原点 O 重合。

2.2.2　两点的相对位置的确定

1. 两点相对位置的确定

两点间的坐标差确定两点间的相对位置。如图 2-13 所示，两个点的投影沿左右、前后、上下三个方向所反映的坐标差，即为这两点对投影面 W、V、H 的距离差，确定了两点的相对位置。

例 2-2　如图 2-14（a）所示，已知点 A 的两面投影 a 及 a'；又知点 B 在点 A 的右方 10，点 A 的上方 8，点 A 的前方 6，求点 B 的投影。

作图步骤：如图 2-14（b）所示。

（1）根据点 B 在点 A 的右方 10，由 $a'a$ 的投影连线向右沿 OX 轴量取 10，并作线垂

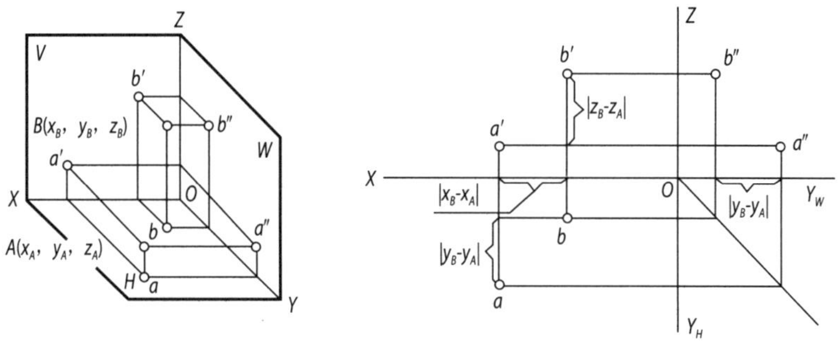

（a）立体图　　　　（b）投影图

图 2-13　两点的相对位置

直于 OX 轴。

（2）根据点 B 在点 A 的上方 8，过 a' 作水平线与前面作的垂线相交，由交点处向上沿 OZ 轴量取 8，即得到点 B 的正面投影 b'。

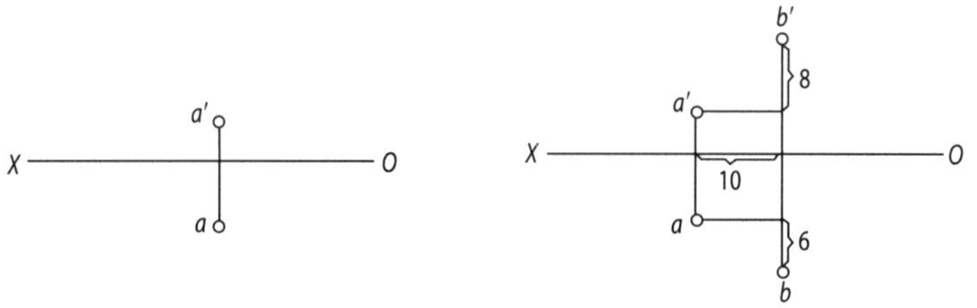

（a）　　　　（b）

图 2-14　根据相对坐标作投影图

（3）根据点 B 在点 A 的前方 6，过 a 作水平线与所作的垂线相交，然后由交点处向下沿 OY 轴量取 6，即得到点 B 的水平投影 b。

2. 重影点

当两点处于同一投射线上时，它们在该投射线垂直的投影面上的投影重合，此两点称为对该投影面的重影点。如图 2-15（a）所示，点 A、B 称为对 H 面的重影点；点 C、D 称为对 V 面的重影点。

两点重影必产生可见性问题，显然距投影面远的一点是可见的，分别应该是前遮后、上遮下、左遮右，如图 2-15（b）所示。对于不可见点的投影，要加括号表示，以示区别。

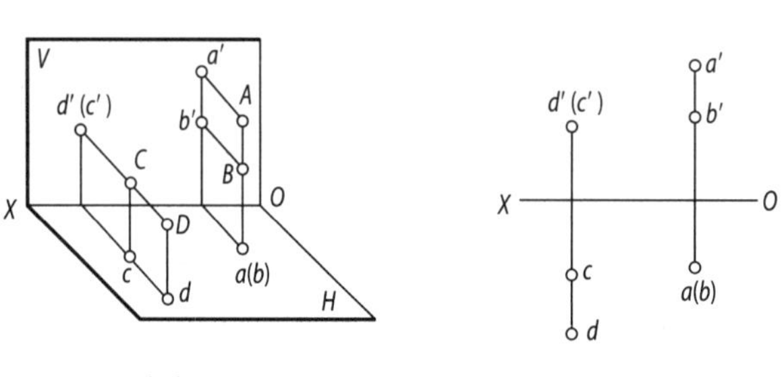

（a）　　　　（b）

图 2-15　V、H 面上重影点立体图

2.3　直线的投影

直线的投影一般情况下仍为一直线，特殊情况积聚为一点。如图 2 - 16 所示，直线 AB 在 H 面上的投影仍为直线 ab；直线 CD 在 H 面的投影积聚为一点。

2.3.1　直线对投影面的相对位置

在三投影面体系中，直线对投影面的相对位置，可以分三类：

（1）一般位置直线　与三个投影面都倾斜。

（2）投影面平行线　与一个投影面平行而与其他两个投影面倾斜。

（3）投影面垂直线　与一个投影面垂直而与其他两个投影面平行。

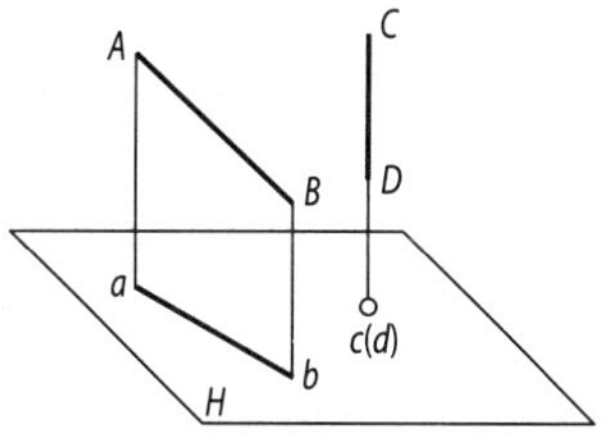

图 2 - 16　直线的投影

直线与它的水平投影、正面投影、侧面投影的夹角，称为该直线对投影面 H、V、W 的倾角，分别用 α、β、γ 表示。

1. 一般位置直线

如图 2 - 17 所示，由于一般位置直线 AB 对三个投影面都倾斜，A、B 两点到各投影面的距离均不相等，所以其三个投影都与投影轴倾斜。由此可得一般位置直线的投影特性：

（1）直线的三个投影都倾斜于投影轴；投影长度小于直线的实长。

（2）各投影与投影轴的夹角均不反映空间直线对投影面的倾角。

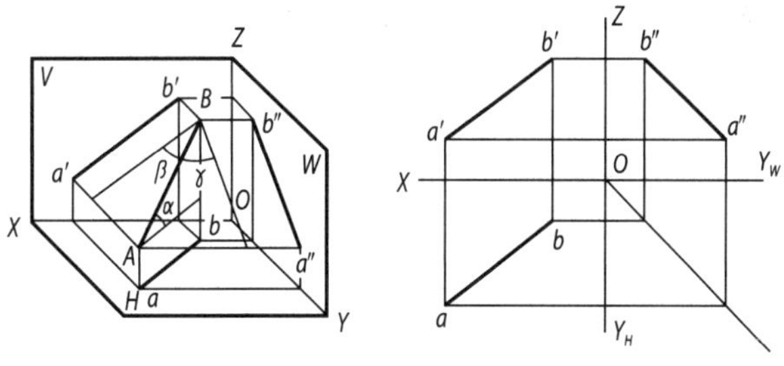

图 2 - 17　一般位置直线

2. 投影面平行线

在三投影面体系中，按直线所平行的投影面不同，可分为三种：

（1）水平线　平行于 H 面，与 V 面、W 面倾斜。

（2）正平线　平行于 V 面，与 H 面、W 面倾斜。

（3）侧平线　平行于 W 面，与 V 面、H 面倾斜。

表 2-1 列出了投影面平行线的立体图、投影图和投影特性。由此可概括出投影面平行线的投影特性如下：

（1）在其所平行的投影面上的投影反映实长，该投影与相应投影轴的夹角等于直线相对另两投影面的真实倾角。

（2）在另两投影面上的投影平行于相应的投影轴，且小于实长。

表 2-1　投影面平行线

名称	立体图	投影图	投影特性
水平线	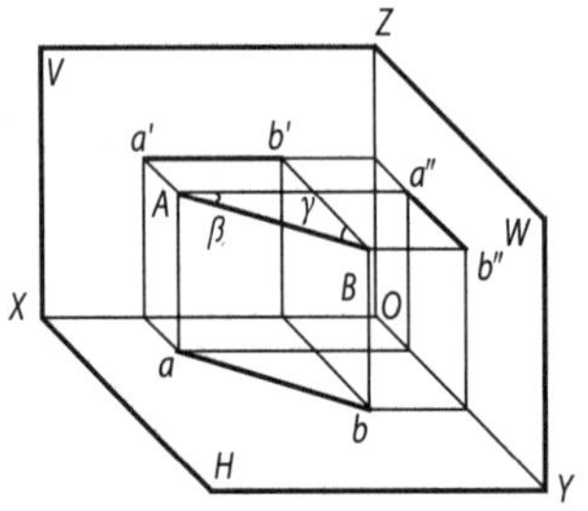	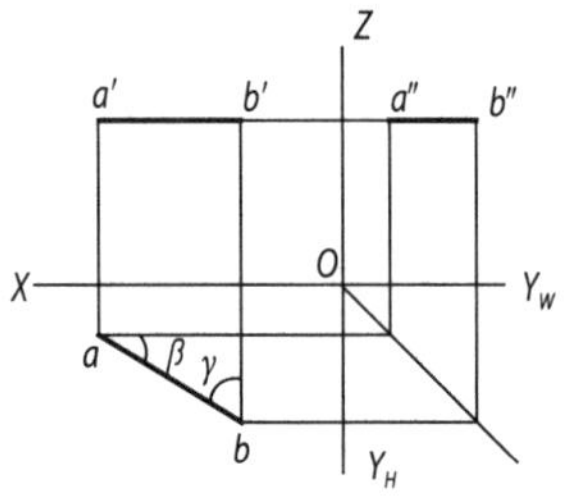	1. $ab=AB$ 反映 β、γ 大小 2. $a'b'//OX$ $a''b''//OY_W$
正平线	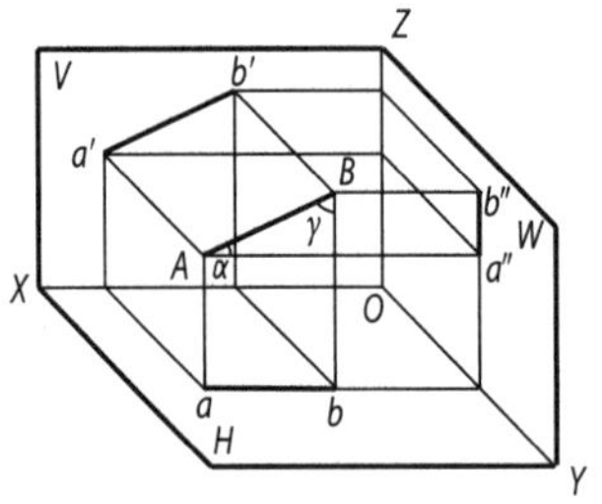	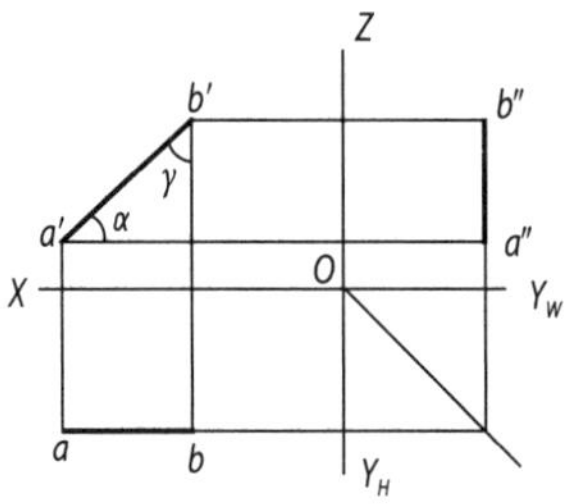	1. $a'b'=AB$ 反映 α、γ 大小 2. $ab//OX$ $a''b''//OZ$
侧平线	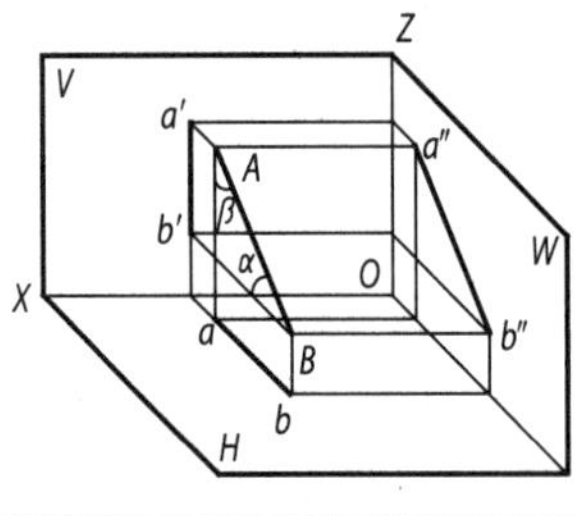	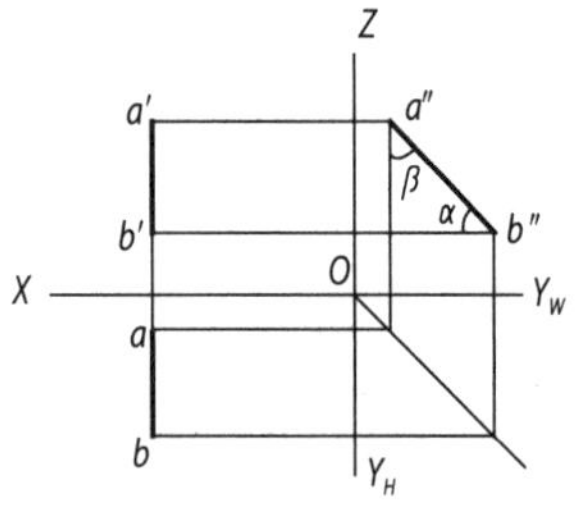	1. $a''b''=AB$ 反映 α、β 大小 2. $a'b'//OZ$ $ab//OY_H$

3. 投影面垂直线

在三投影面体系中，按直线所垂直的投影面不同，也可分为三种：

（1）铅垂线　垂直于 H 面，与 V 面、W 面平行。

（2）正垂线　垂直于 V 面，与 H 面、W 面平行。

（3）侧垂线　垂直于 W 面，与 V 面、H 面平行。

表 2-2 列出了投影面垂直线的立体图、投影图和投影特性。由此可概括出投影面垂直线的投影特性如下：

（1）在其所垂直的投影面上的投影积聚成一点。

（2）在另外两投影面上的投影垂直于相应的投影轴，且反映线段实长。

表 2 - 2　投影面垂直线

名称	立体图	投影图	投影特性
铅垂线	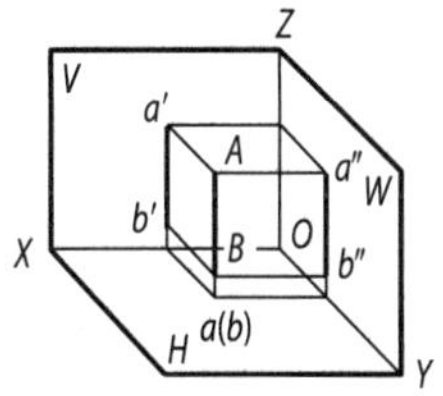	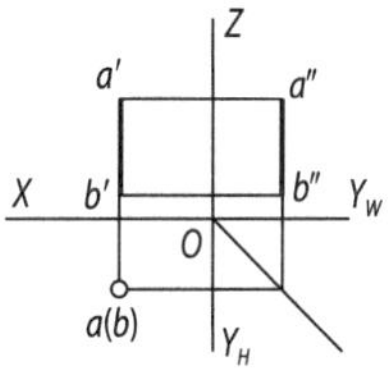	1. H 面投影为一点，有积聚性 2. $a'b' \perp OX$ $a''b'' \perp OY_W$ $a'b' = a''b'' = AB$
正垂线	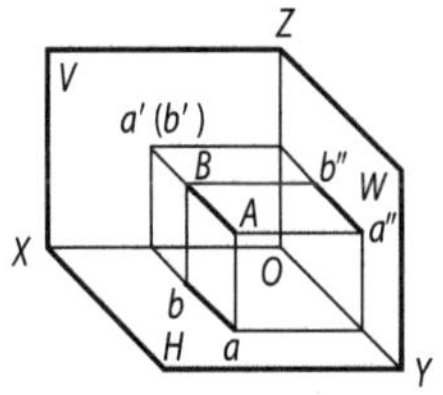	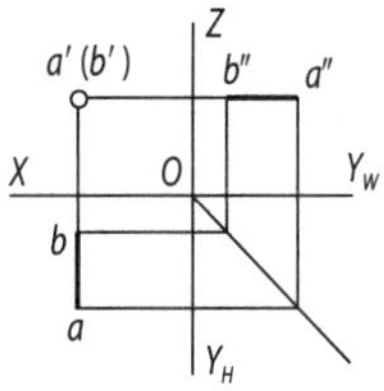	1. V 面投影为一点，有积聚性 2. $ab \perp OX$ $a''b'' \perp OZ$ $ab = a''b'' = AB$
侧垂线	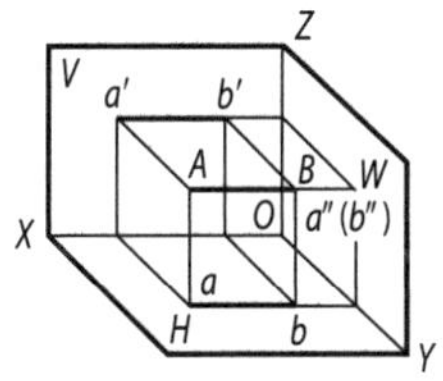	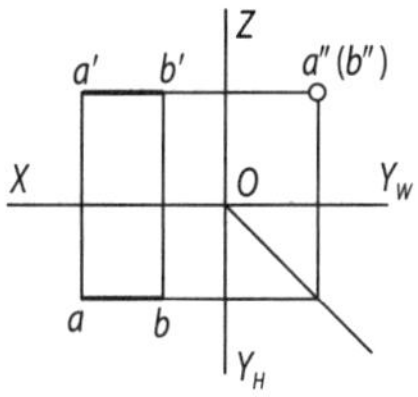	1. W 面投影为一点，有积聚性 2. $ab \perp OY_H$ $a'b' \perp OZ$ $ab = a'b' = AB$

2.3.2　直线上的点

如图 2 - 18 所示，空间点 C 属于直线 AB，则点的投影与直线的投影间有以下关系：

(1) 属于直线的点，其各面投影必在直线的同名投影上。

如图 2 - 18 (a) 所示，已知 $C \in AB$，则有 $c \in ab$，$c' \in a'b'$，$c'' \in a''b''$；反之，如果点的各个投影都在直线的同面投影上，则点在直线上。

(2) 属于线段的点，分线段之比等于其投影之比。

如图 2 - 18 (b) 所示，C 在线段 AB 上，则有 $AC : CB = ac : cb = a'c' : c'b' = a''c'' : c''b''$。

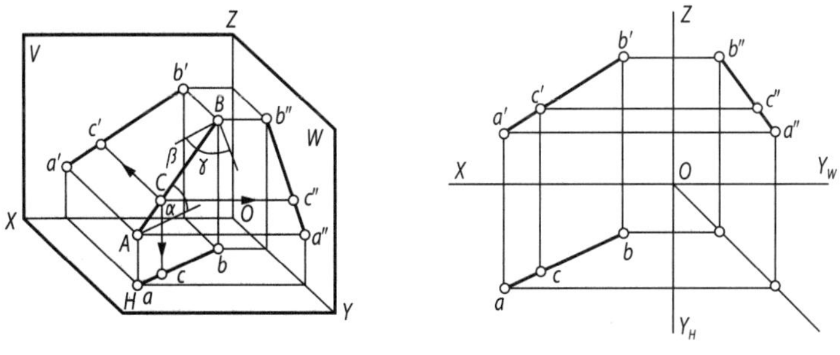

(a) 立体图　　　　(b) 投影图

图 2 - 18　属于直线上的点

2.3.3 两直线的位置关系

空间两直线的相对位置有三种情况：平行、相交、交叉。平行和相交两直线都是位于同平面上的直线，交叉两直线则不在同一平面上。

1. 平行两直线

若空间两直线互相平行，则它们的各同面投影必互相平行。如图 2－19 所示，若 $AB//CD$，则 $ab//cd$，$a'b'//c'd'$，$a''b''//cd''$。反之，若两直线的同面投影都相互平行，则该两直线在空间一定互相平行。

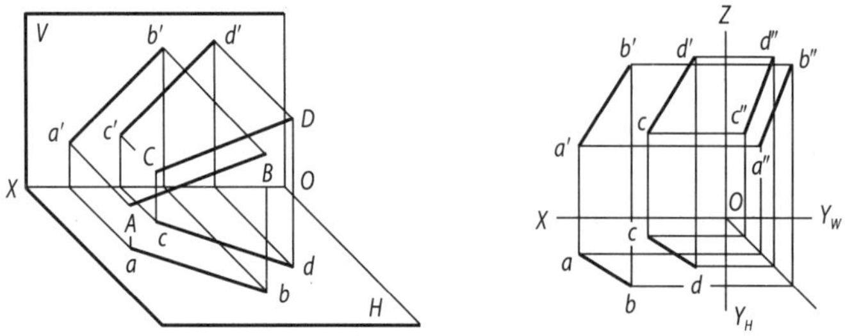

（a）立体图　　（b）投影图

图 2－19　平行两直线

2. 相交两直线

若空间两直线相交，则它们的三面投影必相交，且交点符合点的投影规律，如图 2－20 所示。反之，若两直线的各面投影都相交，且交点投影的连线垂直于对应的投影轴，即交点符合点的投影规律，则两直线在空间必相交。

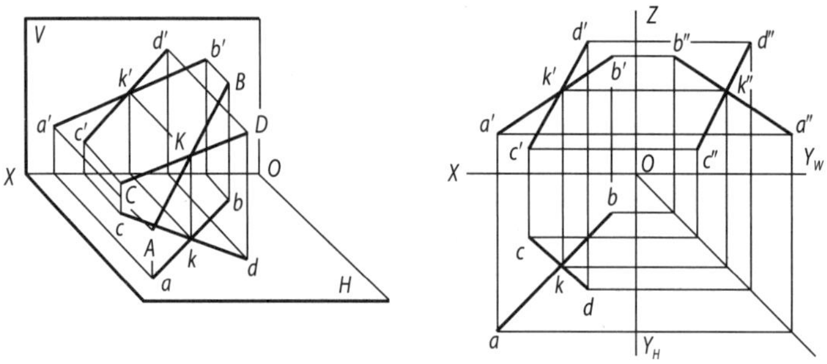

（a）立体图　　（b）投影图

图 2－20　相交两直线

3. 交叉两直线

空间两直线既不平行也不相交，称为交叉两直线，如图 2－21 所示。交叉两直线的同面投影可能有一组、两组相交或三组都相交，但三个同面投影的交点不符合点的投影规律。如图 2－21 为交叉两直线 AB 和 CD，其水平投影和正面投影都相交，但投影交点的连线不垂直于 OX 轴，即不符合点的投影规律。水平投影的交点是 AB 上的 1 点与 CD 上的 2 点相对于 H 面的一对重影点，2 点在上，1 点在下，水平投影中的 2 点可见，1 点不可见；同样，正面投影的交点是 AB 上的 3 点与 CD 上的 4 点相对于 V 面的一对重影点，

3 点在前，4 点在后，正面投影中的 3 点可见，4 点不可见。

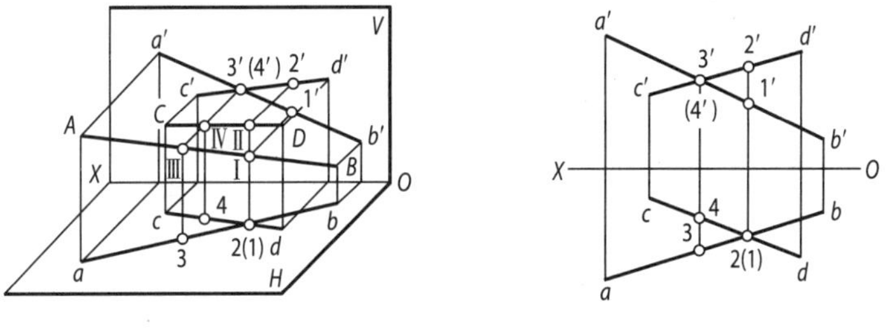

（a）立体图　　　　（b）投影图

图 2－21　交叉两直线

2.4　平面的投影

2.4.1　平面的表示方法

平面通常用确定该平面的几何元素的投影表示。在投影图上可以用下列任一组几何元素的投影表示平面，如图 2－22 所示。图 2－22（a）所示为不在同一直线上的三点；图 2－22（b）所示为直线与线外一点；图 2－22（c）所示为相交两直线；图 2－22（d）所示为平行两直线；图 2－22（e）所示为平面图形。

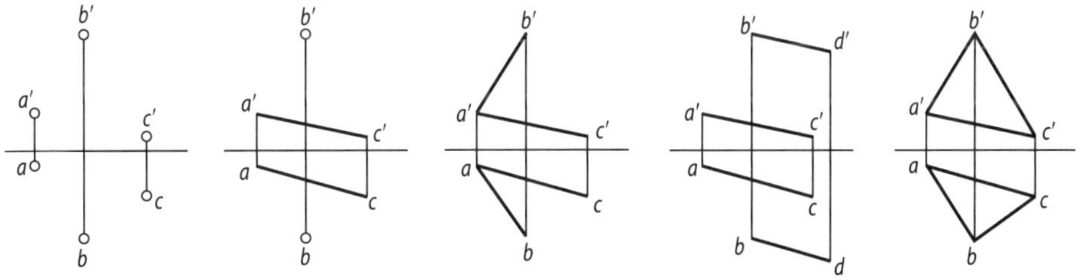

（a）　（b）　（c）　（d）　（e）

图 2－22　用几何元素的投影表示平面

以上各种表示平面的方法可以相互转换。

2.4.2　平面对投影面的相对位置

平面对投影面的相对位置可分为三类：①一般位置平面；②投影面垂直面；③投影面平行面。平面与 H、V、W 投影面的两面角，分别是平面对投影面 H、V、W 的倾角 α、β、γ。

1. 一般位置平面

对三个投影面都倾斜的平面称为一般位置平面，如图 2－23（a）中的平面△ABC。一般位置平面的投影特性为：其三面投影均不反映实形，且面积缩小。

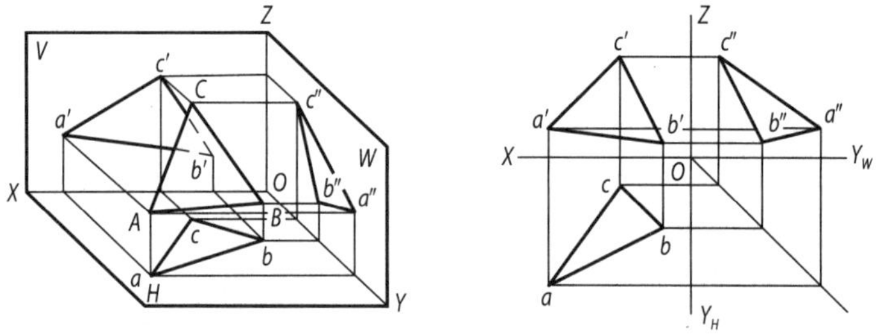

（a）立体图　　　　（b）投影图

图 2 - 23　一般位置平面

2. 投影面垂直面

只垂直于一个投影面的平面称为投影面垂直面，可分为以下三种：

（1）铅垂面　垂直于 H 面的平面，与 V 面、W 面倾斜。

（2）正垂面　垂直于 V 面的平面，与 H 面、W 面倾斜。

（3）侧垂面　垂直于 W 面的平面，与 V 面、H 面倾斜。

表 2 - 3 列出了投影面垂直面的立体图、投影图和投影特性。由此可概括出投影面垂直面的投影特性：

（1）平面在垂直的投影面上的投影，积聚成直线；它与投影轴的夹角，分别反映该平面对另两投影面的真实倾角。

（2）平面在另外两个投影面上的投影仍为平面图形，成为比实形要小的类似形。

3. 投影面平行面

平行于一个投影面的平面称为投影面平行面，可分为以下三种：

（1）正平面　平行于 V 面的平面，与 H 面、W 面垂直。

（2）水平面　平行于 H 面的平面，与 V 面、W 面垂直。

（3）侧平面　平行于 W 面的平面，与 V 面、H 面垂直。

表 2 - 3　投影面垂直面

名称	立体图	投影图	投影特性
铅垂面	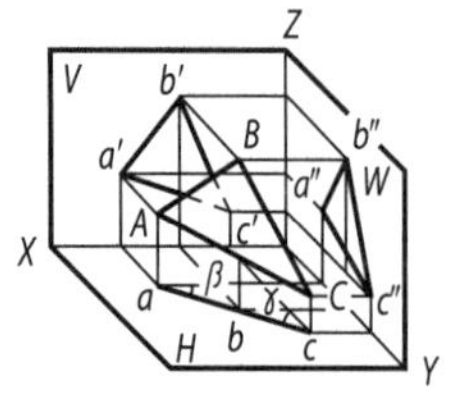	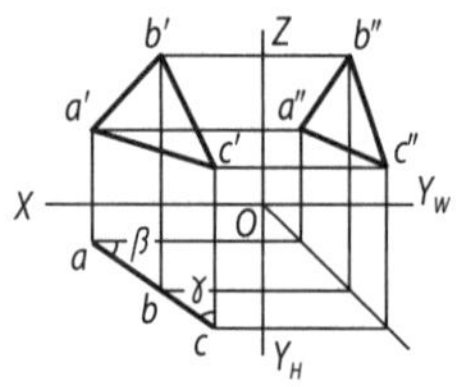	1. H 面投影积聚成直线，并反映真实倾角 β、γ 2. V 面、W 面投影为平面图形的类似形，面积缩小
正垂面	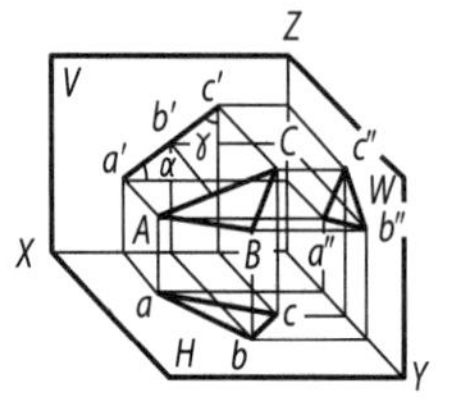	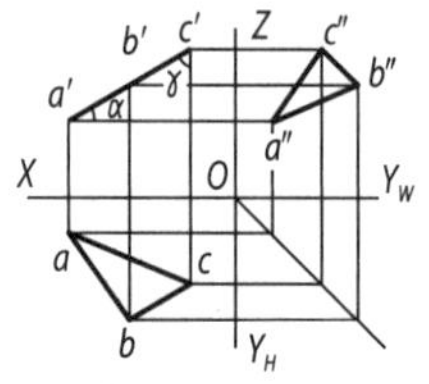	1. V 面投影积聚成直线，并反映真实倾角 α、γ 2. H 面、W 面投影为平面图形的类似形，面积缩小

（续表）

名称	立体图	投影图	投影特性
侧垂面	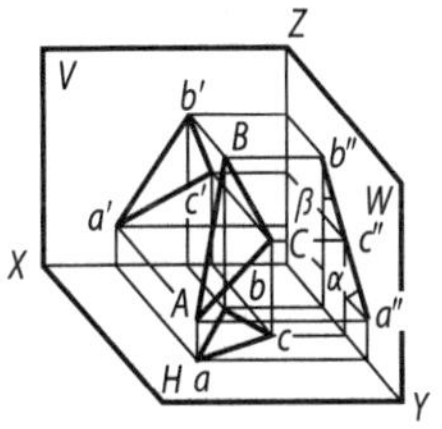	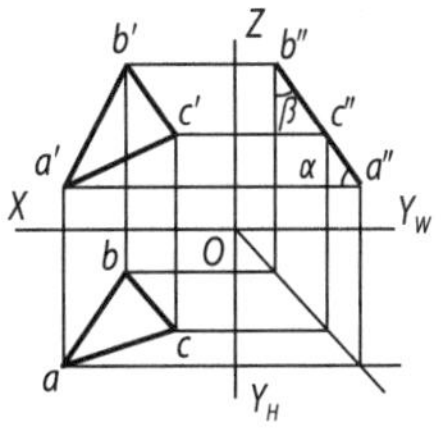	1. W 面投影积聚成直线，并反映真实倾角 α、β 2. H 面、V 面投影为平面图形的类似形，面积缩小

表 2-4 列出了投影面平行面的立体图、投影图和投影特性。由此可概括出投影面平行面的投影特性：

（1）在平行的投影面上的投影，反映实形。

（2）在另外两个投影面上的投影，分别积聚成直线，且平行于相应的投影轴。

表 2-4　投影面平行面

名称	立体图	投影图	投影特性
水平面	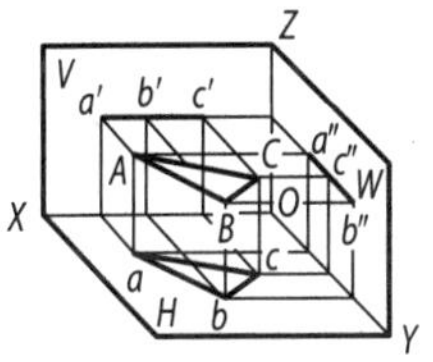	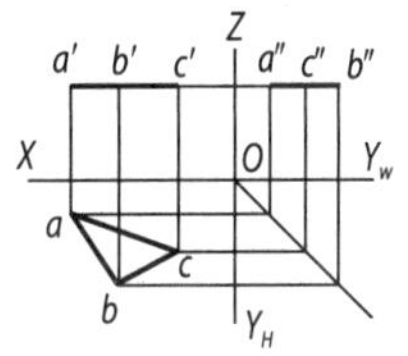	1. H 面投影反映实形 2. V 面、W 面投影各积聚成一直线，且分别平行于 OX 轴和 OY_W 轴
正平面	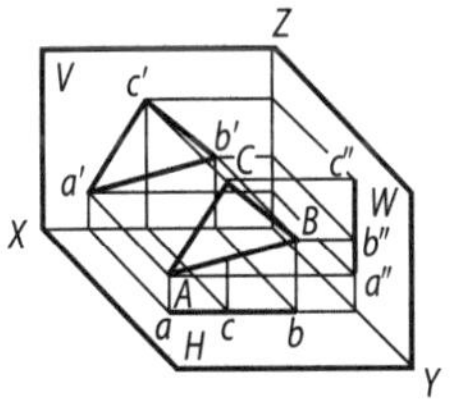	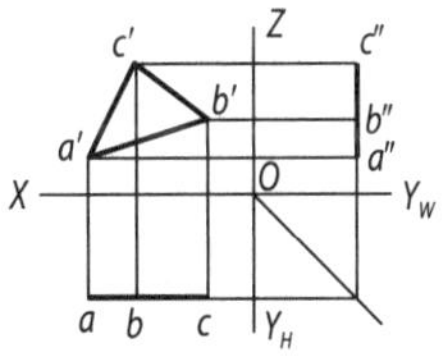	1. V 面投影反映实形 2. H 面、W 面投影各积聚成一直线，且分别平行于 OX 轴和 OZ 轴
侧平面	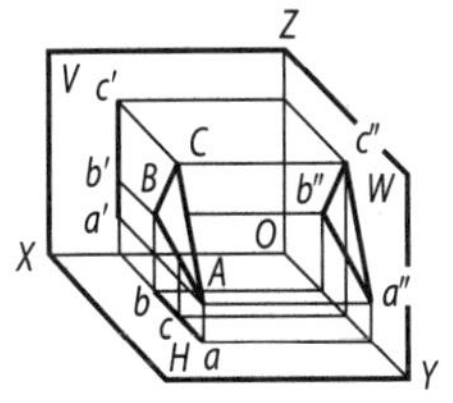	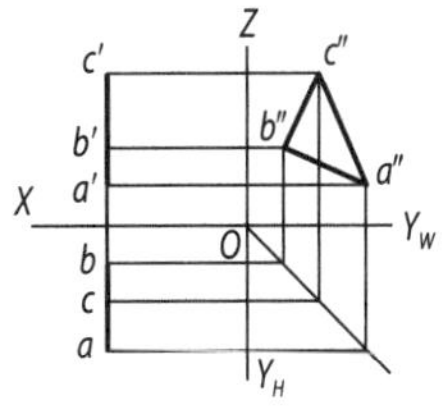	1. W 面投影反映实形 2. H 面、V 面投影各积聚成一直线，且分别平行于 OZ 轴和 OY_H 轴

2.4.3　平面上的点与直线

点与直线属于平面的几何条件：

（1）点在平面上，则该点必定在这个平面的一条已知直线上。

（2）直线在平面上，则该直线必定通过这个平面上的两个已知点，或者通过这个平面上的一个已知点，且平行于这个平面上的另一已知直线。

例 2-3 已知：如图 2-24（a）所示，点 M、N 属于平面$\triangle ABC$，m'及 n 给出。求：点 M、N 的另一投影。

分析：因为点 M、N 属于平面$\triangle ABC$，过点 M、N 可以作属于平面$\triangle ABC$ 的直线，则点 M、N 的投影必属于该直线的同面投影。

作图步骤［图 2-24（b）］：

（1）在正面投影上作辅助线 $m'b'$，与 $a'c'$相交于 d'，求出点 D 的水平投影 d，连接 bd 并延长，则点 M 的水平投影 m 必属于 bd。

（2）在水平投影图上，过 n 作 $ne//ac$，与 ab 相交于 e，求出点 E 的正面投影 e'，再过 e'作 $a'c'$的平行线，则点 N 的正面投影 n'必属于该平行线。

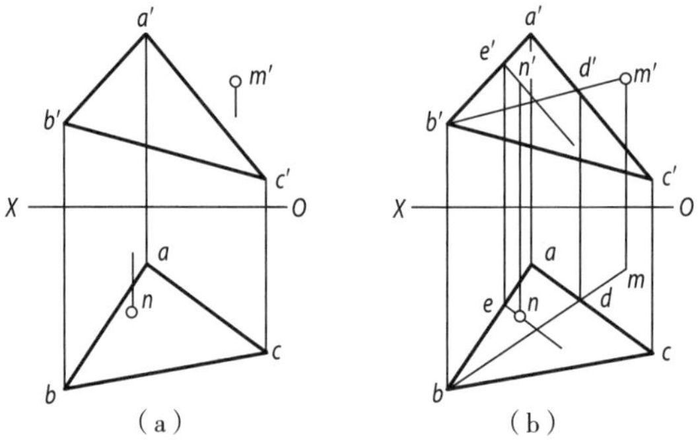

图 2-24 补全图中点的另一投影

本章小结

本章介绍了投影法的基本原理，平行投影的基本性质，点、直线和平面的投影。

点是最基本的几何元素，应熟练掌握点的投影规律、点的投影和坐标之间的关系以及两点的相对位置和重影点。在直线的投影部分，应熟练掌握各种位置直线的投影特征，会求直线上的点。掌握平面的各种表示方法，能够准确识别各种位置平面的投影，会求平面上的点和直线，尤其是特殊位置直线。

点、直线和平面的投影规律、投影特征以及相关的作图方法是本章的核心内容，是进一步学习后续内容的重要基础。

第 3 章　立体的投影及其表面交线

3.1　立体的投影

无论机件（机器零件或部件）的形状多么复杂，都可以把它看作是由一些简单的基本立体组合而成，如图 3－1 所示。常见的基本立体中，棱柱和棱锥的表面全部由若干个平面所围成，称之为平面立体；圆柱、圆锥、圆球和圆环的表面由曲面或由部分曲面与平面所围成，称之为曲面立体。下面分别讨论它们的投影特性和画法。

3.1.1　平面立体

平面立体的表面均为平面，每个平面由其相应的棱线决定，每条棱线又由两个顶点所决定。因此，确定平面立体的投影其实质就是确定平面立体各表面、棱线及其顶点的投影。

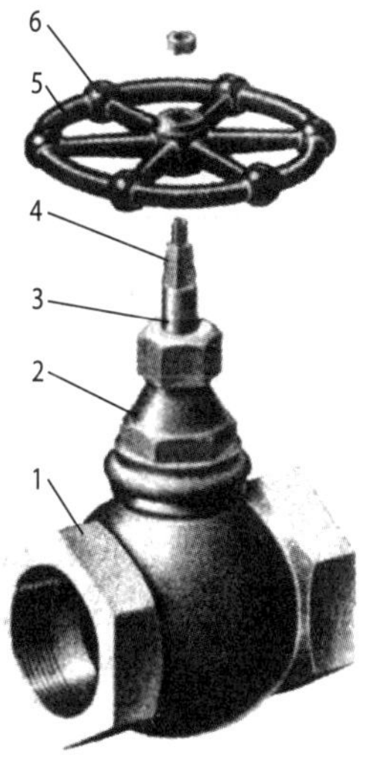

图 3－1　阀

1—六棱柱；2—圆台；3—圆柱；4—四棱台；5—圆环；6—球

1. 棱柱

（1）棱柱的投影

图 3－2 所示为一正六棱柱，其顶面、底面均为水平面，它们的水平投影反映实形，正面和侧面投影均积聚为一直线。棱柱有六个侧棱面，前后棱面为正平面，它们的正面投影反映实形，水平及侧面投影均积聚为一直线。棱柱的其他四个侧棱面均为铅垂面，其水平投影均积聚为直线，正面和侧面投影均为类似形。

棱线 AB 为铅垂线，水平投影 ab 积聚为一点，正面投影 $a'b'$ 和侧面投影 $a''b''$ 均反映实长。顶面的边 DE 为侧垂线，侧面投影 $d''e''$ 积聚为一点，水平投影 de 和正面投影 $d'e'$ 均反映实长，底边 BC 为水平线，水平投影 bc 反映实长，正面投影 $b'c'$ 和侧面投影 $b''c''$ 均小于实长。其余线段可进行类似地分析。

作图时可先画出正六棱柱的水平投影（正六边形），然后再根据投影规律作出其他两个投影。

（2）棱柱表面上取点、线

由于图 3－3 所示正六棱柱的各个表面都处于特殊位置，因此在表面上取点可利用积

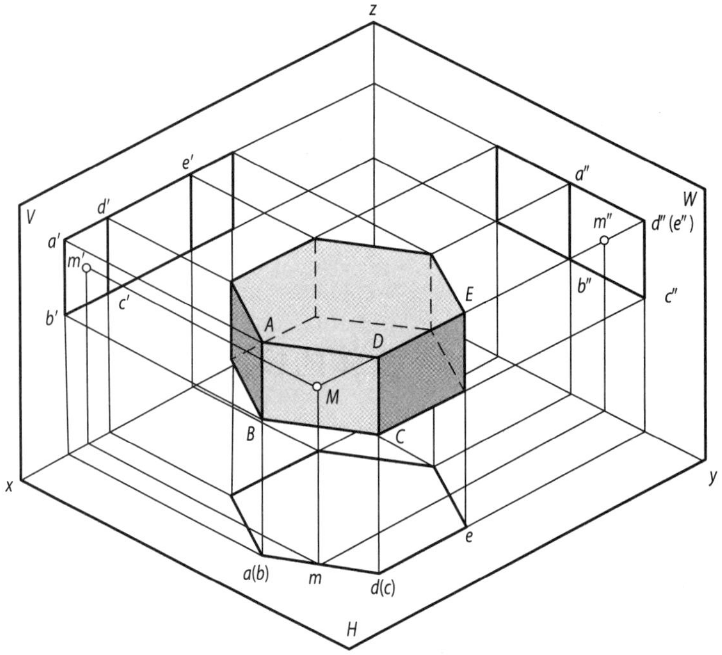

图 3-2　棱柱的投影及表面取点

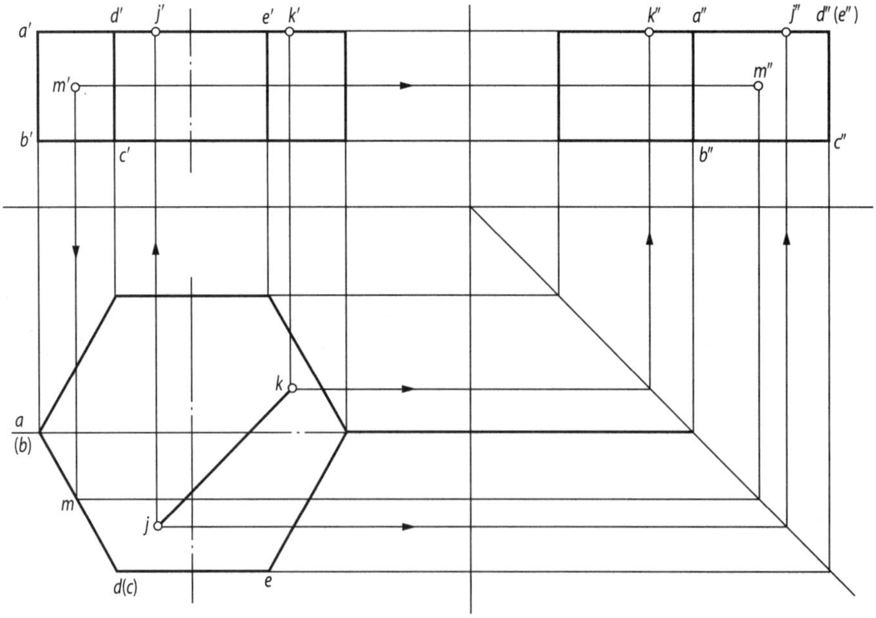

图 3-3　正六棱柱的投影图

聚性原理作图。如已知棱柱表面上 M 点的正面投影 m'，求其他两投影 m、m''。由于正面投影 m'为可见的，因此 M 点必定在 $ABCD$ 棱面上。而 $ABCD$ 棱面为铅垂面，水平投影 $abcd$ 有积聚性，因此 m 必在 $abcd$ 上，m 位于平面的积聚性投影上，因此可见，根据 m'和

m 即可求出 m''。如已知棱柱表面上线段 JK 的水平投影 jk，求其他两个投影 $j'k'$、$j''k''$。由于线段 JK 的水平投影为可见，因此 JK 在六棱柱的顶面上，而顶面的正面和侧面投影都具有积聚性，因此 $j'k'$、$j''k''$必在顶面的同面投影上，根据点的投影特性分别求得 $j'k'$、$j''k''$，它们均为可见。

2. 棱锥

(1) 棱锥的投影

图 3-4 所示为一三棱锥，锥顶为 S，其底面为△ABC，呈水平位置，水平投影△abc 反映实形。棱面△SAB、△SBC 是一般位置平面，它们的各个投影均为类似形。棱面△SAC 为侧垂面，其侧面投影 $s''a''c''$积聚为一直线。底边 AB、BC 为水平线，CA 为侧垂线，棱线 SB 为侧平线，SA、SC 为一般位置线，它们的投影可根据不同位置直线的投影特性进行分析。

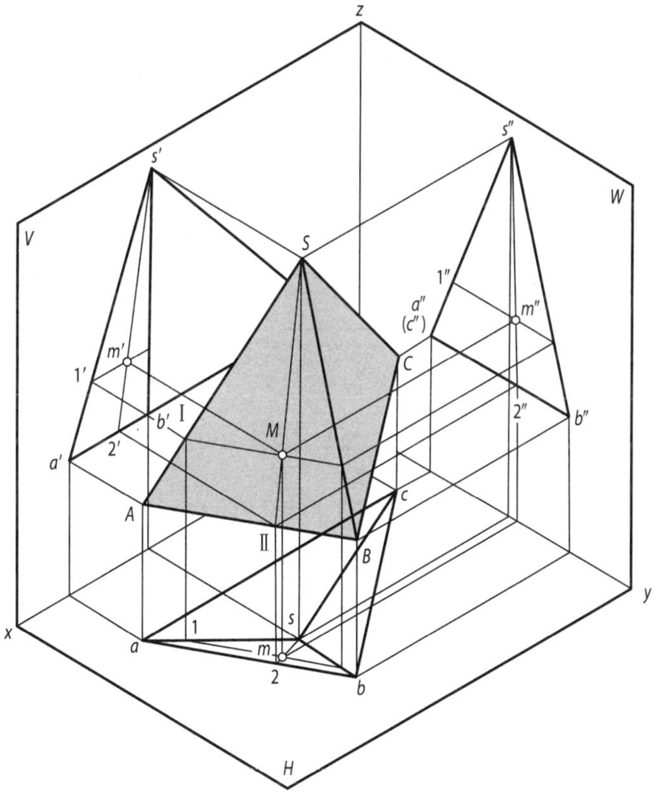

图 3-4　三棱锥及表面取点的立体图

如图 3-5 所示，作图时先画出底面的△ABC 的各个投影，再作出锥顶 S 的各个投影，然后连接各棱线即得三棱锥的三面投影。

(2) 棱锥表面上取点、线

若已知 M 点的正面投影 m'，因 m'可见，则 M 点在棱面 SAB 上。过 M 点在△SAB 上作 AB 的辅助平行线ⅠM，即作 $1'm' /\!/ a'b'$ 和 $1m /\!/ ab$，求出 m，再根据 m、m'求出 m''。

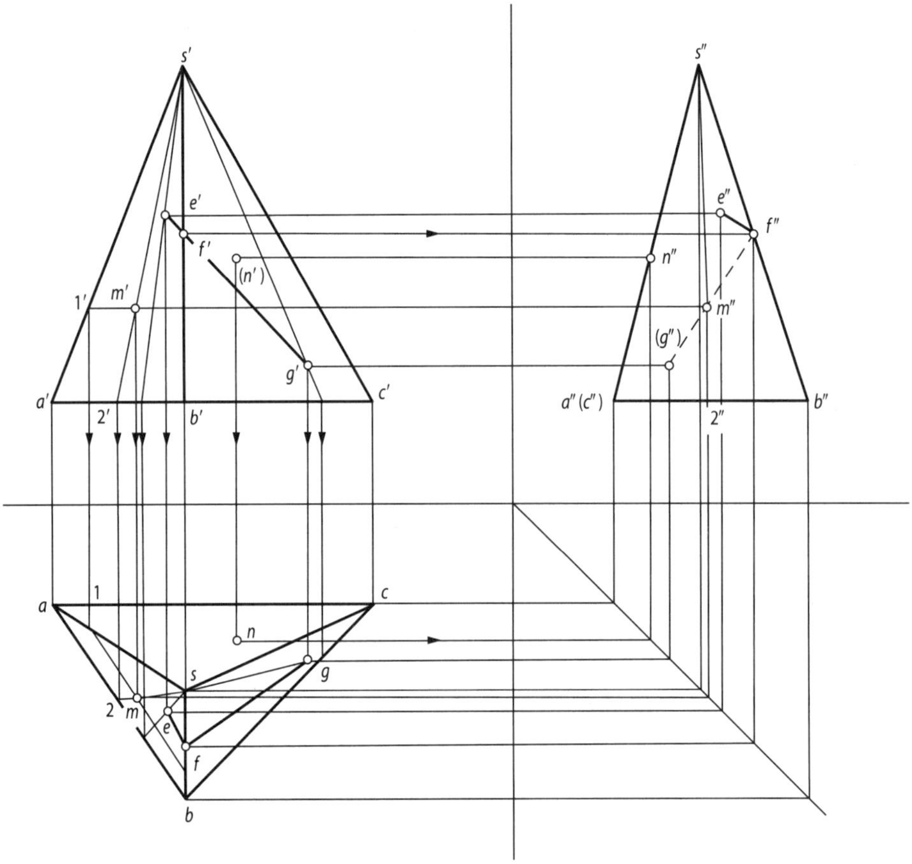

图 3-5　三棱锥的投影及表面取点

也可以过锥顶 S 和 M 点作辅助线 SⅡ，然后求出 M 的水平投影 m。又已知 N 点的水平投影 n，因 n 可见，则 N 点在侧垂面△SAC 上，因此 n''必定在具有积聚性的 $s''a''c''$上，由 n、n''可求出 n'。

若已知三棱锥表面上线段 EF、FG 的正面投影，要求作出其余投影。从正面投影得知，$e'f'$可见，线段 EF 在△SAB 上；$f'g'$也可见，线段 FG 在△SBC 上，点 F 在 SB 棱上。作图时可按照上述求 M 点的方法分别求出 E、F、G 的水平投影和侧面投影，然后在△SAB 内连接 EF 的同面投影 ef、$e''f''$，由于△SAB 在三面投影中均为可见，故 ef、$e''f''$也为可见，画成粗实线，线段 FG 在△SBC 上，故水平投影 fg 为可见，画成粗实线，侧面投影 $f''g''$为不可见，画成细虚线。

3.1.2　曲面立体

曲面立体由曲面或曲面和平面围成，常见的曲面立体为回转体，如圆柱、圆锥、圆球、圆环以及由它们组合而成的组合回转体。绘制回转体的投影，就是绘制围成回转体表面的回转面和平面的投影，并用一细点画线表示其回转轴，用两条相互垂直的细点画线表示圆的中心线，如图3-6所示。若在回转面上取点，一般过此点在该曲面上作简单易画的辅助圆或直线。若在回转面上取线，通常在该曲面上作出确定此曲线的多个点的投影，然后将其光滑连接，并判断其可见性，可见的曲线段画成粗实线，不可见的曲线段画成细虚线。

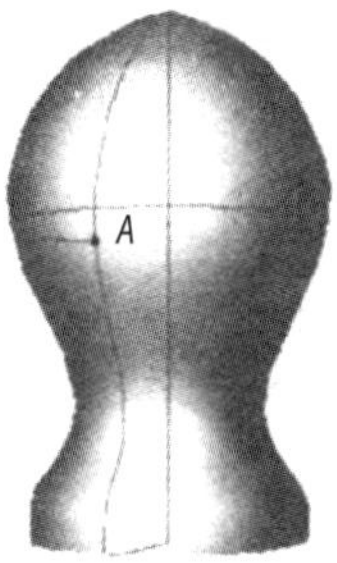

（a）立体图

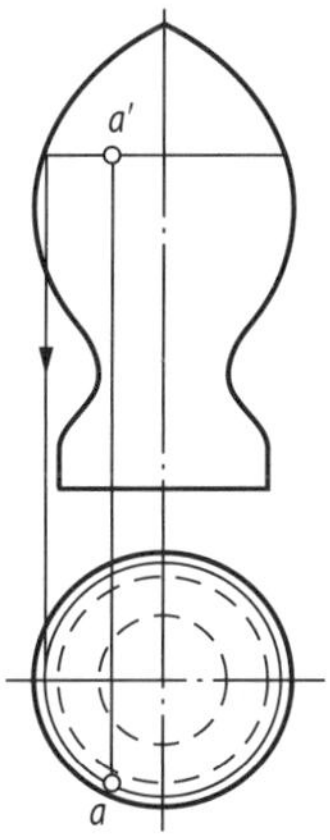

（b）投影图

图3-6 回转体的投影及表面取点

1. 圆柱

圆柱由圆柱面、顶面和底面围成。圆柱面由直线段绕与它平行的轴线旋转而成，如图3-7（a）所示。

（1）圆柱的投影

如图3-7（b）所示圆柱的轴线垂直于 H 面（铅垂线），则圆柱的水平投影为一圆，圆柱面上的所有点、线段的水平投影都积聚在这个圆周上；顶面和底面的所有点、线段的水平投影都包含在这个圆周内。圆柱的正面与侧面投影分别为两个相同的矩形，矩形的上、下两边分别为圆柱顶面、底面（水平面）的积聚性投影，长度等于圆柱的直径。正面投影中矩形的左、右两边 $a'a'$、$b'b'$ 分别是圆柱面上最左、最右素线 AA、BB 的正面投影。这两条素线把圆柱面分为前半和后半，前半圆柱面的正面投影可见，后半圆柱面的正面投影不可见，因此 $a'a'$、$b'b'$ 称为圆柱面在正面投影的转向轮廓线。这两条素线的水平投影积聚在圆周左、右两点 a、b 上，侧面投影 $a''a''$、$b''b''$ 与细点画线重合，由于圆柱面是光滑过渡的曲面，因此 $a''a''$、$b''b''$ 不需要画出。侧面投影中矩形的两边 $c''c''$、$d''d''$ 是圆柱面上最前、最后素线 CC、DD 的侧面投影，这两条素线把圆柱面分为左、右两半，在侧面投影中左半面可见，右半面不可见，因此 $c''c''$、$d''d''$ 称为圆柱面侧面投影的转向轮廓线。这两条素线的水平投影积聚在圆周前、后两点 c、d 上，正面投影与细点画线重合，同理 $c'c'$、$d'd'$ 不需要画出。作图时一般先画出回转轴线和中心线，再画出积聚性圆（水平投影的圆），最后画出其他两个投影，如图3-7（c）。

（2）圆柱表面上取点、线

圆柱面上任一点，必在圆柱面的某一素线上。因此，只要求出该点所在素线的投影，点的投影就确定了。如图 3－7（b）、（c）所示，已知 M 点的正面投影 m'，求 m，m''。可过 m' 作素线 $k'n'$，求得 kn、$k''n''$，便可作出 m 和 m''，这种方法称为辅助素线法。同时也可以通过水平投影的积聚性求得 m 和 m''。由于 m' 为可见，所以 M 点必在前半个圆柱面上，水平投影 m 必定在柱面具有积聚性的前半个圆上，由 m'、m 可求出 m''，由于 M 点在圆柱的左半面上，因此侧面投影 m'' 为可见。

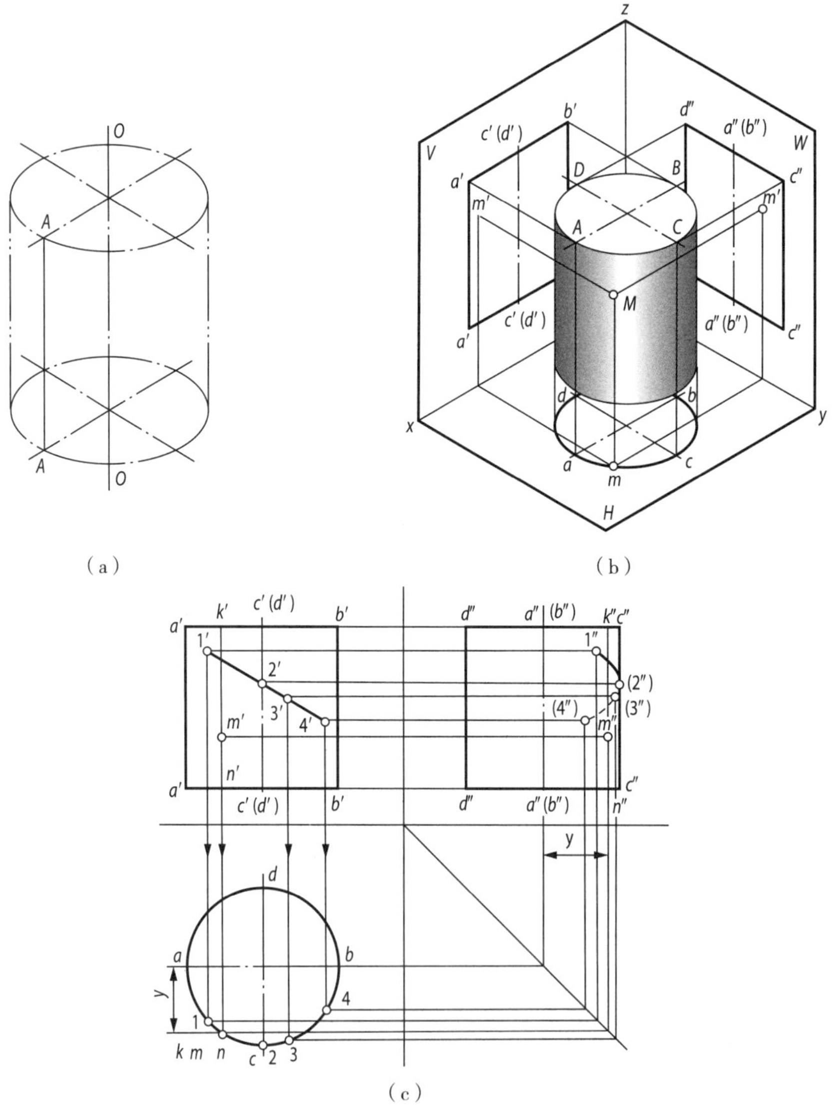

图 3－7　圆柱的投影及表面上取点、取线

若已知圆柱面上线段的正面投影，求其余两投影。根据圆柱面上线段ⅠⅡⅢⅣ的正面投影 $1'2'3'4'$ 判断，该线段为一条曲线（椭圆的一部分），由于 $1'2'3'4'$ 为可见，所以线段ⅠⅡⅢⅣ在圆柱的前半个面上，因此该线段的水平投影 1、2、3、4 落在圆柱积聚性圆的前半部分，且均为可见。根据 $1'$、$2'$、$3'$、$4'$ 和 1、2、3、4 便可求得 $1''$、$2''$、$3''$、$4''$，依

次光滑连接各点的同面投影即得曲线的投影，由于Ⅱ点在圆柱侧面转向轮廓线上，所以 2″是线段ⅠⅡⅢⅣ侧面投影的可见和不可见的分界点，线段ⅠⅡ部分在圆柱的左半面，则线段 1″2″为可见画成粗实线，而线段ⅡⅢⅣ部分在圆柱的右半面，则线段 2″3″4″为不可见，画成细虚线。

2. 圆锥

圆锥由圆锥面和底面所围成。圆锥面是一直母线 SA 绕和它相交的轴线 OO 旋转而成的，如图 3－8（a）所示。

（1）圆锥的投影

如图 3－8（b）所示，圆锥轴线垂直于 H 面，底面为水平面，是一个圆。底面的水平投影反映实形（圆），其正面投影和侧面投影积聚为一直线。圆锥面的水平投影落在底面的圆投影内，它的正面、侧面投影只画出圆锥面对正面和侧面的转向轮廓线的投影，如图 3－8（c）所示，正面投影转向轮廓线 $s'a'$、$s'b'$为圆锥面的最左、最右两条素线 SA、SB 的投影，侧面投影转向轮廓线 $s''c''$、$s''d''$为圆锥面的最前、最后的两条素线 SC、SD 的投影。作图时一般先画出回转轴线和中心线，再画出底面、锥顶的各个投影，然后分别画出其转向轮廓线。

（2）圆锥表面上取点、线

圆锥面上取点可根据圆锥面的形成特性来作图。如图 3－8（b）、（c）所示，已知圆锥面上 M 点的正面投影 m'，可采用下列两种方法求出 M 点的水平投影 m 和侧面投影 m''。

方法一：辅助素线法

过锥顶 S 和 M 点作一辅助线 SI，根据已知条件可以确定 SI 的正面投影 $s'1'$，然后求出它的水平投影 $s1$ 和侧面投影 $s''1''$，再根据点在直线上的投影特性由 m'求出 m 和 m''。

方法二：辅助纬圆法

过 M 点作一平行于底圆的辅助纬圆，该圆的正面投影为过 m'且平行于 $a'b'$的直线 $k'n'$，水平投影为一直径等于 $k'n'$的圆，m 必在该圆周上，由 m'、m 求出 m''。

圆锥面上取线，求该线段投影的步骤为：一般先求出该线段上的特殊点（即转向轮廓线上的点、最高点、最低点、最左点、最右点、最前点、最后点和分界点）的三个投影，然后求若干一般点的三个投影，最后根据该线段在曲面上的特性，判别可见性并依次光滑连接即可。如图 3－8（c）所示，已知圆锥表面上线段 EG 的正面投影 $e'g'$，求其余两投影。根据已知条件判断，E 点为最高点和最左点，G 点为最低点和最右点，F 点为侧面投影可见与不可见的分界点（转向轮廓线上的点），利用辅助纬圆法（或辅助素线法）求出点 E、F、G 和一般点 H 的水平投影 e、f、g 和 h（f 也可先直接求出 f''后得到），依次光滑连接，由于整个圆锥面在水平投影上均为可见，则线段 $EFHG$ 的水平投影为可见，画粗实线。再根据点的投影规律求出点 E、G、F 和 H 的侧面投影 e''、g''、f''和 h''，由于 F 点是线段 EG 在侧面投影面上的可见和不可见的分界点，根据投影特性可知，$e''f''$曲线段为可见，用粗实线光滑连接，$f''h''g''$曲线段为不可见，用细虚线光滑连接。

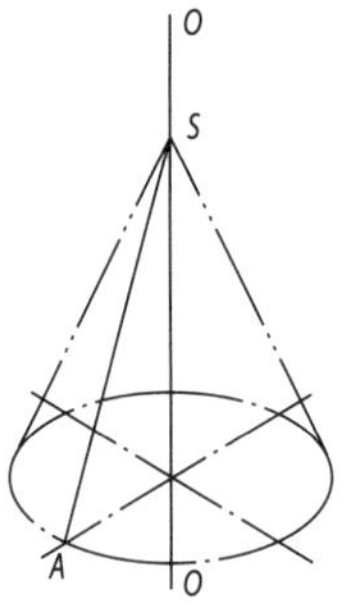

（a）

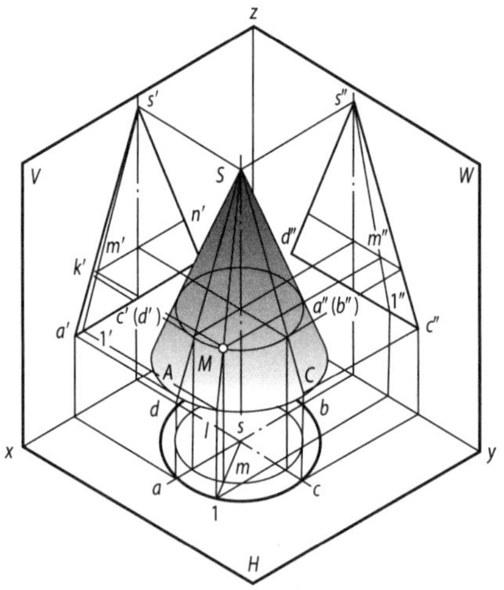

（b）

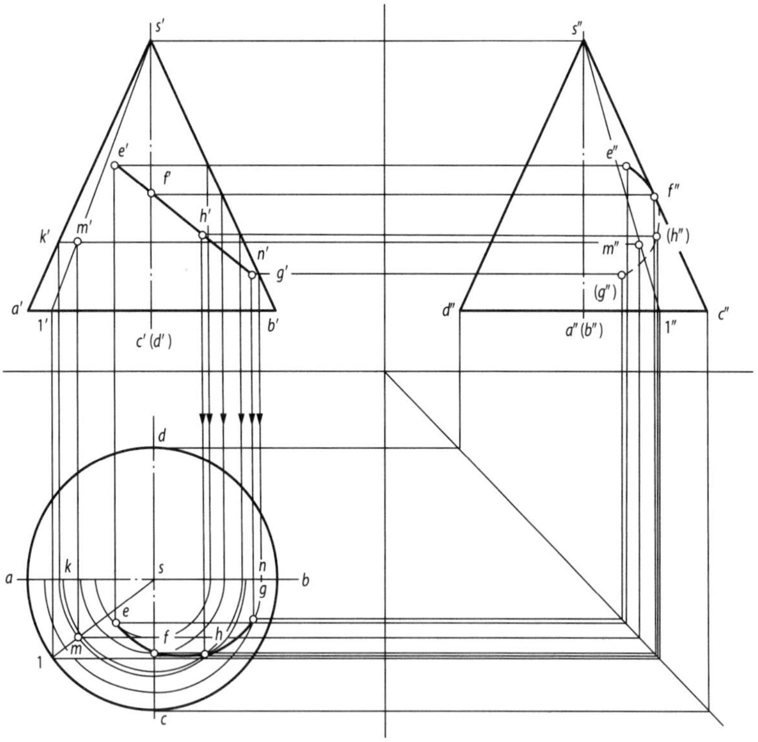

（c）

图 3-8　圆锥的投影及表面上取点、取线

3. 圆球

球由球面围成。球面由圆母线绕其直径为轴线旋转而成，如图 3-9（a）所示。

（1）球的投影

如图 3-9（b）所示，球的三个投影均为圆，其直径与球的直径相等，但三个投影面上的圆是不同方向轮廓线的投影，正面投影上的圆是平行于 V 面的最大圆 E 的投影（区分球面前后表面的转向轮廓线），水平投影上的圆是平行于 H 面的最大圆 F 的投影（区分球面上下表面的转向轮廓线），侧面投影上的圆是平行于 W 面的最大圆 G 的投影（区分球面左右表面的转向轮廓线）。作图时一般先画对称中心线确定球心的三个投影，然后画出三个与球等径的圆。

（2）球表面上取点、线

如图 3－9（b）、（c）所示，已知球面上 M 点的正面投影 m'，要求出其水平投影 m 和侧面投影 m''。可过 M 点作一平行于 H 面的辅助圆（纬圆），它的正面投影为 $1'2'$，水平投影为直径等于 $1'2'$ 的圆，m 必定在该圆上，由于 m' 为可见，所以 M 点在前半个球面上，由 m' 求得 m，然后再求得 m''。当然也可以作平行于 V 面或 W 面的辅助纬圆，由此求得的结果是相同的。球面上取线的作图步骤与圆锥面上取线的作图步骤相同。

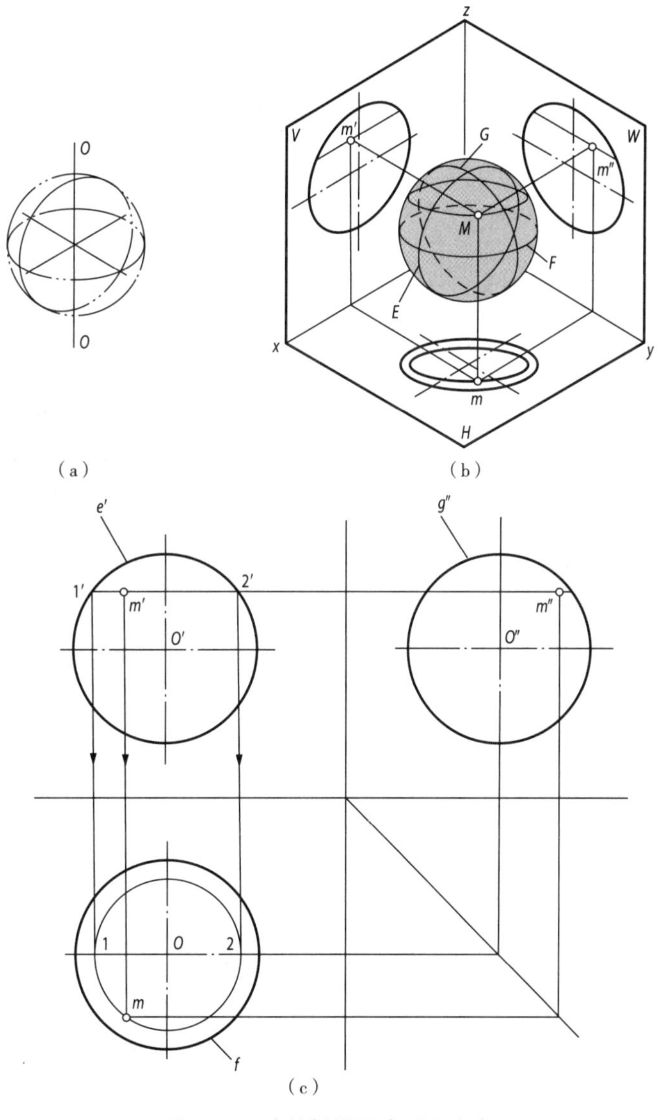

图 3－9　球的投影及表面上取点

3.2 平面与立体表面相交

平面与立体相交，可以认为是立体被平面截切。因此该平面通常称为截平面，截平面与立体表面的交线称为截交线，截交线围成的平面图形称为截断面，如图 3-10 所示。研究平面与立体相交，其目的是求截交线的投影和截断面的实形。

截交线具有如下的性质：

(1) 截交线既在截平面上，又在立体表面上，因此截交线是截平面与立体表面的共有线。截交线上的点是截平面与立体表面的共有点。

(2) 由于立体表面是封闭的，因此截交线必定是封闭的图线，截断面是封闭的平面图形。

(3) 截交线的形状决定于立体表面的形状和截平面与立体的相对位置。

根据截交线的性质，求截交线可归纳为求截平面与立体表面的共有点、线的问题。由于物体上绝大多数的截平面是特殊位置平面，因此可利用积聚性原理作出其共有点、线，如果截平面为一般位置平面，也可利用投影变换方法使截平面成为特殊位置平面，因此本章讨论的截平面是特殊位置平面。

3.2.1 平面与平面立体相交

平面与平面立体相交所得的截交线是由直线组成的封闭多边形，如图 3-10 所示。平面与平面立体相交多边形的各边是截平面与立体各相关棱面的交线，多边形的顶点是截平面与立体各相关棱线的交点。求平面立体截交线，实质上是求平面与平面的交线或直线与平面的交点的问题。

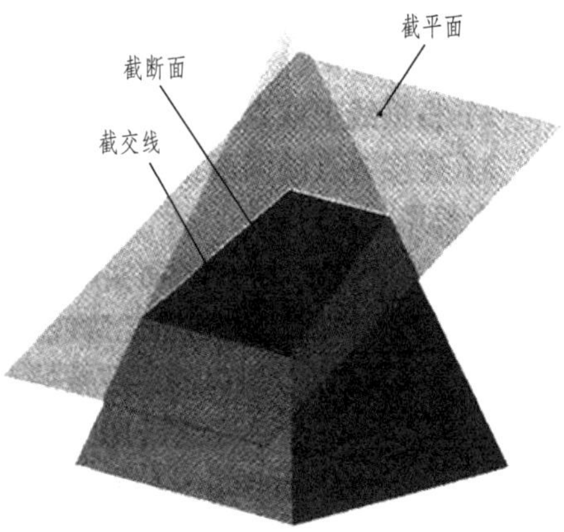

图 3-10 截交线与截断面

例 3-1 如图 3-11 (a) 所示，三棱锥被一正垂面截去顶部。试完成该立体的水平投影和侧面投影。

分析：截平面的正面投影具有积聚性，截平面与各棱线的交点的正面投影可直接标出，其水平投影和侧面投影，可根据点的投影特性在棱线的相应投影上作出，最后依次连接各点的同面投影，即为截交线的三面投影。

作图：见图 3-11 (b) 中的箭头方向。

例 3-2 完成带切口的三棱锥的水平投影和侧面投影，见图 3-12 (a)。

分析：图 3-12 (a) 所示为带切口的三棱锥，切口由水平截平面和正垂截平面组成，切口的正面投影有积聚性。如图 3-12 (b) 所示，水平截平面与三棱锥的底面平行，因此它与△*SAB* 棱面的交线 Ⅰ Ⅱ 必平行于底边 *AB*，与△*SAC* 棱面的交线 Ⅰ Ⅲ 必平行于底边 *AC*。正垂面分别与△*SAB*、△*SAC* 棱面交于 Ⅱ Ⅳ 和 Ⅲ Ⅳ。由于组成切口的两个截平面都

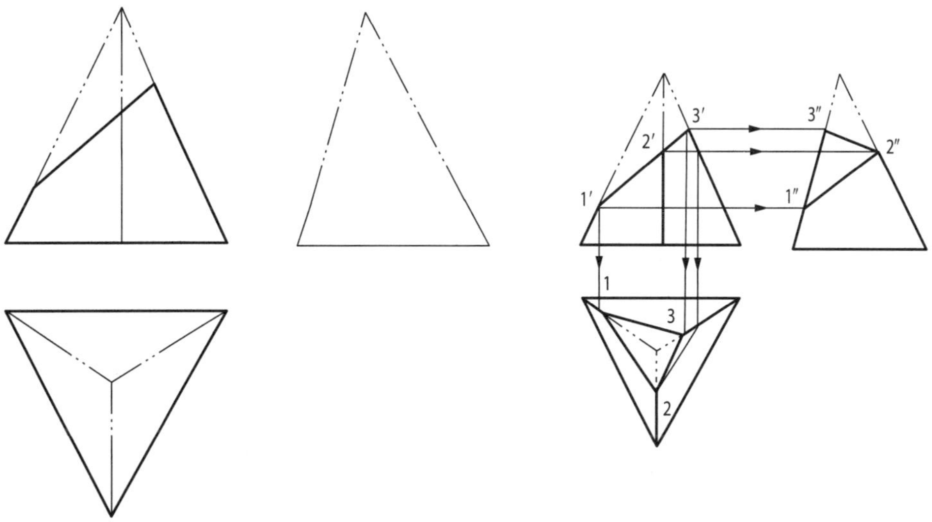

（a）　　　　　　　　　　（b）

图 3－11　正垂面截切三棱锥

垂直于正立投影面，所以两截平面的交线ⅡⅢ一定是正垂线。画出这些交线的投影即完成切口的水平投影和侧面投影。

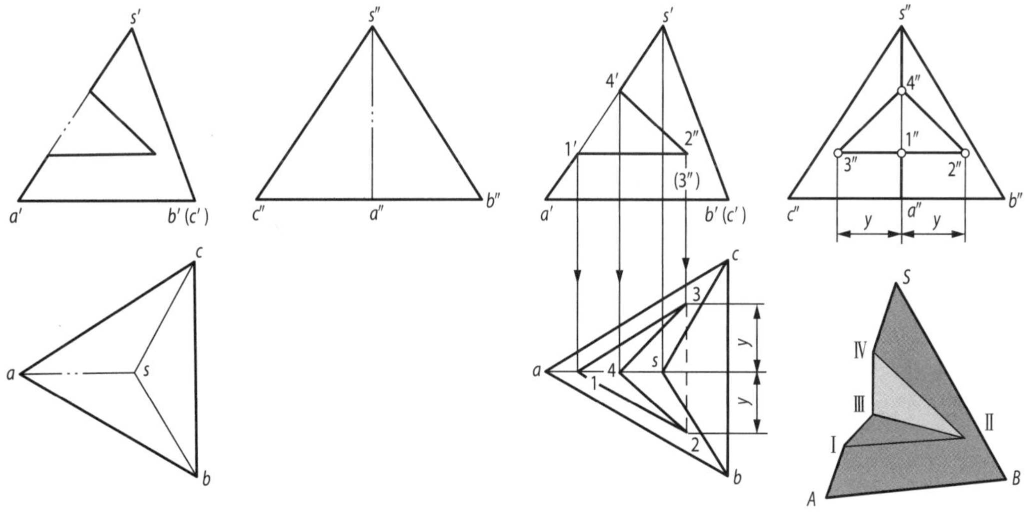

（a）　　　　　　　　　　（b）

图 3－12　带切口的三棱锥

作图：

（1）从 1′在 sa 上作出 1，作 $12/\!/ab$、$13/\!/ac$，再分别由 2′、3′在 12 和 13 上作出 2、3。由 1′2′和 12 作出 1″2″，1′3′和 13 作出 1″3″。1″2″和 1″3″重合在水平截平面的侧面投影上。

（2）从 4′分别在 sa 和 $s''a''$ 上作出 4 和 4″，然后再分别与 2、3 和 2″、3″连成 42、43 和 4″2″、4″3″，即完成切口的水平投影和侧面投影。特别注意组成切口两截平面交线的水平投影 23 不可见，应连成细虚线。

（3）整理图面，将 SA 轮廓线分别画至Ⅰ与Ⅳ点，完成三面投影图。

平面立体上的槽和孔，可看作是多个平面截切的结果。这时，只需逐一分析求出平面截切的截交线，即可得到槽与孔的投影。在图 3－13 中，四棱柱被开槽［图 3－13（a）］与穿孔［图 3－13（b）］的投影，读者可自行分析。

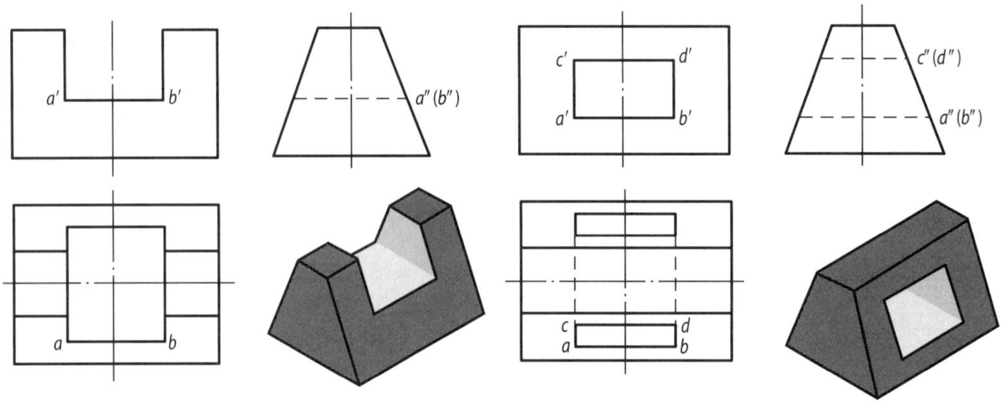

图 3－13 四棱柱体被开槽与穿孔

3.2.2 平面与曲面立体相交

1. 平面与圆柱相交

平面与圆柱相交时，因平面与圆柱轴线的相对位置不同而截交线形状有所不同，见表 3－1。

表 3－1 平面与圆柱相交

截平面位置	与圆柱轴线垂直	与圆柱轴线倾斜	与圆柱轴线平行
截交线形状	圆	椭圆	矩形
立体图	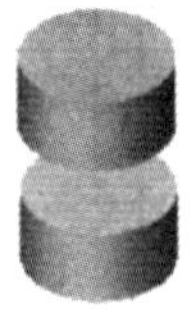	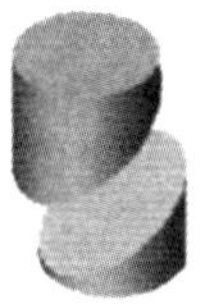	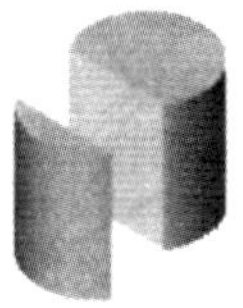
投影图	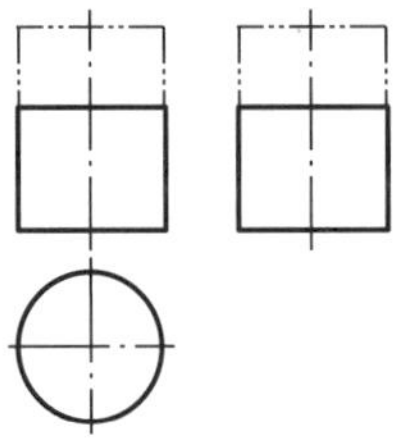	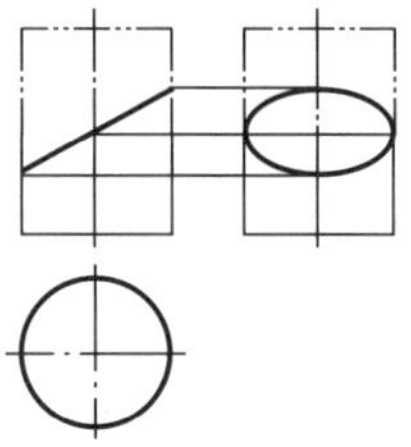	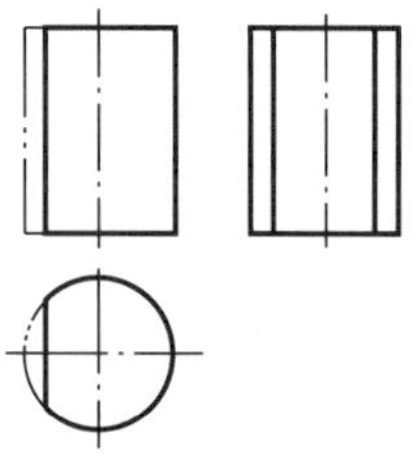

当截平面垂直于轴线时，截交线是一个直径等于圆柱直径的圆；倾斜于轴线时，截交线是椭圆，其大小和形状随平面对轴线的倾斜程度而改变；平行于圆柱轴线时，截交线是矩形。

例 3－3 已知圆柱被一正垂面截切，求截交线的投影（图 3－14）。

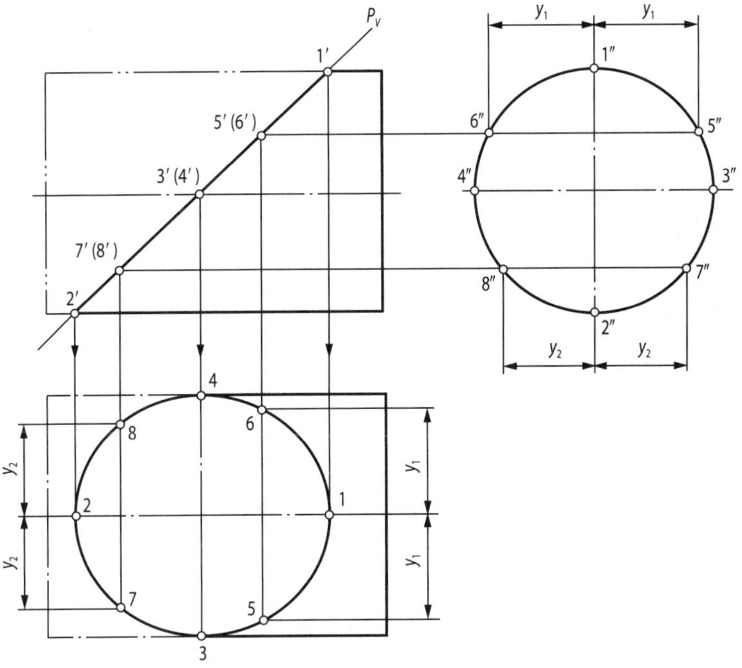

图 3－14　平面与圆柱相交求截交线

分析：圆柱轴线为侧垂线，截平面与轴线倾斜，交线为一椭圆，椭圆的正面投影与截平面的正面投影重合，即积聚成一直线，椭圆的侧面投影积聚在圆周上，而水平投影仍是椭圆，但不反映实形。因此，可先在截交线有积聚性的投影上确定椭圆上一系列点的位置，然后求出这些点的其余投影，用曲线板依次光滑连接各点即得交线的投影。

作图：

（1）求特殊点：最高点Ⅰ、最低点Ⅱ在圆柱的最上、最下轮廓线上，它们也是椭圆上最右、最左点；最前点Ⅲ、最后点Ⅳ在圆柱的最前、最后轮廓线上。

（2）求一般点：为使作图精确，尽可能均匀地确定椭圆上的一般点。先在截交线的正面投影上定下Ⅴ、Ⅵ、Ⅶ、Ⅷ点的正面投影 5′、6′、7′、8′，则它们的侧面投影 5″、6″、7″、8″必在圆周上，再求水平投影 5、6、7、8。

（3）依次光滑连接各点，注意可见性，整理并加深轮廓线，完成全图。

应当注意，空间椭圆的长、短轴不一定再是椭圆投影的长、短轴，它们随着截平面与圆柱轴线的倾斜程度而变化。当截平面与轴线夹角为 45°时，椭圆的投影变成圆。

图 3－15 所示为冲模切刀上的截交线的投影。切刀头部的形状可认为由平面截切圆柱面而成。刀头的前部被一个平行于圆柱轴线的平面切去一块，它与圆柱面的截交线为一矩形（平行直线）。刀刃部分由两个对称的平面斜切而成，截交线为两个不完整的椭圆。

图 3－16 所示为常见的圆柱体被切割、开槽与挖切的情况。

图 3－16（a）所示圆柱体的左、右被对称切割，先作出切割后的正面投影与水平投影。侧平面 P 的水平投影 p 与圆的交点 a（b）即为截平面 P 与圆柱面前交线的水平投影，按投影规律作出交线 AB 在侧面投影面上的投影 $a''b''$。同理，作出截平面 P 与圆柱面后交

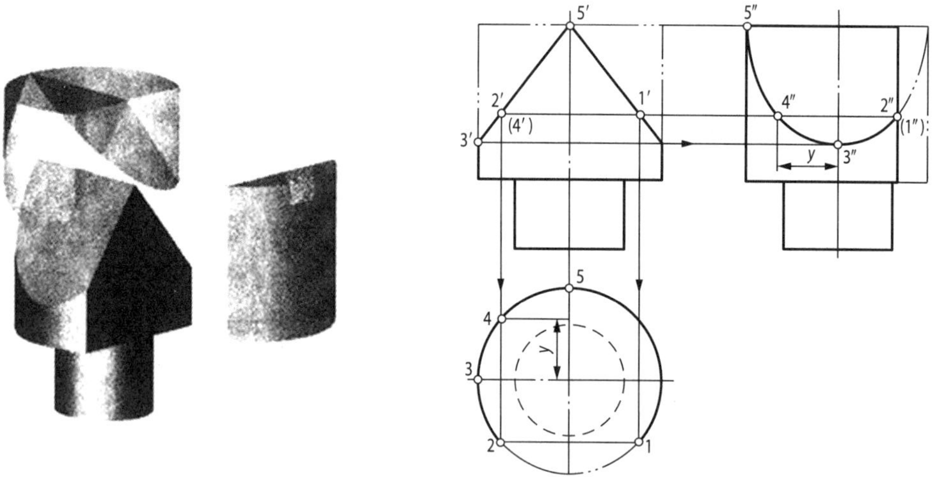

（a）立体图　　（b）投影图

图 3－15　冲模切刀的截交线

线的投影，从而完成圆柱体被切割后的侧面投影。图 3－16（b）、（c）分别表示圆柱体被开槽与穿孔，其交线 AB 的求法与图 3－16（a）所示基本相同。

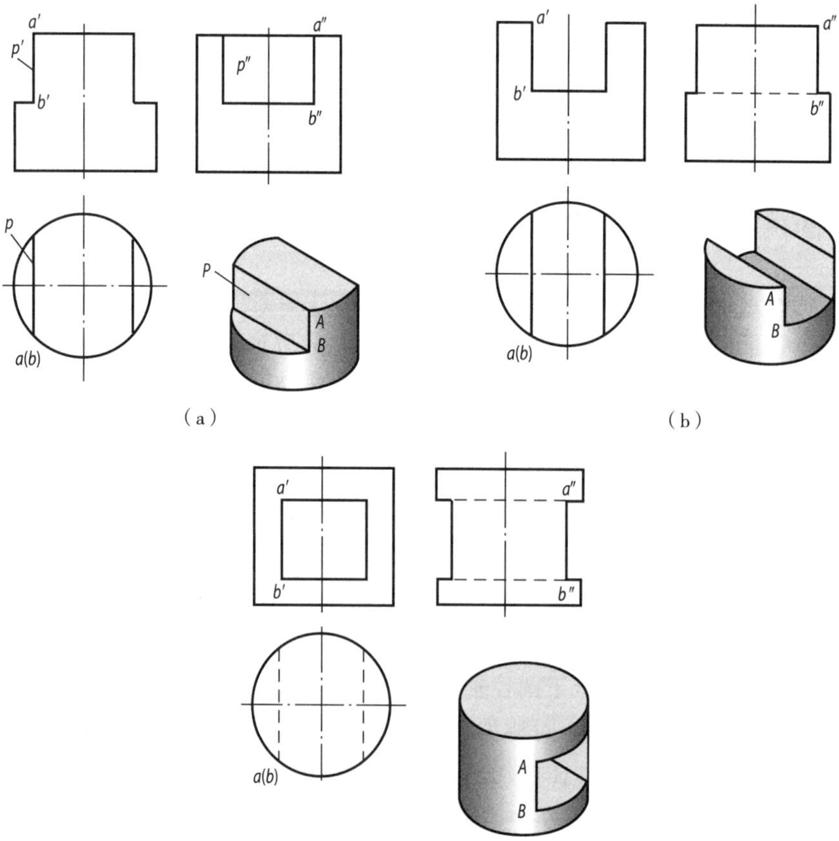

（a）　（b）　（c）

图 3－16　圆柱体被切割、开槽与穿孔

但必须注意，在侧面投影面上的开槽与穿孔部位处，圆柱的转向轮廓线由于开槽和穿孔而不存在了。

图 3-17（a）、（b）、（c）分别表示空心圆柱体被切割、开槽与穿孔后的三面投影画法。作图时应分别作出切割平面与外圆柱表面及内圆柱表面（即圆柱孔）的交线 AB 及 CD 的投影，其作法与图 3-16 相似。读者可对照轴测图仔细分析内、外圆柱面的交线求法，分析在侧面投影上，圆柱的转向轮廓线是否存在？

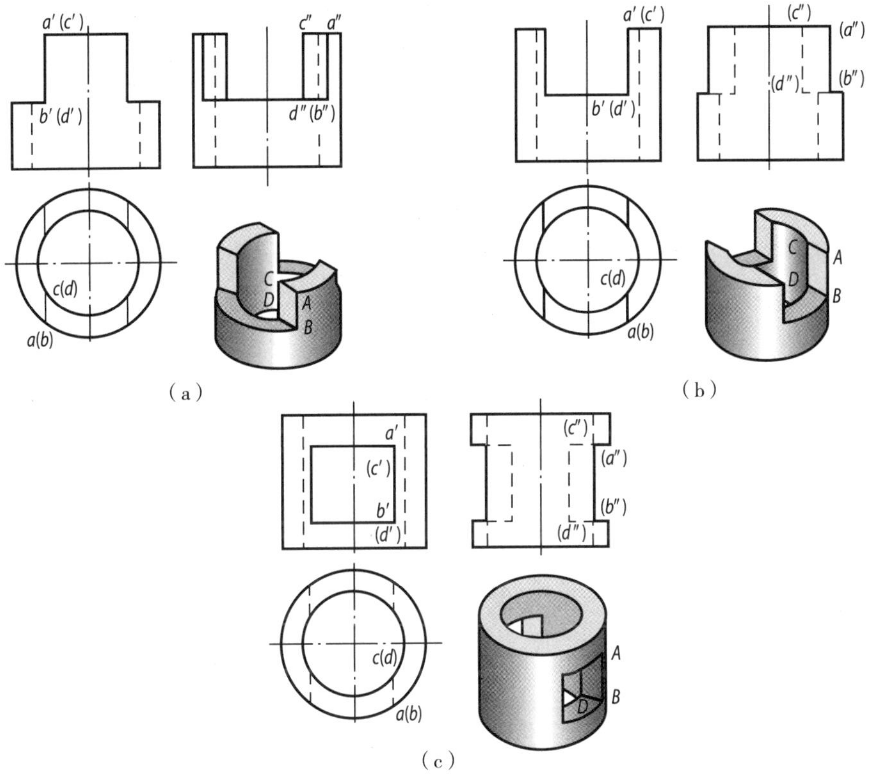

图 3-17　空心圆柱体被切割、开槽与穿孔

2. 平面与圆锥相交

平面与圆锥相交时，根据截平面对圆锥轴线的位置不同，截交线有 5 种形状，见表 3-2。

表 3-2　平面与圆锥相交

截平面位置	截交线形状	立体图	投影图
垂直于轴线	圆	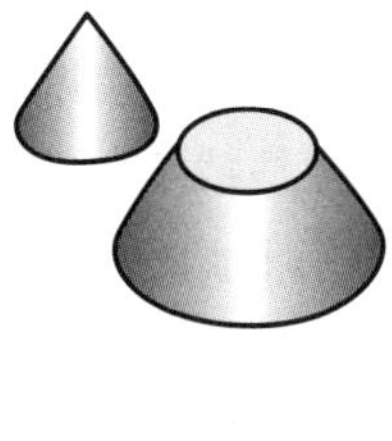	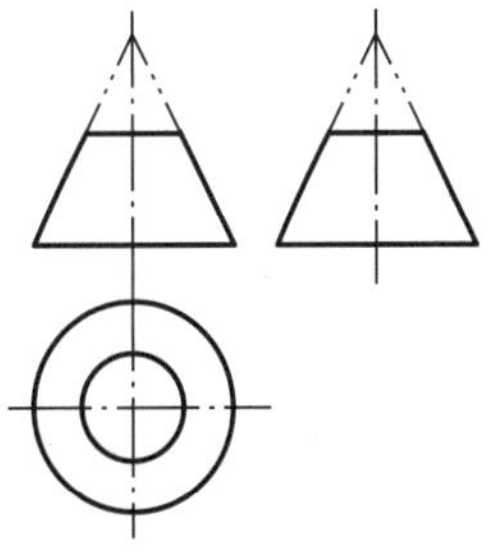

（续表）

截平面位置	截交线形状	立体图	投影图
倾斜于轴线 $\beta > \varphi$	椭圆		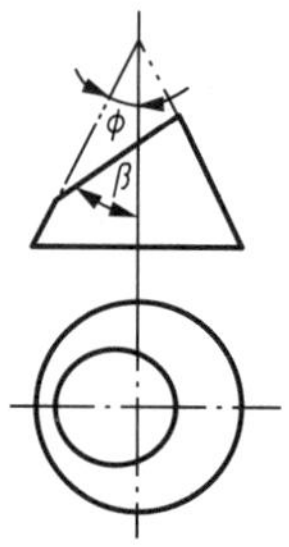
平行于一条素线 $\beta = \varphi$	抛物线和直线段	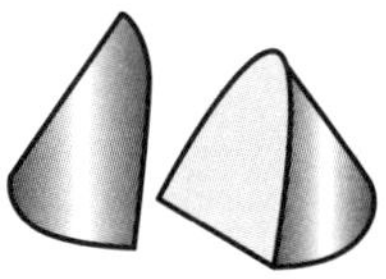	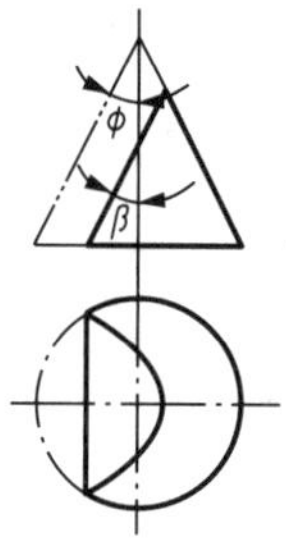
倾斜于轴线 $\beta < \varphi$ 或平行于轴线	双曲线和直线段	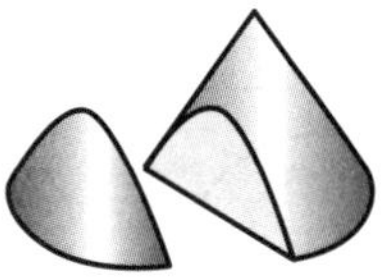	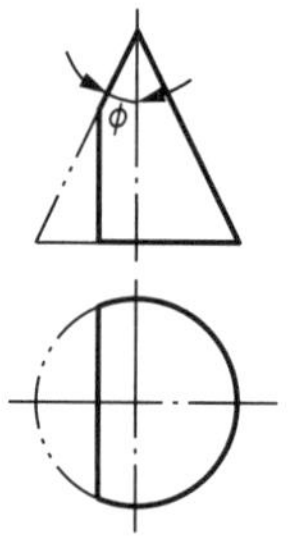
过锥顶	等腰三角形	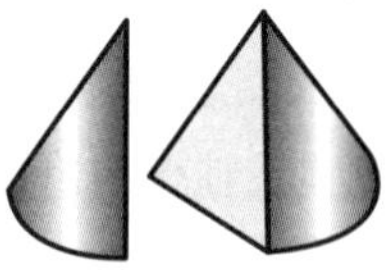	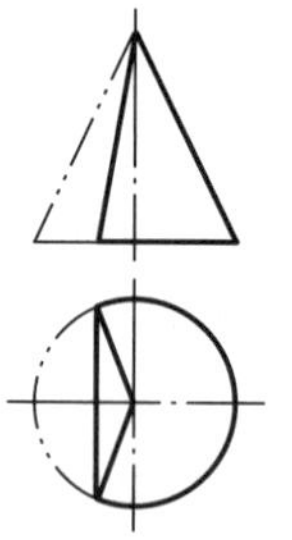

如图 3－18 所示，一直立圆锥被正垂面截切。该截平面倾斜于圆锥轴线，且圆锥素线与 H 面的倾角大于截平面对 H 面的倾角，因此截交线为一椭圆。由于圆锥前后对称，所以椭圆也一定前后对称。椭圆的长轴就是截平面与圆锥前后对称面的交线（正平线），其端点在最左、最右素线上。而短轴则是通过长轴中点的正垂线。截交线的正面投影积聚为一直线，其水平投影和侧面投影通常也为一椭圆，它的作图步骤如下：

（1）求特殊点。在截平面和圆锥面最左、最右素线正面投影的交点处作出 $1'$、$2'$，由

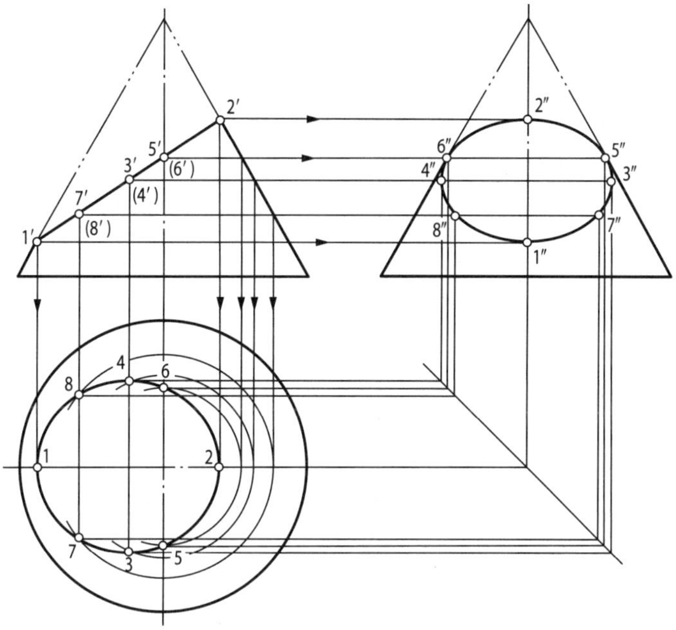

图 3-18　正垂面与圆锥相交

1′、2′可求出 1、2 和 1″、2″；1′2′、12 和 1″2″就是空间椭圆长轴的三面投影。

取 1′2′的中点 3′（4′），即为空间椭圆短轴有积聚性的正面投影。过 3′（4′）按圆锥面上取点的方法作辅助水平圆，作出该水平圆的水平投影，在其上求得 3、4，再由此求得 3″、4″。3′（4′）、34 和 3″4″即为空间椭圆短轴的三面投影。

（2）求一般点。为了准确地画出截交线，在上半椭圆和下半椭圆上，分别取对正面投影重影的 V、Ⅵ和Ⅶ、Ⅷ点。即先在截交线的正面投影上定出 5′、6′和 7′、8′，再分别作两个水平辅助圆，求出 5、6 和 7、8，并由此求得 5″、6″和 7″、8″。特别要注意的是由于 V 和Ⅵ是最前和最后素线上的点，因此 5″、6″是截交线侧面投影与圆锥面侧面投影转向轮廓线的切点。

（3）依次光滑连接各点，即得截交线的水平投影和侧面投影，整理并加深轮廓线，完成全图。由图可见，12、34 分别为水平投影椭圆的长短轴，3″4″、1″2″分别为侧面投影椭圆的长短轴。

图 3-19 所示为一侧垂轴线的圆锥被一水平面所截切。由于截平面平行于圆锥轴线，所以截交线为双曲线。它的正面投影与侧面投影均积聚为一直线，其水平投影反映实形，作图步骤如下：

（1）求特殊点。最左点Ⅲ的水平投影 3 可由正面投影 3′直接求出；最右点Ⅰ、Ⅴ在圆锥底圆上，可由侧面投影 1″、5″根据投影规律作出水平投影 1、5。

（2）求一般点。Ⅱ、Ⅳ是截交线上任意两点，其正面投影为 2′与 4′，根据圆锥面上取点的方法作辅助纬圆（也可过锥顶作辅助素线），在侧面投影上求出 2″、4″，然后根据两投影求出水平投影 2、4。同理，可作出其他一般点。

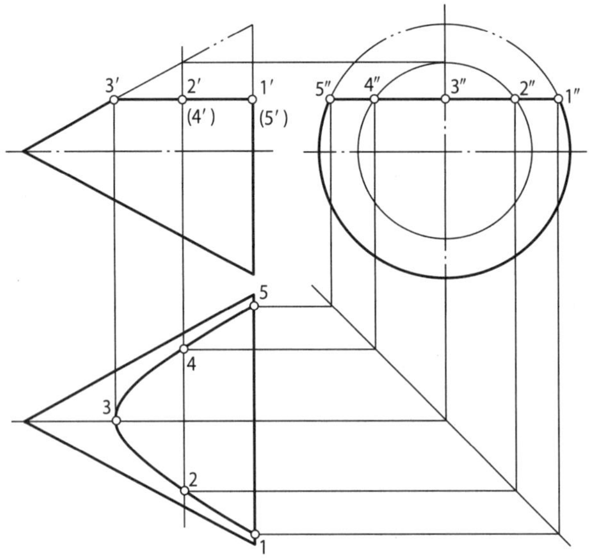

图 3-19 水平面与圆锥相交

(3) 依次光滑连接各点即得截交线的水平投影。

图 3-20 所示为一磨床顶尖。其头部由圆锥和圆柱两部分组成，为了避免砂轮在进刀、退刀时与顶尖相撞，顶尖的上面和前面都铣去一部分，可以把它分别看作被侧平面 P、水平面 Q 和正平面 S 截切。截平面 P 垂直于顶尖的轴线，因此截交线是圆的一部分；截平面 Q、S 平行顶尖的轴线，因此圆柱部分截交线为两条平行直线，圆锥部分的截交线为两条不完整的双曲线。两双曲线的交点 A 的侧面投影 a'' 可首先确定，然后可根据圆锥面上取点的方法确定 a' 和 a，其他作图方法与图 3-19 相同。

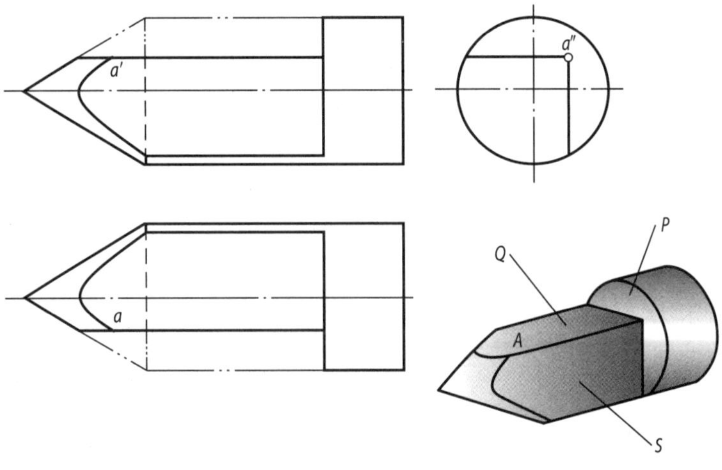

图 3-20 磨床顶尖的截交线

3. 平面与圆球相交

平面与圆球相交所得的截交线都是圆。如果截平面是投影面平行面，则在该投影面上的投影为圆的实形，其他两投影积聚成直线，长度等于圆的直径，如图 3－21 所示。如果截平面是投影面垂直面，截交线在该投影面上的投影为一直线，其他两投影均为椭圆。

图 3－22 所示为圆球被正垂面截切，截交线的正面投影积聚为一直线，且等于截交圆的直径，水平投影为一椭圆，它的作图步骤如下：

（1）求特殊点。确定椭圆长、短轴的端点 1、2、3、4。在正面投影上作出 1′、2′两点，在 1′2′中点处作出 3′、4′两点。由于Ⅰ、Ⅱ两点在球面平行于 V 面的最大圆上，由 1′、2′点即可求出 1、2 两点。过Ⅲ、Ⅳ两点在球面上作水平圆，即可得 3、4 两点，见图 3－22（a）。

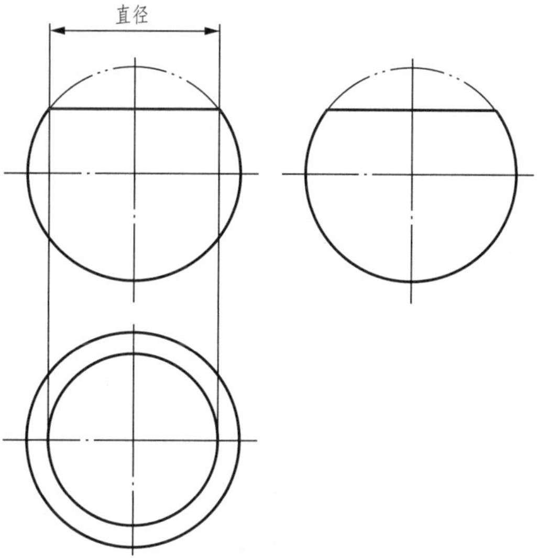

图 3－21　水平面与球相交图

（2）求一般点。确定截交线水平投影与轮廓线的交点 5、6。由于Ⅴ、Ⅵ两点在球面平行 H 面的最大圆上，由此找出 5′、6′两点，由 5′、6′即可求出水平投影 5、6。在适当位置上作点Ⅶ、Ⅷ，用辅助水平圆求出 7、8，见图 3－22（b）。

（3）依次光滑连接。按点的排列顺序，连成光滑曲线，并注意可见性，见图 3－22（c）。

（4）整理并加深轮廓线。

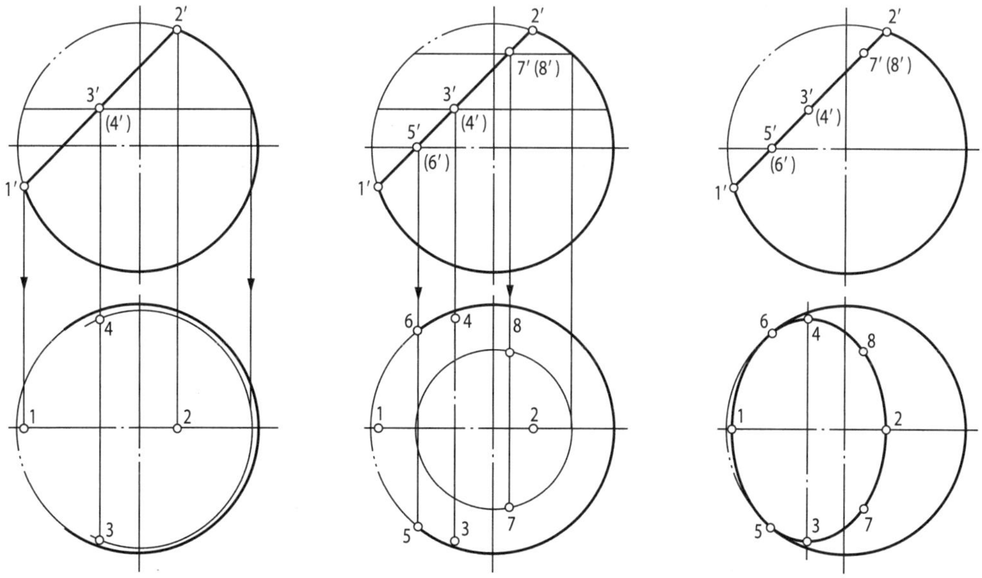

（a）　（b）　（c）

图 3－22　正垂面与球相交

3.3 两曲面立体表面相交

两曲面立体表面相交所得的交线称为相贯线，如图 3-23 所示。相贯线是两曲面立体表面的共有线，也是两相交曲面立体的分界线。相贯线通常为封闭的空间曲线，特殊情况下也可能是平面曲线或直线。求相贯线的常用方法是积聚性法和辅助平面法，条件适当时，也可用辅助球面法。需要指出：在学习相贯线画法的同时，要多注意观察各种常见立体相交的实例，了解相贯线的形状和趋势，增加对相贯线的感性认识，从而掌握求相贯线的方法。

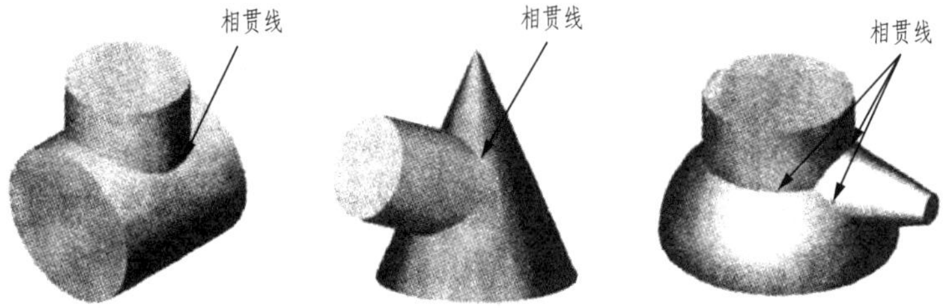

图 3-23 相贯线

3.3.1 积聚性法

当相交的两曲面立体表面的某一投影具有积聚性时，相贯线的一个投影必积聚在这个有积聚性的投影上。相贯线的其他投影可根据表面取点的方法求出。

例 3-4 求作轴线正交的两圆柱表面的相贯线，如图 3-24 所示。

分析：首先判断什么立体相交，预见相贯线的形状。该例题为两轴线正交的圆柱相交，相贯线是封闭的空间曲线，且前后、左右对称。相贯线的水平投影与直立圆柱面水平投影的圆重合，其侧面投影与水平圆柱面侧面投影的一段圆弧重合，需要求作的是相贯线的正面投影，可以根据积聚性利用表面取点的方法作出。由于两圆柱轴线相交且其公共对称面平行 V 面，因此相贯线的正面投影为双曲线。

作图：

(1) 求特殊点（确定相贯线的范围）。由于两圆柱的正面投影转向轮廓线处于同一正平面上，故可直接求得 A、B 两点的投影。点 A 和点 B 是相贯线的最高点（也是最左和最右点）其正面投影为两圆柱正面转向轮廓线的交点 a' 和 b'。点 C 和点 D 是相贯线的最前点和最后点（也是最低点）其侧面投影为直立圆柱的侧面转向轮廓线的侧面投影与水平圆柱面的侧面投影圆的交点 c'' 和 d''。而水平投影 a、b、c、d 均在直立圆柱水平投影的圆上。由 a'、b' 和 a、b 求得侧面投影 $a''b''$；由 c、d 和 c''、d'' 求得正面投影 c' 和 d'。

(2) 求一般点（确定相贯线的弯曲趋势）。在水平圆柱的侧面投影上取 $1''$、$2''$，根据相贯线的共有线特性知道，$1''$、$2''$ 也在直立圆柱面上，即在水平投影的圆上，根据投影特性得出 1、2 和 $1'$、$2'$。

（3）依次光滑连接并判别可见性。因相贯线前后对称，相贯线正面投影的可见部分与不可见部分重影。故将其正面投影依次光滑连成粗实线，水平投影和侧面投影分别积聚在圆和圆弧上。绘制到相应位置，并注意可见性。

（4）整理并加深轮廓线。

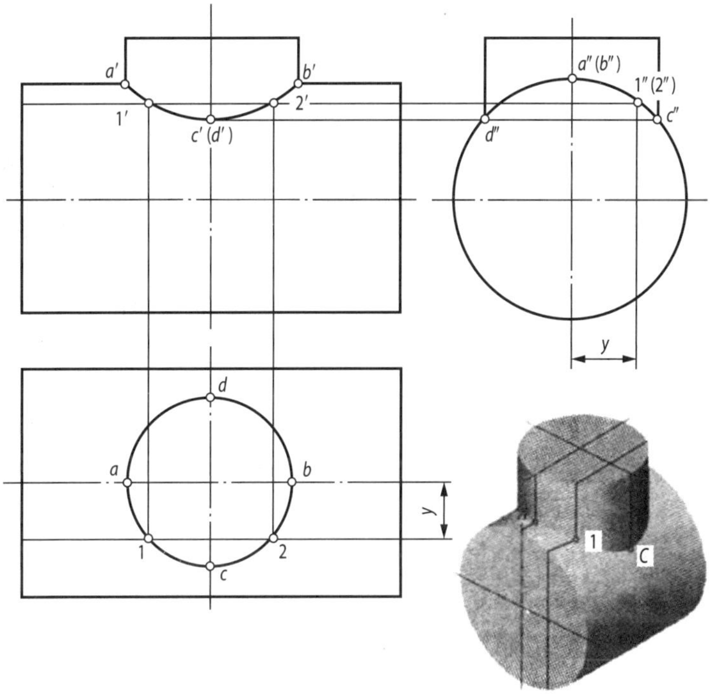

图 3－24　两轴线正交圆柱的交线

讨论：

（1）两轴线正交的圆柱。两轴线正交的圆柱是机器零件上最常见的情况，它的交线形状和特殊点，读者必须对它十分熟悉。在图 3－25 所示位置，正面投影中的相贯线采用了近似画法画出，即以大圆柱的半径作圆弧代替交线的投影。

（2）交线的产生。交线可以由下列三种情形相交产生：

两实心圆柱相交［图 3－26（a）］；一实心圆柱与一空心圆柱相交［图 3－26（b）］；两空心圆柱相交［图 3－26（c）］。

从表象上看，有的是圆柱（实心），有的是圆孔（空心），但它们都是圆柱面。这些圆柱面有的表现

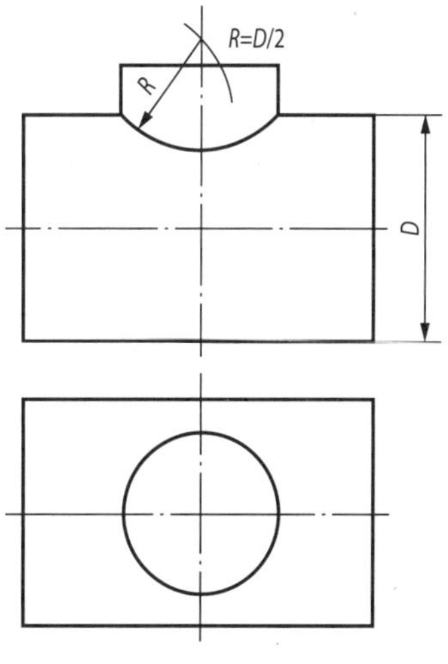

图 3－25　两轴线正交圆柱交线的近似画法

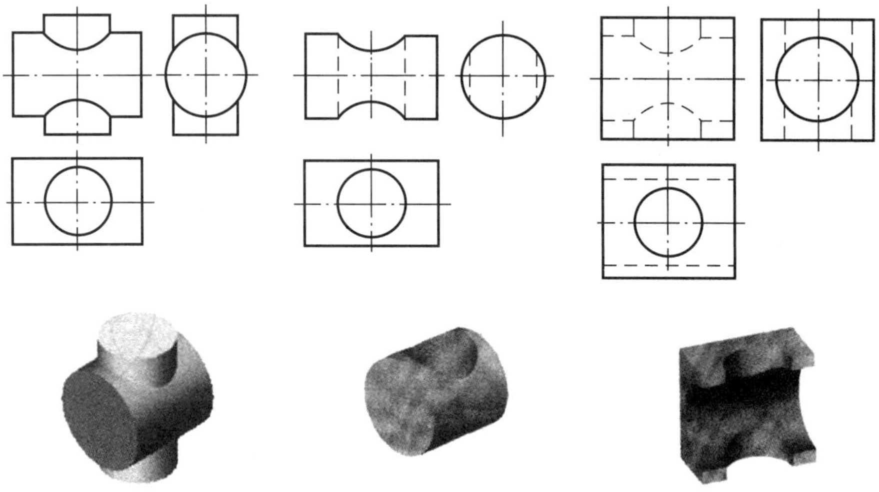

（a）两实心圆柱相交　　（b）实心圆柱与空心圆柱相交　　（c）两空心圆柱相交

图 3-26　产生交线的三种情况

为外表面，有的表现为内表面。只要有两个圆柱面相交，就一定有交线产生。只要相交曲面的表面形状、直径大小、轴线相对位置不变，则交线的形状和特殊点以及求作方法完全相同。但交线的可见性需倍加注意，如图 3-26 所示。

（3）交线的变化。从图 3-27 可以看出，当两圆柱正交时，若小圆柱逐渐变大，则交线越弯曲；但这时交线的性质没有变化，还是两条空间曲线，只是发生一些量变罢了，它们的正面投影仍是曲线。但是当两圆柱的直径相等时，却由量变引起质变，这时交线从两条空间曲线变为两条平面曲线（椭圆），它们的正面投影成为两条相交直线，见图 3-27（c）。

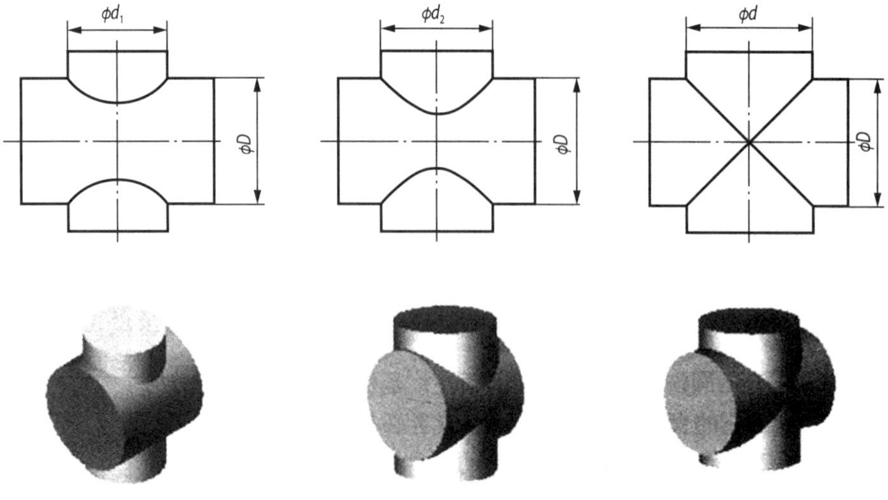

（a）$D>d_1$　　（b）$D>d_2>d_1$　　（c）$D=d$

图 3-27　两圆柱正交时交线的变化

两相交圆柱的相对位置不同，交线的形状也随之而异。如图 3－28 所示，当两圆柱的轴线由垂直相交逐渐分开时，交线从两条空间曲线逐渐变为一条空间曲线的情况。这种情况在零件上常能遇到，读者应该在学习过程中逐步熟悉。

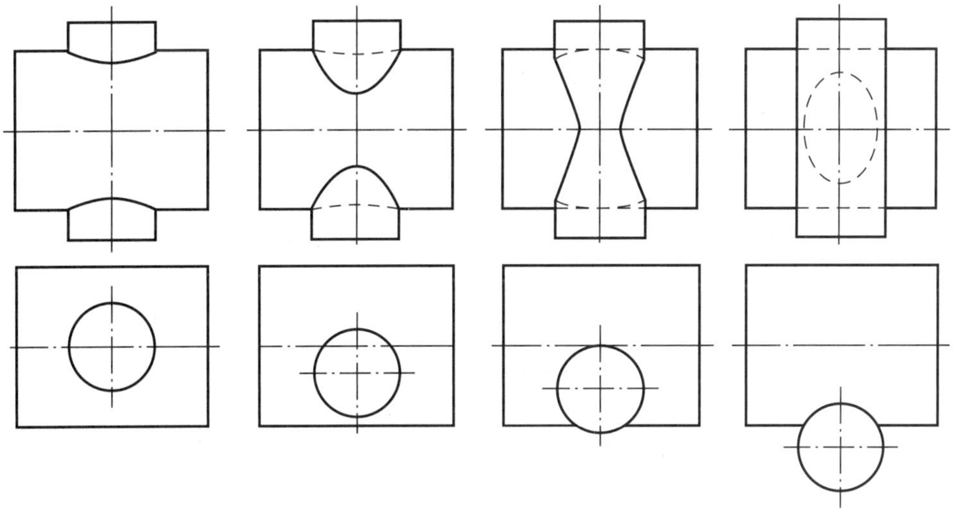

图 3－28　两圆柱偏交时交线的变化

3.3.2　辅助平面法

求两曲面立体相贯线比较常用的方法是辅助平面法。辅助平面的选择原则为辅助平面与两曲面立体的交线的投影都是最简单的图线，如直线或圆。以下举例说明。

例 3－5　求圆柱与球的相贯线，见图 3－29（a）。

分析：图 3－29（a）所示为水平圆柱与半球相交，其公共对称面平行于正立投影面，故相贯线前后对称。相贯线的正面投影为抛物线，侧面投影积聚于水平圆柱的侧面投影圆上，水平投影为四次曲线。若选择与圆柱轴线平行的水平面（或正平面）作为辅助平面，这时平面与圆柱面的交线为一对平行直线，与球面的交线为圆（或圆弧）；若选择与圆柱轴线相垂直的侧平面作为辅助平面，这时平面与圆柱面、球面的交线分别为圆或圆弧。

作图，见图 3－29（b）：

（1）求特殊点。Ⅰ、Ⅳ分别为相贯线上的最高点（最右点）和最低点（最左点），可以直接求出。Ⅲ、Ⅴ分别是相贯线上的最前点和最后点，可取通过圆柱轴线的水平面 Q 作为辅助平面，它与圆柱面相交为最前和最后素线，与球面相交为圆，它们的水平投影相交在 3、5 点，即为相贯线水平投影的可见部分与不可见部分的分界点，其正面投影为 $3'$、$5'$。

（2）求一般点。取水平面 P 作为辅助平面，它与圆柱面相交为一对平行直线，与球面相交为圆，直线与圆的水平投影的交点 2、6 即为共有点Ⅱ、Ⅵ的水平投影，由此可求出正面投影 $2'$、$6'$，这是一对对称点的重影。

（3）依次光滑连接各点。其连接原则是：如果两曲面的两个共有点分别位于一曲面的相邻两素线内，同时也分别在另一曲面的相邻两素线内，则这两点才能相连。如图 3 - 29 (b) 所示的连接顺序为Ⅰ—Ⅱ—Ⅲ—Ⅳ—Ⅴ—Ⅵ—Ⅰ。

（4）判别可见性。其原则是相贯线同时位于两个立体的可见表面时，其投影才可见；否则不可见。Ⅲ—Ⅳ—Ⅴ在圆柱的下半部分，其水平投影为不可见，3—4—5 画成细虚线，其余线段画成粗实线。

（5）整理并加深轮廓线。正面投影 1′4′之间不画球面正面转向轮廓线的投影，圆柱的水平转向轮廓线的投影画到 3、5 点处。位于圆柱下面的球的轮廓线不可见，画成细虚线。

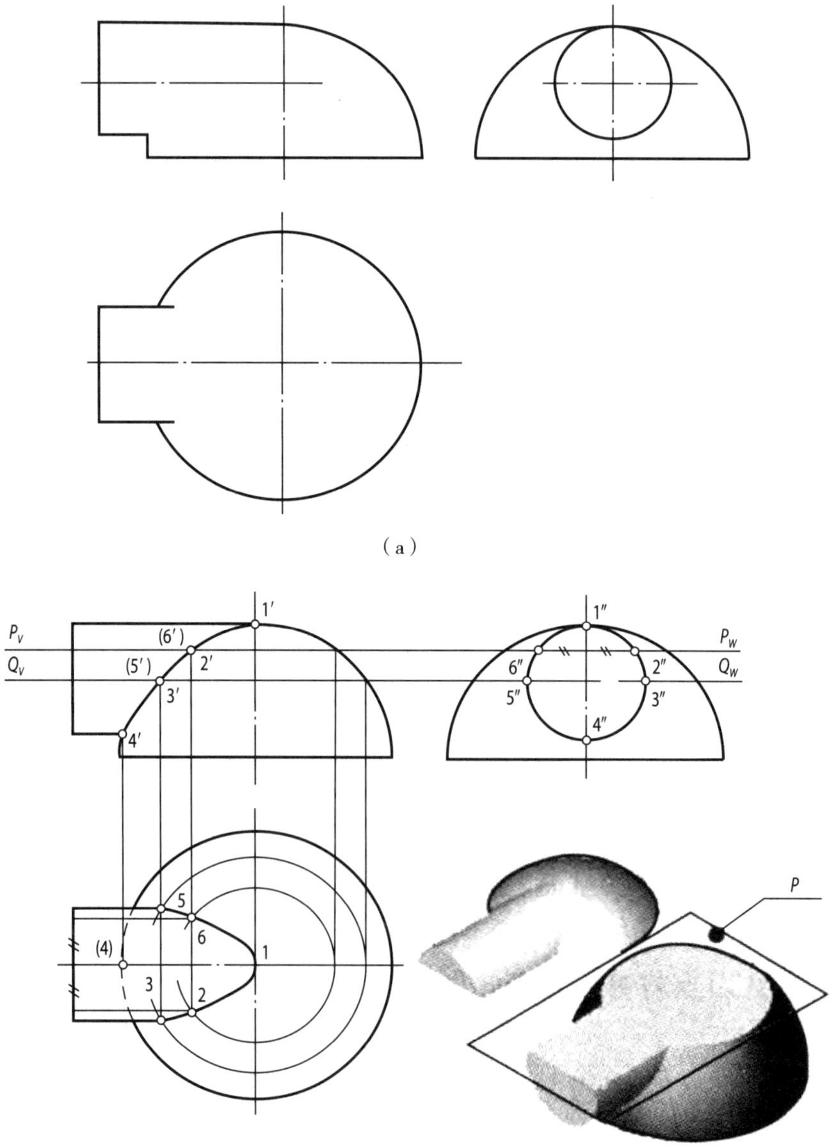

图 3 - 29　水平圆柱与球相交

本章小结

本章重点内容是棱柱、棱锥等平面立体的投影特性及其表面取点、线的方法，圆柱、圆锥和圆球等曲面立体的投影特性及其表面取点、线的方法，以及平面与立体相交时，截交线的几何特性以及作图方法。难点是平面与立体相交时，截交线的几何特性以及作图方法，两曲面立体相交时、相贯线的几何特性以及作图方法。

第4章　组合体的视图

4.1　组合体的构成

4.1.1　组合体的构成

1. 组合体的构成形式

将基本形体组合在一起，主要有叠加和切割两种方式。图4-1（a）所示的组合体可看成由如图4-1（b）所示几个形体叠加而成；图4-1（c）所示的支座则可视为简单形体上切割一些基本形体而形成。常见的组合体都可归结为这两种组合方式的综合。

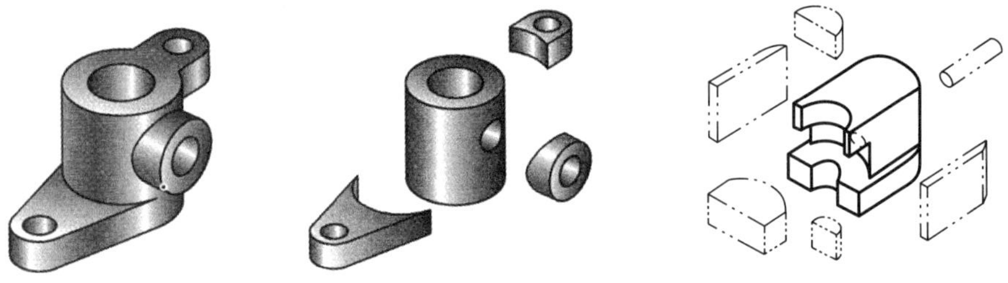

（a）　　（b）　　（c）

图4-1　组合体的组合方式

各形体经叠加、切割组合后，形体的邻接表面间可能产生相交、相切和平齐三种位置关系。读图时，必须看懂形体之间的表面位置关系，才能彻底搞清楚物体形状；画图时，也必须注意这些关系，才能不多线、不漏线。

（1）相交　两形体的表面相交，邻接两表面在相交处一定产生交线，作图时要画出交线的投影，如图4-2（a）所示。

（2）相切　两形体的表面相切，由于相切的两表面光滑地过渡，因此相切处切线的投影在三个视图中均不画出，如图4-2（b）所示。

（3）平齐　组合体形成过程中，当相邻表面处于同一平面内时，称为平齐（即共面）。此时在视图上不应画出两表面的分界线，如图4-3所示；反之，若相邻两表面不平齐，视图中两表面的投影之间一定有线分开，如图4-4所示。

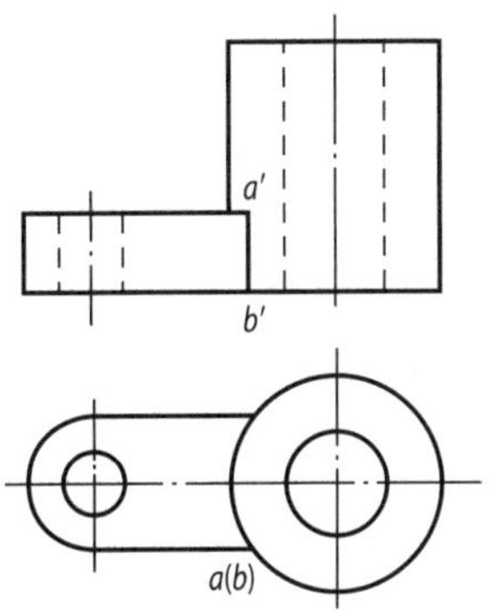

(a) 相交

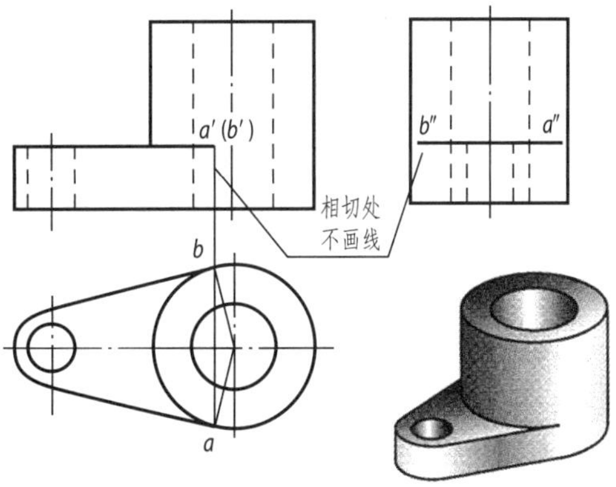

(b) 相切

图 4-2 表面相交与相切

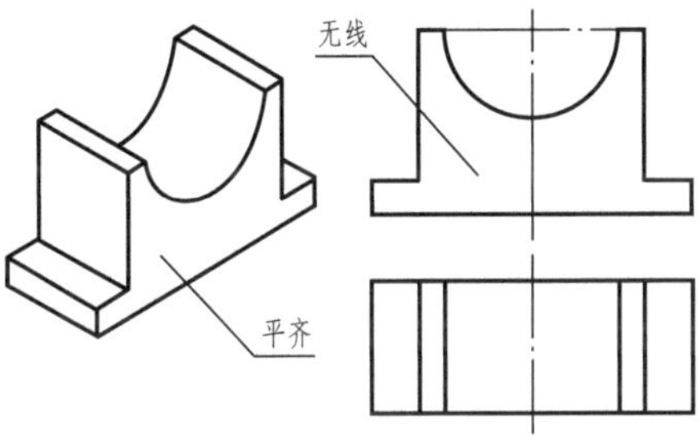

图 4-3 表面平齐

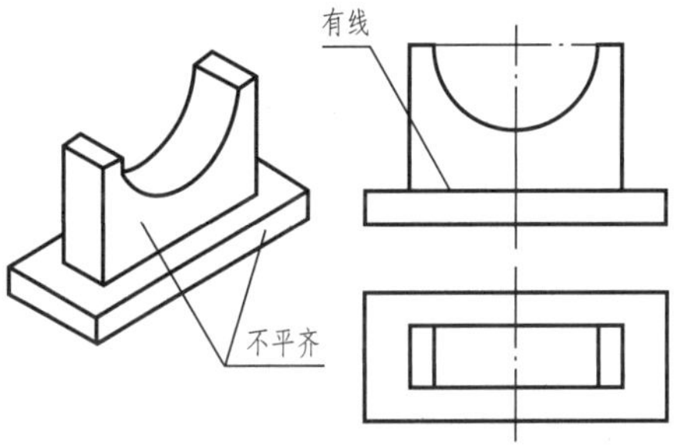

图 4-4 表面不平齐

2. 形体分析法

形体分析法是根据组合体的组合方式，假想把组合体分解为若干个相互叠加或切割的简单立体，然后分析各形体的形状、形体间的相对位置以及形体邻接表面连接方式的一种方法。

图 4-5 所示的轴承座由圆筒Ⅰ、支承板Ⅱ、肋板Ⅲ、底板Ⅳ及凸台Ⅴ组成。凸台和圆

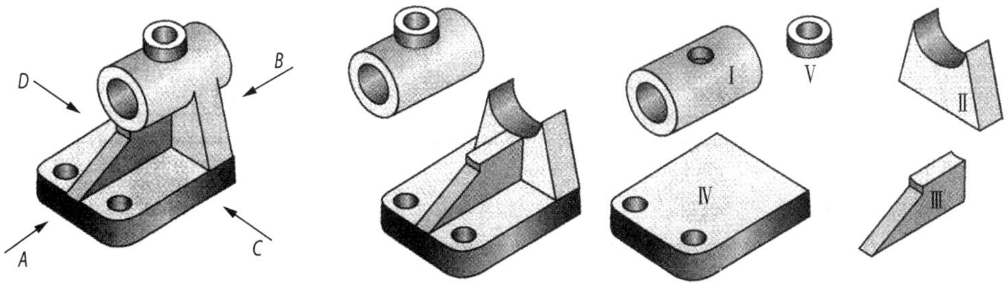

图 4-5 轴承座的形体分析

筒是两个垂直相交的空心圆柱，内外表面都有相贯线；支承板、肋板和底板分别是不同形状的平面立体，当以 A 向作为观察方向时，支承板的左、右侧面与圆筒的外柱面相切，前、后侧面与圆筒的外柱面相交，产生相贯线；肋板的左、右侧面及前面与圆筒的外圆柱面相交，在外圆柱面上均产生相贯线；支承板和肋板在底板的上面且左右对称。

形体分析法是将复杂形体简单化的一种思维方法。一个组合体能分为哪些简单立体以及如何划分，一方面取决于它自身的形状和结构，另一方面要便于画图和读图。

4.2 画组合体视图的方法和步骤

画图和读图是学习本课程的两个重要环节，其中画图即是用正投影方法把空间形体表达在平面图纸上，下面以图 4-5 所示轴承座为例，说明运用形体分析法画组合体三视图的方法与步骤。

4.2.1 形体分析及主视图的选择

在前述形体分析的基础上，根据立体的结构特征选择适当的主视图。主视图的选择包括确定组合体的安放位置及主视图的投射方向。画组合体视图时，一般使组合体处于自然安放位置，即使主要平面放置成投影面平行面，主要轴线放置成投影面垂直线，选择最能反映其形体特征的方向作为主视图的投射方向，同时尽可能减少俯视图和左视图中的细虚线，并使图幅布局匀称。

如图 4-5 所示的轴承座，已处于自然安放位置，可分别从箭头所指 *A*、*B*、*C*、*D* 四个方向进行观察，结果如图 4-6 所示。经过比较可以看出，*D* 方向会造成左视图中细虚线较多。*B* 方向主视图细虚线较多，*C* 方向可以很好反映轴承座各组成部分的位置特征，*A* 方向可以很好反映轴承座各部分的轮廓特征，*A* 和 *C* 两个方向都可以作为主视方向。考虑该轴承座尺寸合理布图，俯视图中前后尺寸不宜过长，所以确定 *C* 方向作为主视图的投射方向。主视图确定后，其他视图也随之而定。

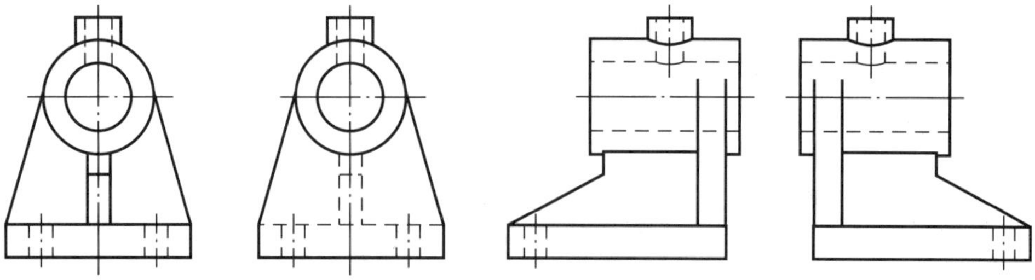

(a) *A*方向　(b) *B*方向　(c) *C*方向　(d) *D*方向

图 4-6　轴承座主视图的选择

4.2.2　组合体三视图的画图步骤

1. 定比例、选图幅

视图确定后，即可根据所画组合体的大小及复杂程度，确定画图比例和图幅。一般尽量选用 1∶1 的比例，必要时可选用适当的放大或缩小比例，图幅应尽量选用标准图纸幅面。

2. 布置视图，画出作图基准线

在选好的图幅上，先按标准画出图框和标题栏，然后根据组合体长、宽、高三个方向的尺寸大小布置三个视图的位置，画出作图基准线。布置视图时，要根据各个视图每个方向的最大尺寸，在视图之间、视图和图框间留出足够标注尺寸的空间。视图布局应合理，排列匀称，不要偏向一方、挤在一起或相距太远。

3. 画底稿

在布置好视图位置的图幅上，用细实线绘制各视图的底稿。画底稿时，应注意以下问题：

(1) 按形体分析法逐个地画出各基本形体的三视图，应从反映形状特征的视图画起，再按投影规律，三个视图配合作图。这样既能保证各基本形体间的相对位置和投影关系，又能提高画图速度、避免多画和错画图线。切忌画完某个完整视图后，再画另一个视图。

(2) 画图顺序是：先画主体，后画细节；先画完整基本几何体，后画切割、挖孔结构；先画可见的轮廓，后画不可见的轮廓。

4. 检查、加深

底稿画完后，应认真检查各基本形体表面间的连接、相交、相切等处的合理性，以及是否符合投影原则。经全面检查、修改，确定无误后，擦去多余的底稿图线，按规定线型加深。轴承座三视图的画图步骤，如图 4－7 所示。

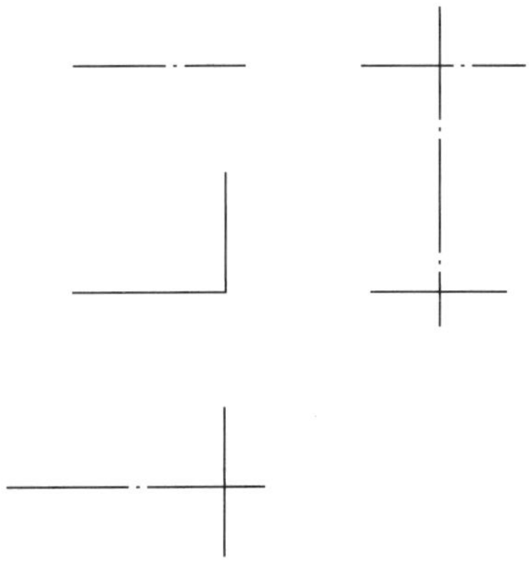

(a) 布图，画基准线

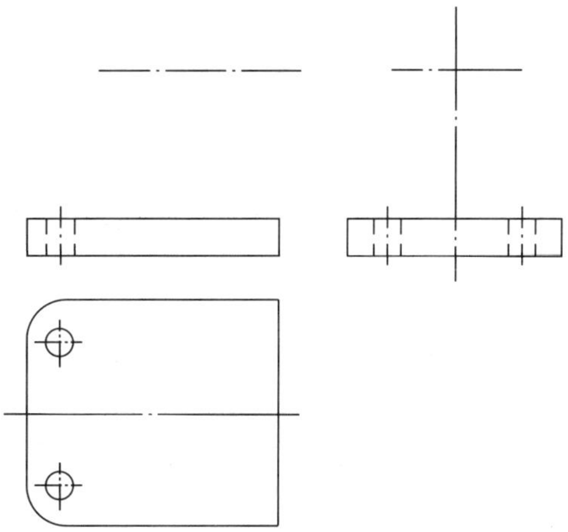

(b) 画底板

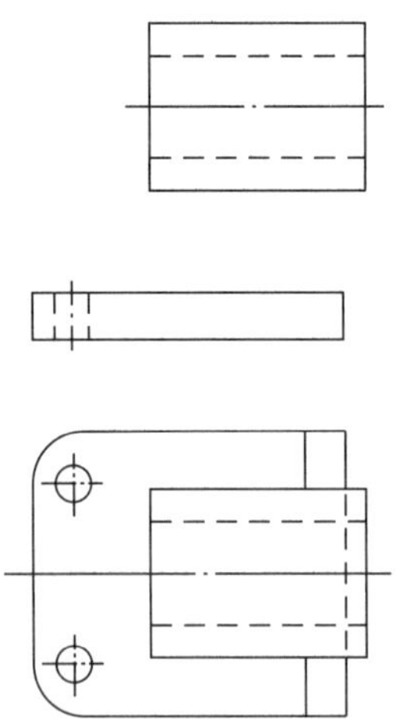

（c）画圆筒

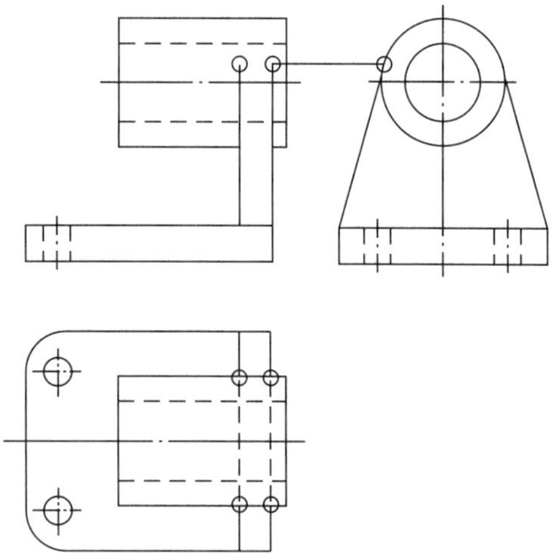

（d）画支撑板

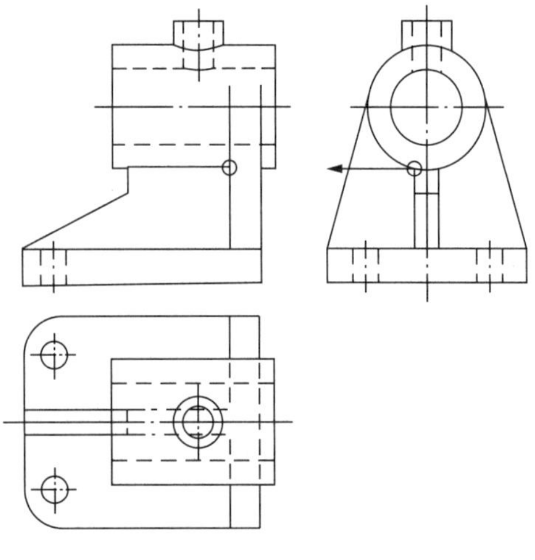

（e）画肋板和凸台

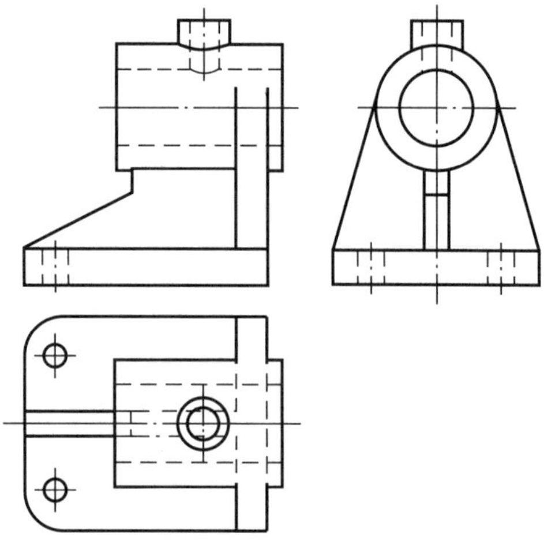

（f）检查、加深

图 4－7　轴承座三视图的画图步骤

4.3　组合体读图的方法和步骤

画图是用正投影方法把空间形体表达在平面图纸上，读图可以看作是画图的逆过程，即运用投影规律，根据平面图形，想象出形体的空间形状。画图是读图的基础，而读图既能提高空间想象能力，又能提高投影的分析能力。

4.3.1　读图的基本要领

读图时，应始终把空间想象和投影分析相结合进行构思和分析。根据已知视图，进行投影分析和空间想象，构思形体的形状，然后将构思结果与已知视图对照看是否相符，及时修正有矛盾的地方，直至构思形体的各个视图与已知视图完全吻合为止。

同时，要将几个视图联系起来读图。形体的形状是通过几个视图来表达的，每个视图只能反映形体一个方向的形状。因此，形体的形状往往不能仅仅由一个或两个视图来唯一确定。如图 4－8 所示，相同的主视图，左视图不同，形体结构不同。

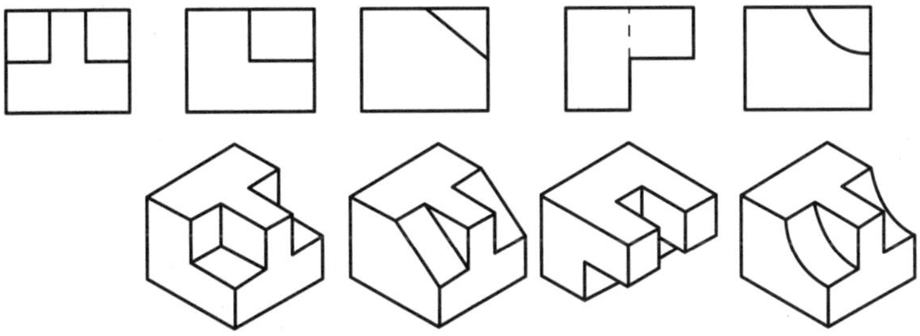

图 4－8　几个视图联系起来读图（一）

又如图 4－9 所示的两组视图，它们的主视图、左视图均相同，只是俯视图不同，但表示了两种不同形状的形体。

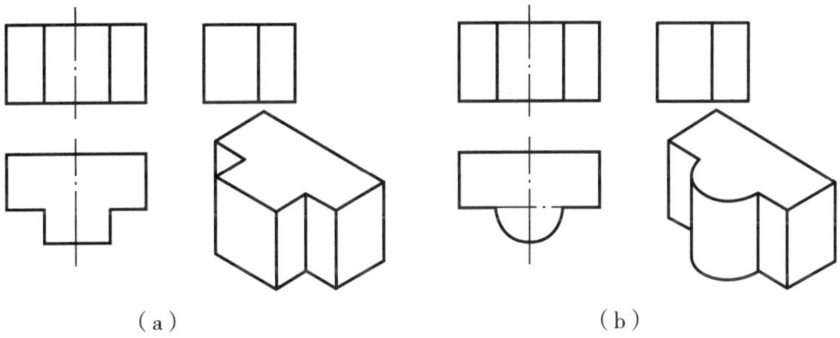

图 4－9　几个视图联系起来读图（二）

事实上，根据这两个视图，还可构思出其他很多种不同形体。如果只有一个视图相同，则可以构思出更多种不同形体。可见，在读图时，一定要将几个视图联系起来，进行分析和构思，才能想象出这组视图所表示的真实形体特征。

4.3.2　读图的基本方法和步骤

读组合体视图的方法主要是形体分析法和线面分析法。通常以形体分析法为主，对于一些复杂的视图或切割类组合体，可用线面分析法作为辅助手段，即用形体分析法分析构成组合体的各基本形体的形状以及它们之间的相对位置，从而确定组合方式，想象出整个组合体的结构和形状，必要时，用线面分析法分析局部的细节。

1. 形体分析法读图

形体分析法是读叠加式或综合式组合体视图的基本方法。一般是从最能反映形体特征的视图入手，将其分为若干个封闭线框，找出与这些线框对应的其他投影，分析确定它们所表达的基本形体的形状，然后再按各基本形体的相对位置，综合想象出组合体的完整形状。因此，利用形体分析法读图时，要善于抓住反映形体特征的视图。要先从反映形状特征和位置特征较明显的视图看起，再与其他视图联系起来，形体的形状才能识别出来。如图 4－10 所示的组合体，其Ⅰ、Ⅱ、Ⅲ部分的形状特征视图分别是俯视图、主视图和左视图。如图 4－11 所示的两个组合体，左视图是反映形体上Ⅰ和Ⅱ两部分位置特征最明显的视图。

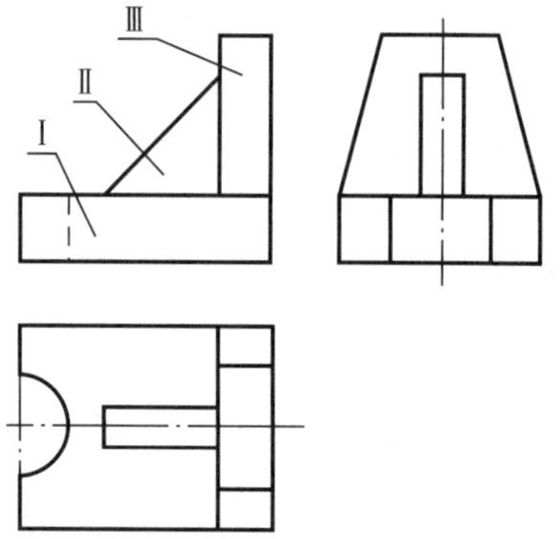

图 4－10　从反映形体特征视图看起（一）

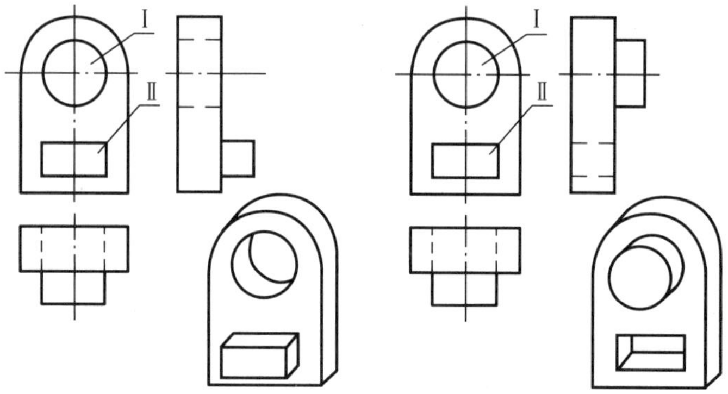

图 4－11　从反映形体特征视图看起（二）

下面以图 4－12 所示的支承座三视图为例，说明运用形体分析法识读组合体视图的方法和步骤。

(1) 分析视图，抓特征。首先要把各视图联系起来初步识读，根据视图之间的投影关系，可以大体上看出整个组合体的组成情况，从而判断该形体是以叠加为主的组合体还是以切割为主的组合体。

(2) 分线框、对投影。想象组成组合体的每一个基本形体的投影轮廓，除相切和平齐关系外，一般都是一个封闭的线框，因此，可对视图进行形体分析，分出表示每个基本立体的线框。一般从主视图入手，结合其他视图进行分析。如图 4－12 (a) 所示，将主视图分为 1′、2′、3′、4′四个封闭线框，看作这个支承座的四个组成部分。

根据三视图的投影规律，分别把每个线框的其余投影找出来，将有投影关系的线框联系起来看，就可以确定各线框所表示的简单形体的形状。如图 4－12 (b) ～ (d) 所示，依次确定形体Ⅰ、Ⅱ、Ⅲ、Ⅳ的形状。

(3) 综合起来想整体。看懂了各线框所表示的简单形体后，再分析各简单形体之间的相对位置和相邻表面间的连接关系，想象出整个组合体的形状，如图 4－12 (e) 所示。

2. 线面分析法读图

形体分析法是从“体”的角度去分析视图，线面分析法则是从“线”和“面”的角度去分析视图。通过分析立体表面上线、面等几何要素的空间形状和位置，来想象物体各表

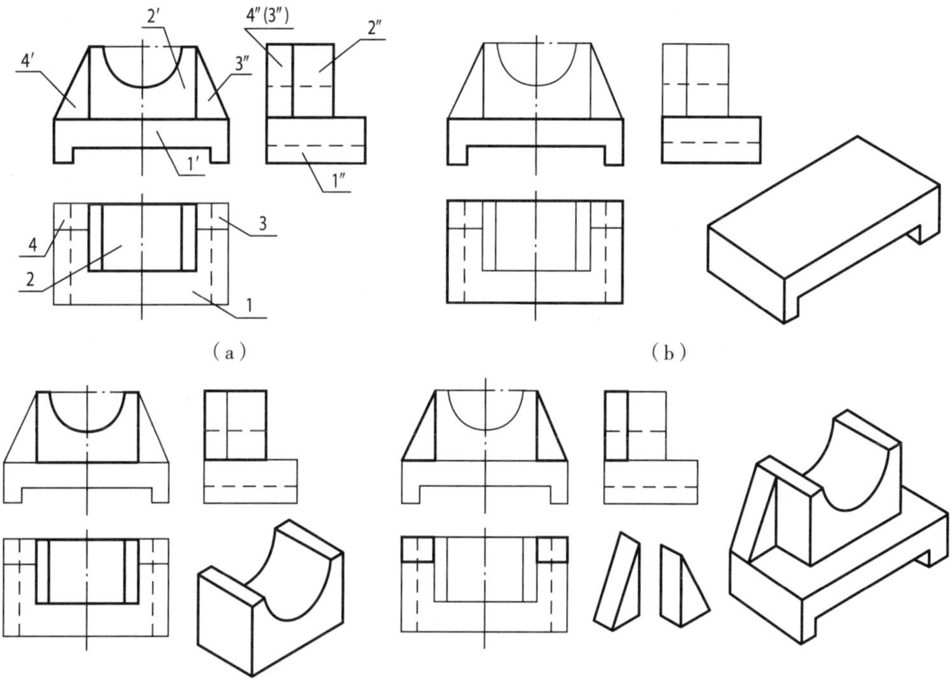

图 4－12　用形体分析法读图举例

面的形状和相对位置，从而想象出组合体的形状。

对于切割类的组合体及一些局部投影比较复杂的组合体，通常在形体分析的基础上，利用线面分析法来帮助想象和理解这些结构。通过对视图中的图线和线框进行分析，明确它们在视图中的含义，有助于快速、准确地看懂视图。

视图中的图线一般具有以下三种含义：①表面与表面交线的投影；②具有积聚性的平面或柱面的投影；③回转体转向轮廓线的投影。如图 4－13（a）所示。

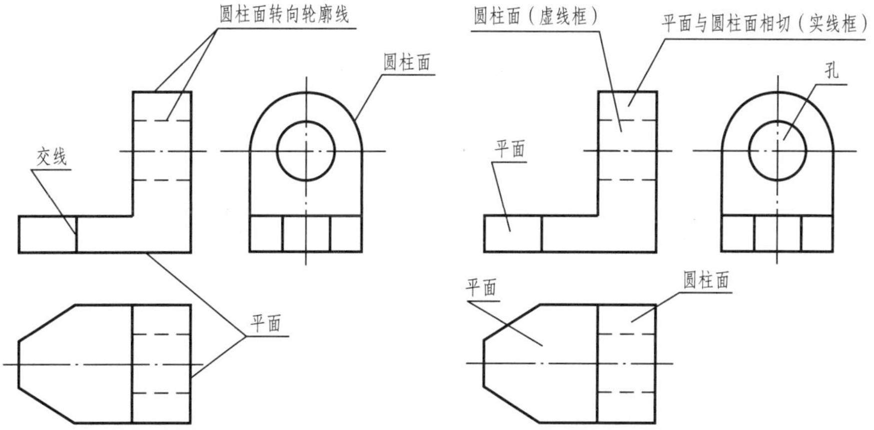

（a）视图中图线的含义　　（b）视图中线框的含义

图 4－13　视图中图线和线框的含义

视图中的每一个封闭的线框一般具有以下三个含义：①物体上一个平面或曲面的投影；②在平面与曲面或曲面与曲面相切时，表示曲面及其切面的投影；③孔的投影。视图中线框的含义，如图 4-13（b）所示。同时，分析线框间的关系，明确表面间的相对位置，有利于想象形体的形状。

当相邻两线框表示两个不同位置的表面时，两线框的分界线可以表示具有积聚性的第三表面的积聚投影或两表面的交线，如图 4-14 所示。

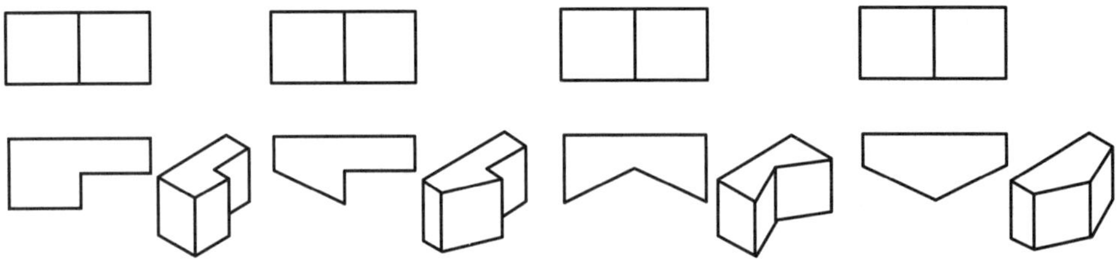

图 4-14　表面间的相对位置分析（一）

线框里有另一线框时，可以表示凸起或凹进的表面，也可以表示具有积聚性的通孔的内表面，如图 4-15 所示。

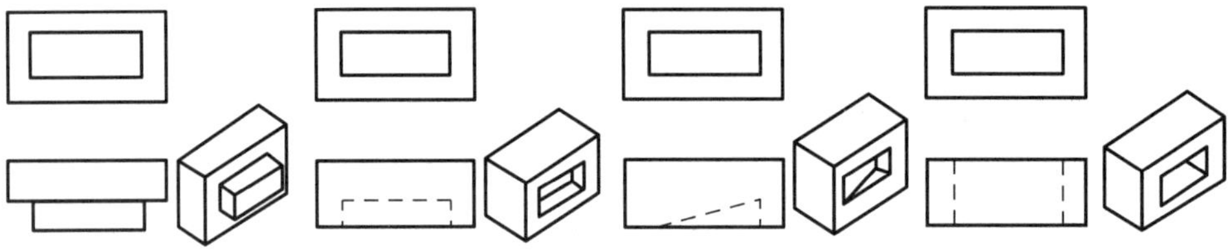

图 4-15　表面间的相对位置分析（二）

线框边上有开口线框或闭口线框时，分别表示通槽或不通槽，如图 4-16 所示。

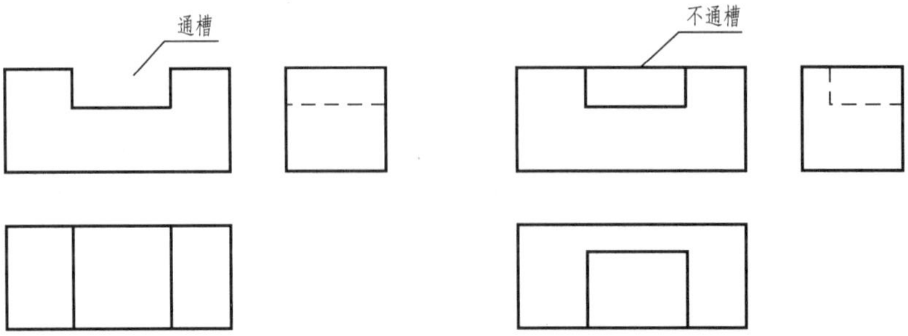

（a）通槽　　（b）不通槽

图 4-16　表面间的相对位置分析（三）

读图时，先在视图中确定出欲分析的线框或线条，按视图间的投影关系找出它们在各视图中的投影。然后再根据线、面的投影规律逐一想象并判定其位置和形状。对于一个平面图形，它的各投影之间除了必须符合“长对正、高平齐、宽相等”的投影规律外，还必须符合反映实形、类似形或积聚性的投影规律，即“若非实形、类似形，必有积聚性”。

下面以图 4－17（a）所示组合体三视图为例，说明综合运用形体分析法和线面分析法识读组合体视图的方法和步骤。

（1）分析视图。利用形体分析法分析对象，可知该形体是平面基本立体被多个平面截切而形成，从三视图的投影特征分析，该基本立体为一长方体。

（2）分线框。对投影（运用投影规律，想象各线、面的形状及其相对位置）主视图上有四个线框，分别表示四个面，按照投影关系比对，其中线框Ⅰ、Ⅱ、Ⅳ在三视图中为“一框对两线”，其中框在正面，故表示正平面；线框Ⅲ在三视图中为“两框对一线”，其中线在侧面，故表示侧垂面。俯视图中有三个线框，其中线框Ⅴ在三视图中为“一框对两线”，其中框在水平面，故表示水平面；线框Ⅵ在三视图中为“两框对一线”，其中线在正面，故表示正垂面。左视图中有两个线框，线框Ⅶ在三视图中为“一框对两线”，其中框在侧面，故表示侧平面。Ⅰ、Ⅱ、Ⅲ、Ⅵ为四个切割面。

（3）综合起来想整体。通过以上分析可知，长方体被正平面Ⅱ和侧垂面Ⅲ共同切去前上角，被正平面Ⅰ和正垂面Ⅵ共同切去左前角。

以长方体的投影为基础，考虑各切割面的相对位置及切割方式，结合基本立体投影中出现的新的线和面的投影，综合得出切割体的结构，如图 4－17（b）所示。

综上所述，读复杂形体的视图，通常要把形体分析法和线面分析法结合起来，先用形体分析法进行粗略分析，在此基础上，对不易看懂的局部，结合线、面的投影分析，想象出其形状。读图是一个分析、想象、判断，再分析、想象、判断的过程。

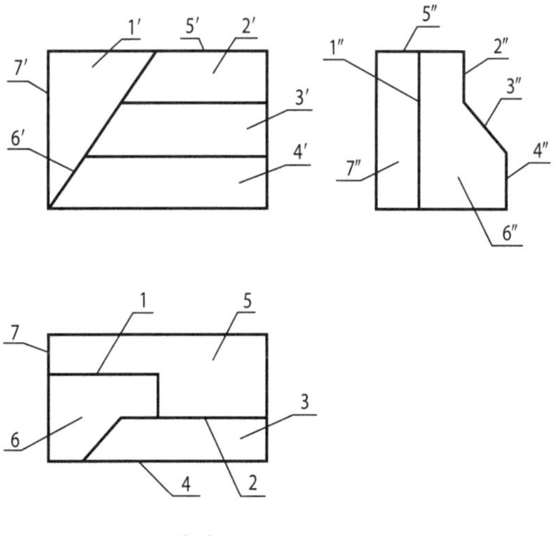

（a）

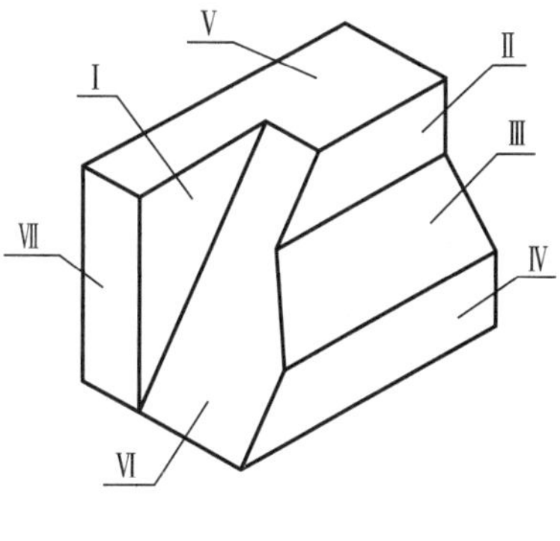

（b）

图 4－17　切割组合体读图举例

4.4 组合体的尺寸标注

视图只能表示组合体的形状，其大小还需尺寸来确定。标注尺寸时，要做到正确、完整和清晰。为了达到这些要求，首先要掌握基本形体的尺寸标注、组合体的尺寸分析和尺寸标注的方法。

4.4.1 基本形体的尺寸标注

组合体的尺寸标注是按照形体分析进行的，柱、锥、球、环等基本形体的尺寸是组合体尺寸的重要组成部分，因此要标注组合体的尺寸，必须首先掌握基本形体的尺寸注法。

在常见的基本形体的尺寸注法及其数量中，有时标注形式可能有所改变，但尺寸数量不能增减。如图 4 - 18 所示，正六棱柱俯视图中的正六边形的对边尺寸和对角尺寸只需标注一个，常标注对边尺寸，而以参考尺寸形式（把尺寸数字写入圆括号内）注出对角尺寸；回转体尺寸标注在非圆视图上时，可以不画其余视图就能确定其形状和大小。

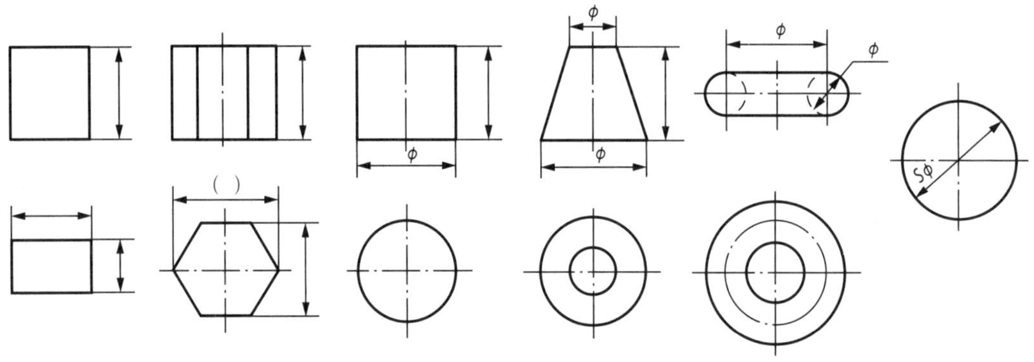

图 4 - 18　常见基本形状的尺寸标注

带截交线的立体应标注立体的大小和形状尺寸以及截平面的相对位置尺寸，绝不能标注截交线的尺寸，见表 4 - 1。

表 4 - 1　带截交线的立体的尺寸标注

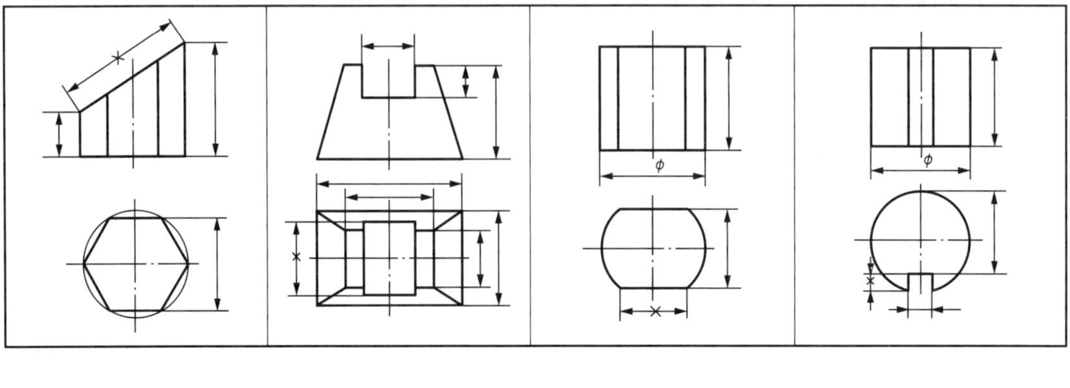

（续表）

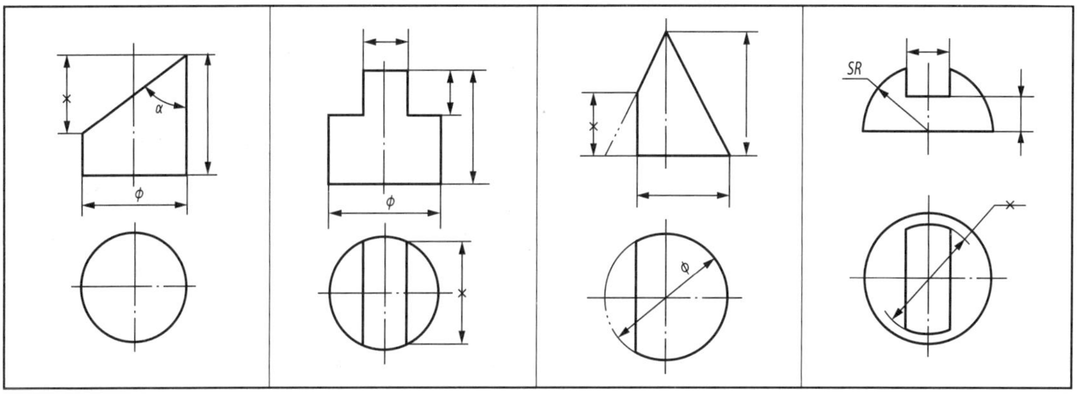

带相贯线的立体应标注立体的大小和形状尺寸以及相贯体间的相对位置尺寸，绝不能标注相贯线的尺寸，见表 4－2。

表 4－2　带相贯线的立体的尺寸标注

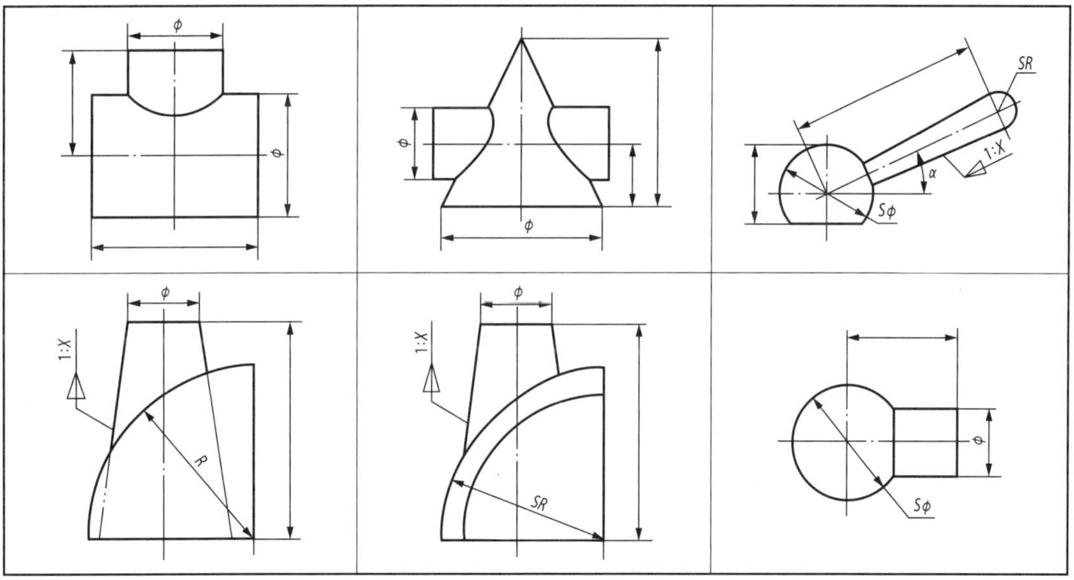

常见不同形状的底板、凸缘等，其形体多为柱体，这些零件的尺寸标注见表 4－3。

表 4－3　常见底板、凸缘等柱体及薄片的尺寸标注

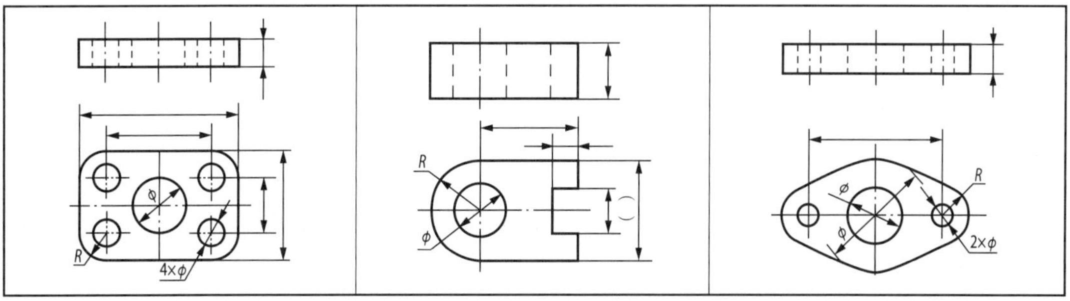

（续表）

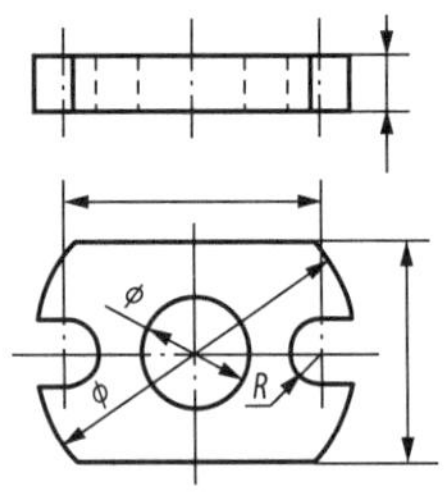

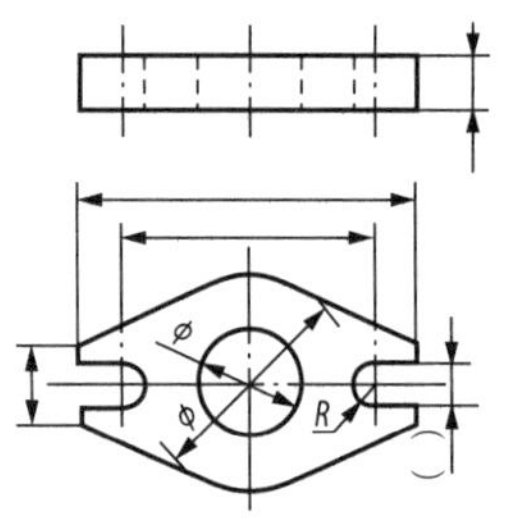

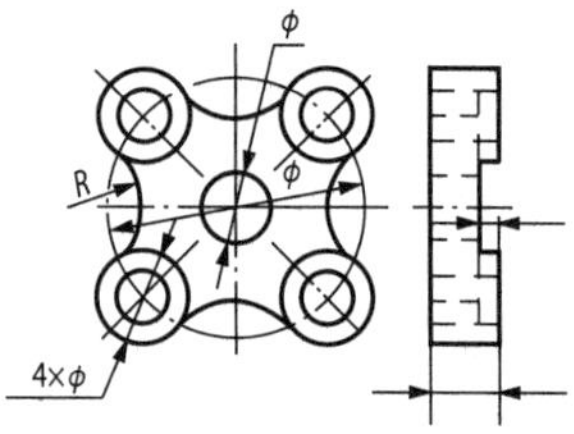

4.4.2 组合体尺寸分析

按照形体分析法，组合体可分解成若干个基本形体。确定基本形体形状大小的尺寸称为定形尺寸；确定基本形体之间相对位置的尺寸称为定位尺寸；确定组合体总长、总宽、总高的尺寸称为总体尺寸。标注尺寸时，必须先确定尺寸标注的起点，即基准。组合体长、宽、高三个方向均需标注尺寸，因此三个方向均应设立主要尺寸基准。常见的尺寸基准要素有：主要对称平面、重要端面、底面及主要回转体的轴线等，如图 4－19 所示。轴承座的尺寸分析如图 4－20 所示。

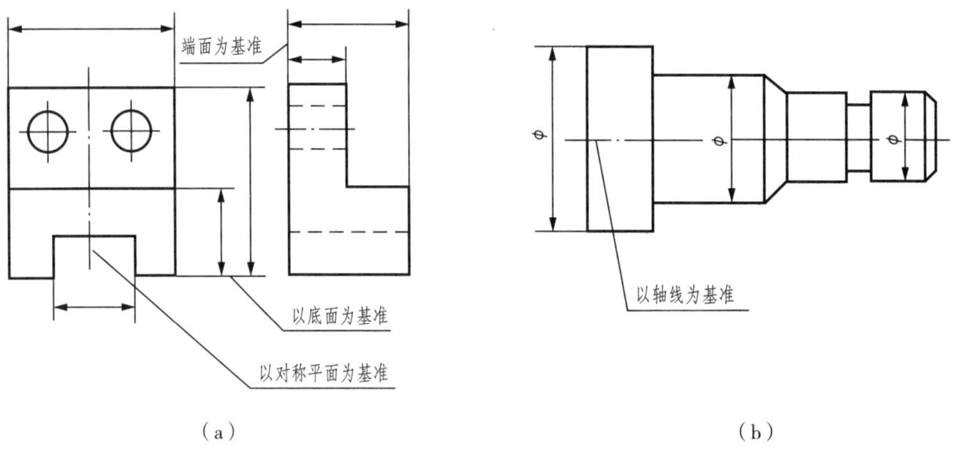

（a）　　（b）

图 4－19　常见组合体尺寸基准要素

4.4.3 组合体尺寸标注的要求

1. 标注尺寸要正确

正确是指符合国家标准。第一章中平面图形的尺寸标注内容都适合于组合体尺寸标注，常见形体正确标注尺寸示例，如图 4－21 所示。

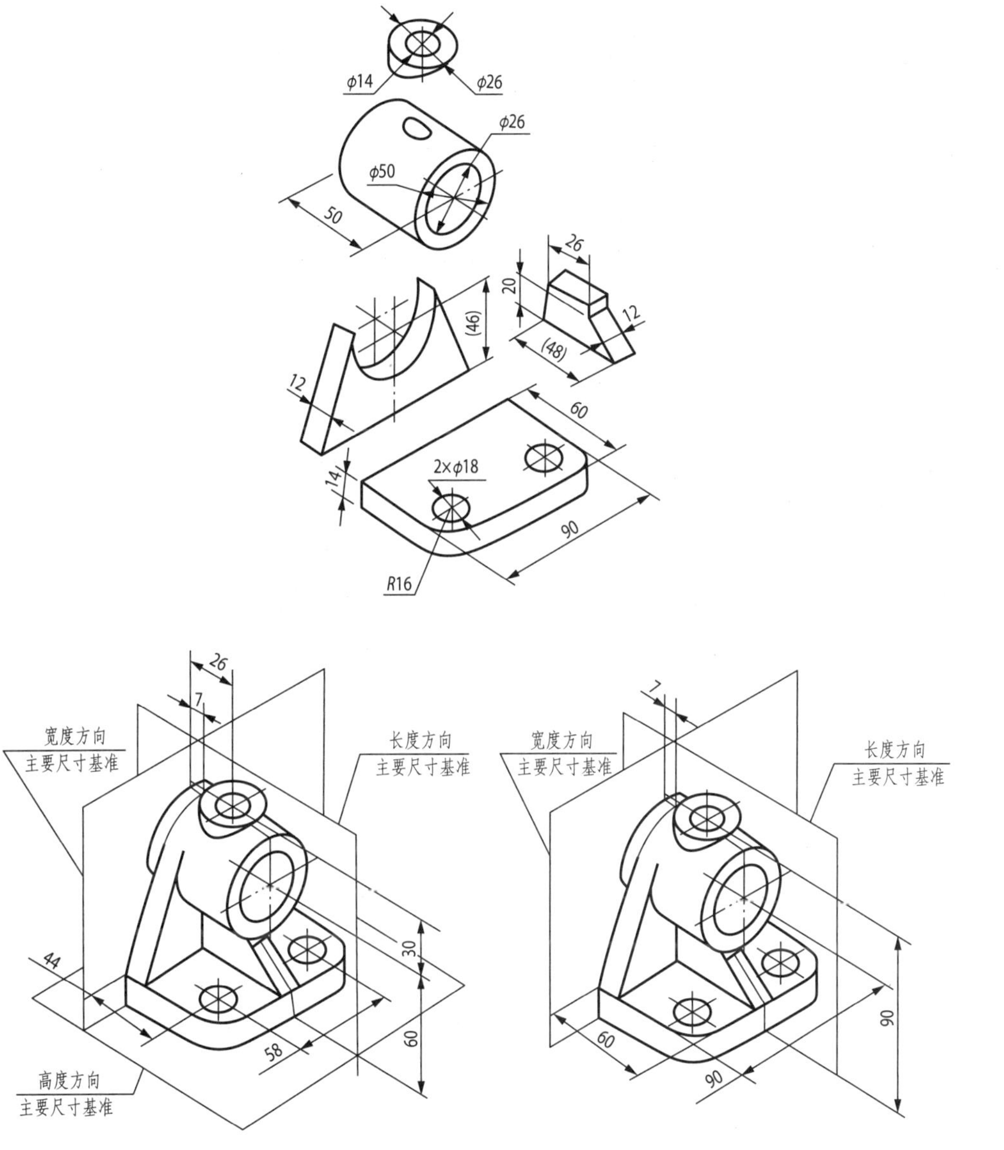

图 4－20　轴承座的尺寸分析

2. 标注尺寸要完整

完整是指不能遗漏也不能重复标注尺寸。在图中应注出组合体必需的定形尺寸、定位尺寸和总体尺寸。标注定形尺寸时，可参考图 4－18、图 4－21 和表 4－1、表 4－2、表 4－3；标注定位尺寸时，要正确分析组合体长、宽、高三个方向的主要尺寸基准。如图 4－22 所示，一般情况下，每个基本形体在长、宽、高三个方向相对于基准均应有定位尺寸。但当两基本形体的对称平面重合时，应省略对称平面方向的定位尺寸；当基本形体的表面平齐时，应省略表面平齐方向的定位尺寸。

标注总体尺寸时，一般应标注组合体的总长、总宽和总高尺寸。若组合体的定形和定位尺寸已标注完整，再标注总体尺寸就成了多余或重复时，则应对尺寸进行调整，减去一

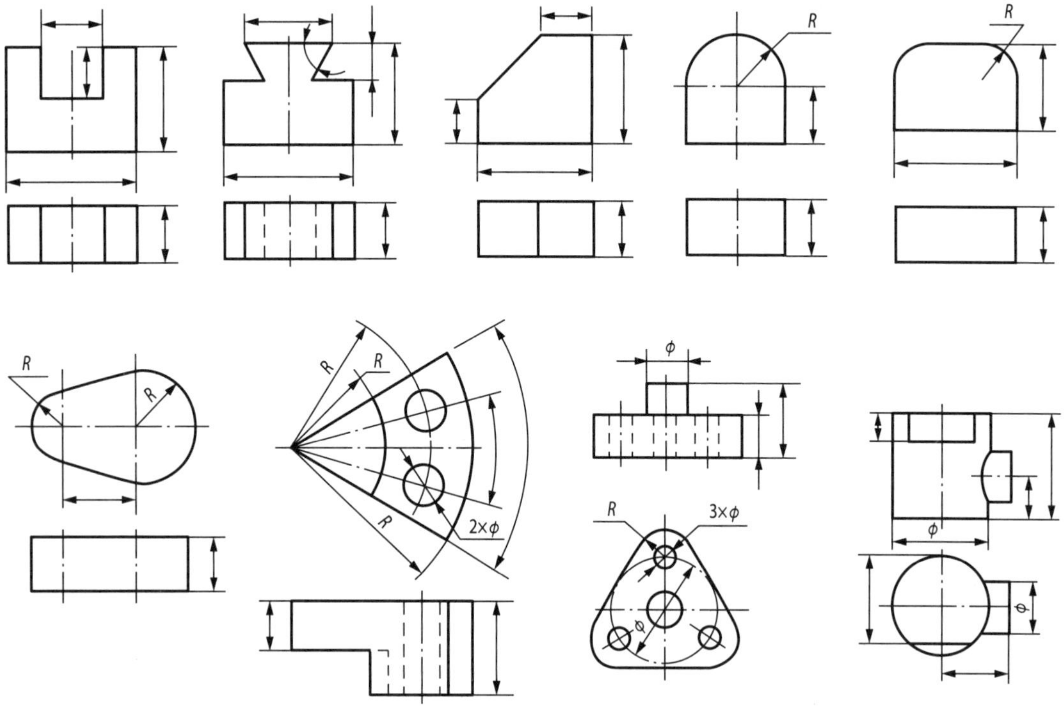

图 4-21　正确标注尺寸示例

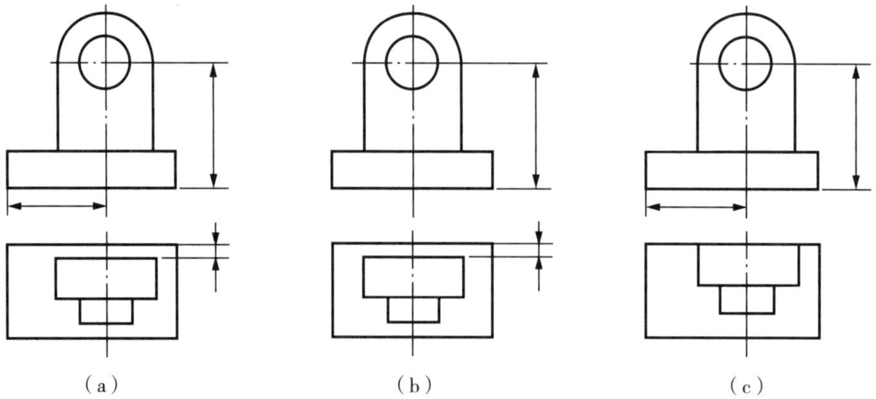

（a）　　　　　（b）　　　　　（c）

图 4-22　定位尺寸的标注

个该方向最不重要的尺寸，如图 4-23（a）所示；或不标该方向的总体尺寸，如图 4-23（b）、（c）所示。对于由圆弧面所围成的立体，往往应标注中心距及圆弧半径，而不标注该方向的总体尺寸，如图 4-24 所示。

必须注意，对于组合体应标注此三类尺寸，但对于具体尺寸，它有时不仅仅起一个作用，而同时起多个作用。如图 4-25（d）左视图中尺寸 12，它既是支承板的定形尺寸，又是肋板的定位尺寸。

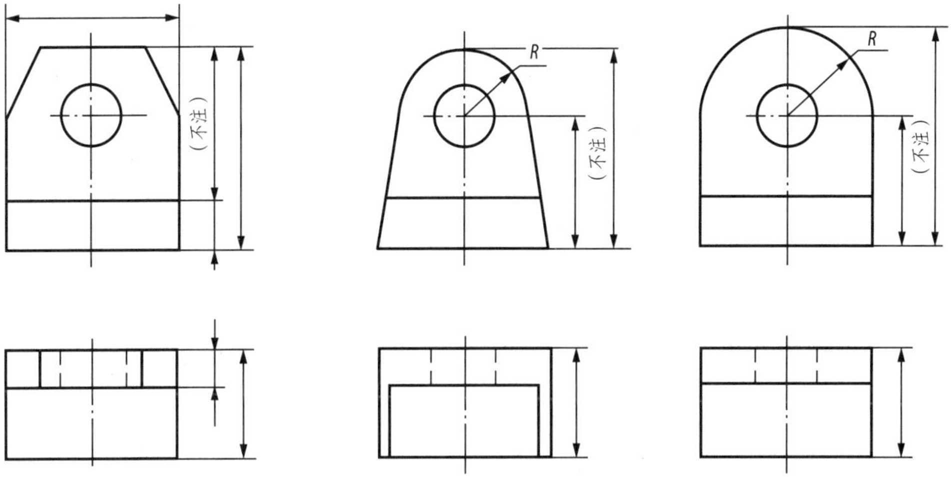

(a)　　　　(b)　　　　(c)

图 4-23　总体尺寸的标注

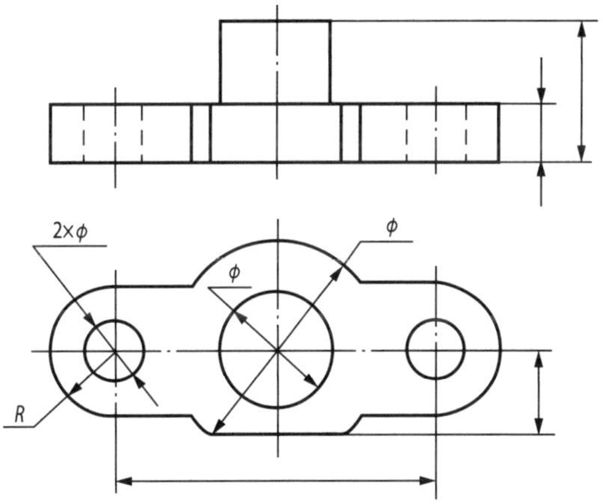

图 4-24　不标注总体尺寸的图例

3. 标注尺寸要清晰

清晰是指尺寸标注的位置排列清楚，便于标注和看图，具体表现形式见表 4-4。

表 4-4　清晰标注组合体尺寸

说明	清晰标注尺寸	不清晰标注尺寸
半径尺寸应注在投影为圆弧的视图上	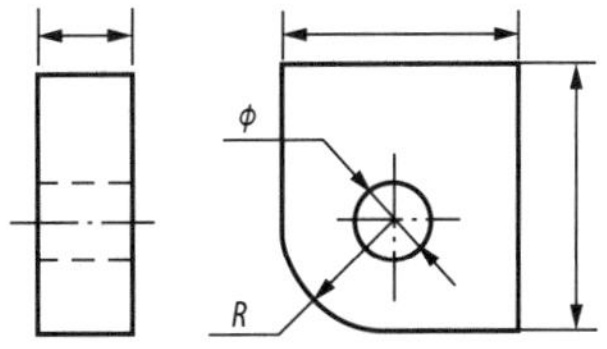	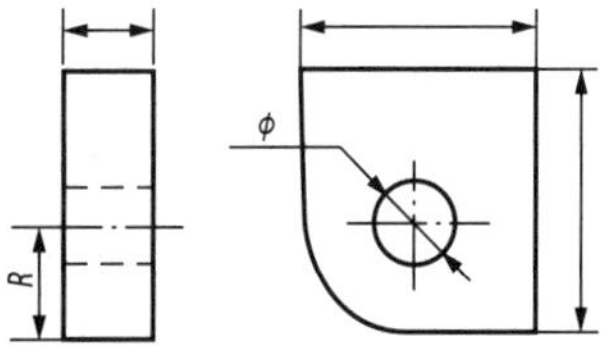

（续表）

说明	清晰标注尺寸	不清晰标注尺寸
直径尺寸尽量注在投影为非圆的视图上	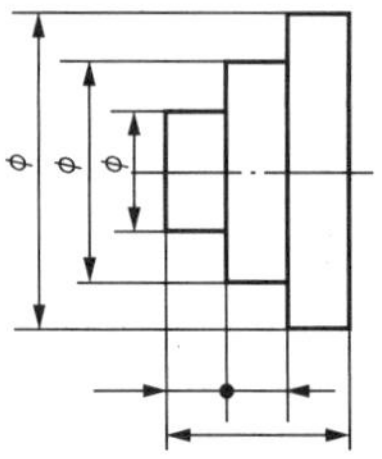	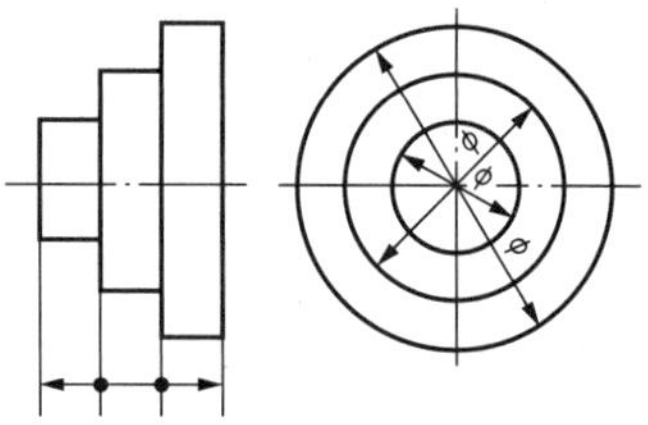
尺寸尽量标注在形状特征明显的视图上	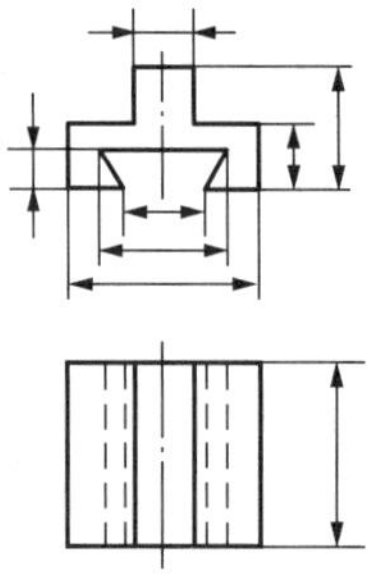	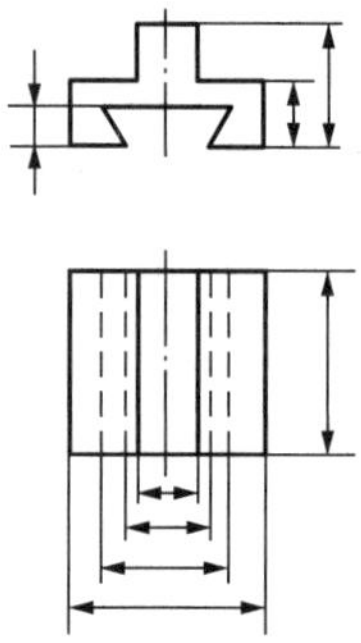
尺寸尽量不注在细虚线上	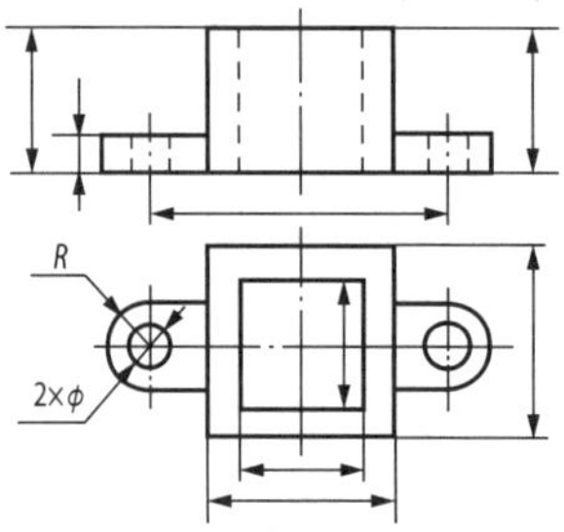	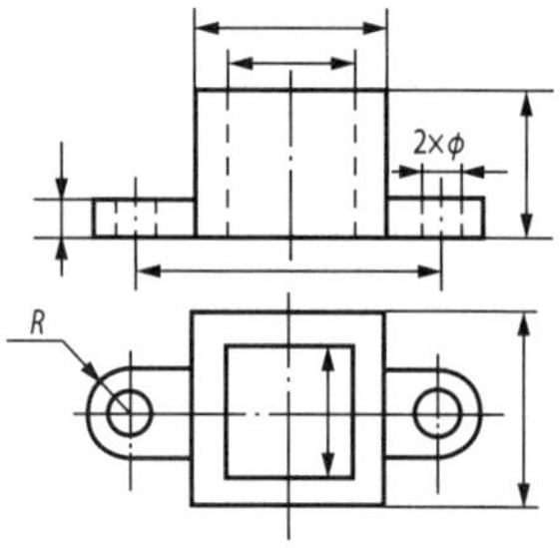
同一基本形体的定形尺寸和定位尺寸，应尽量集中标注	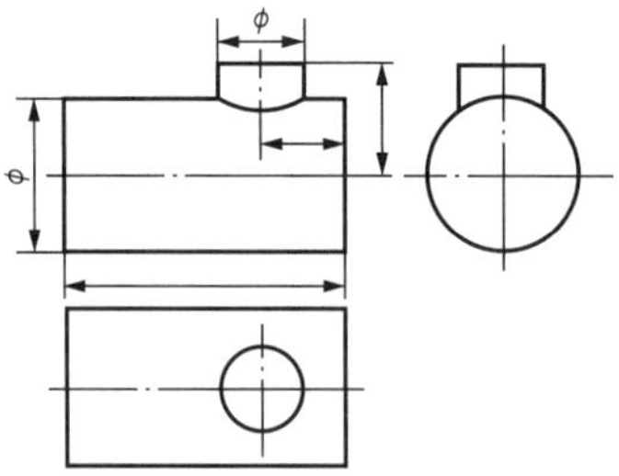	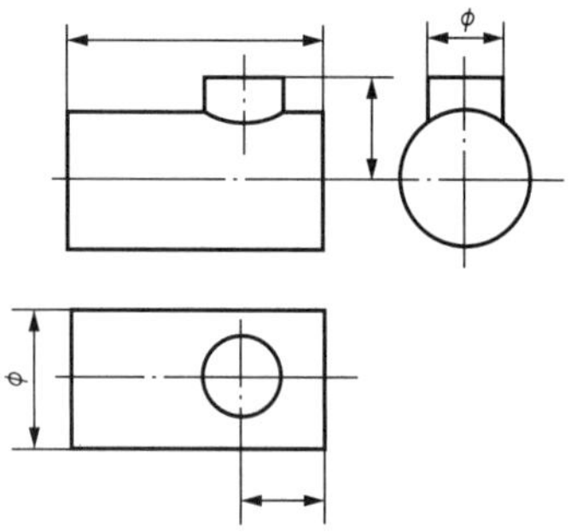
不从对称中心线上引对称尺寸	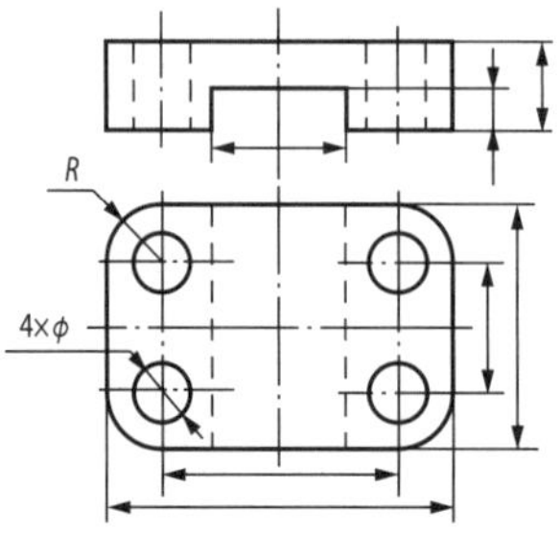	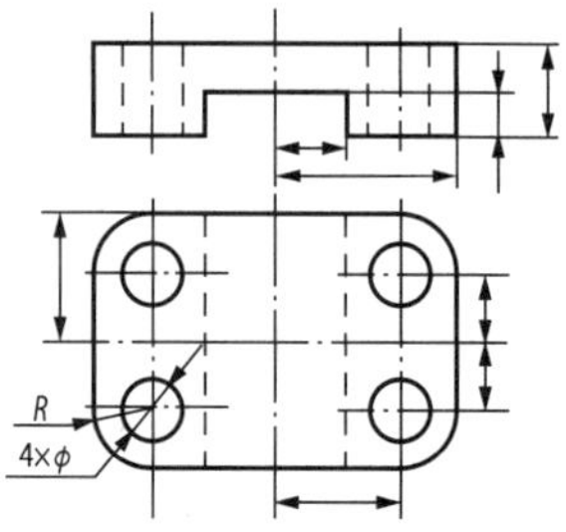

（续表）

说明	清晰标注尺寸	不清晰标注尺寸
同一方向的几个连续或断续串联的尺寸，应尽量标注在同一直线的方向上	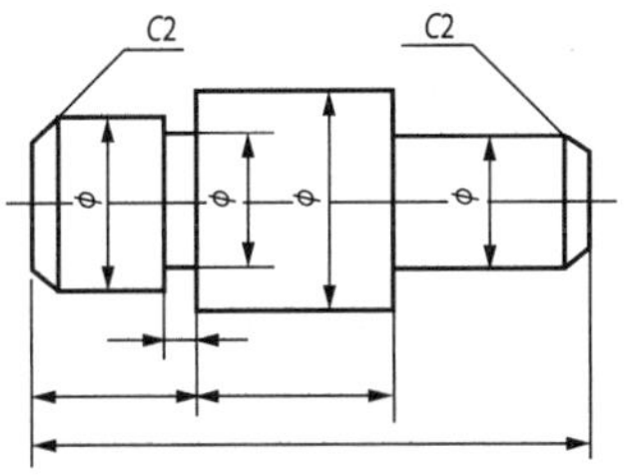	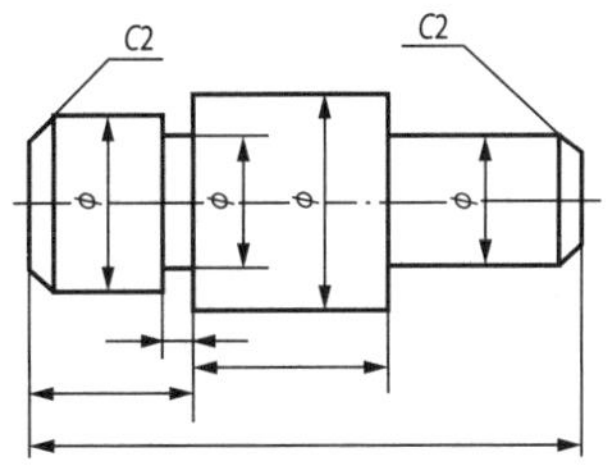
同一方向的平行尺寸，小尺寸在内，大尺寸在外，尽量避免尺寸线与尺寸界线相交	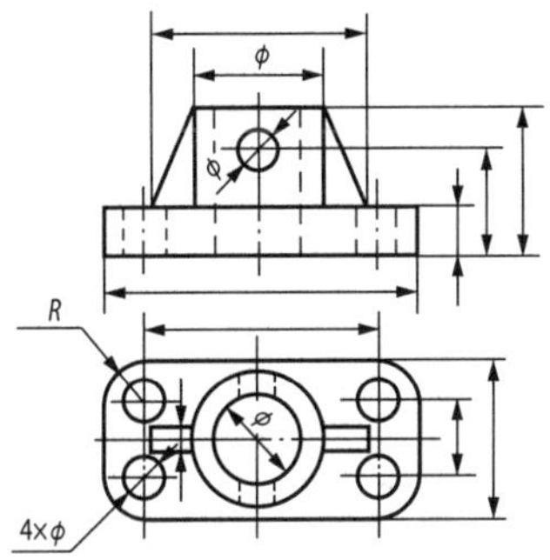	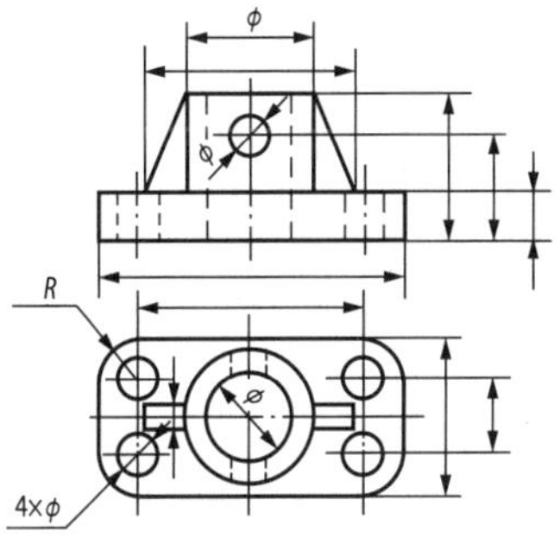

4.4.4　组合体尺寸标注步骤及标注示例

下面以图 4-25 所示的轴承座为例，说明标注组合体尺寸的步骤。

1. 形体分析，分别标注各基本形体的定形尺寸

按照画图时采用的形体分析法，把组合体分解成若干基本形体，逐个分析并标注各基本形体的定形尺寸，如图 4-25（a）所示。

2. 选定组合体的尺寸基准，标注各基本形体的定位尺寸

组合体长、宽、高三个方向应分别设立主要尺寸基准。轴承座的长度方向主要尺寸基准为左右对称平面，宽度方向主要尺寸基准为支承板的后端面，高度方向主要尺寸基准为底板的底面。分别标注各个基本形体在三个方向对于基准的定位尺寸和两个圆孔的定位尺寸，如图 4-25（b）所示。

3. 标注总体尺寸

一般应标注组合体的总长、总宽和总高尺寸。但有时总体尺寸与基本形体的定形尺寸和定位尺寸有某种联系。标注前，应先予以调整或删减，如图 4-25（c）中总长尺寸为 90，总高尺寸为 90（轴承的定位尺寸 60 与凸台的定位尺寸 30 之和，由于标注总高尺寸 90，所以凸台的定位尺寸 30 不直接注出），总宽尺寸为 67（底板宽度尺寸 60 与轴承的定位尺寸 7 之和）。

4. 检查

按正确、完整、清晰的要求，对已注尺寸进行检查、修正，直至满足要求。轴承座的尺寸标注结果如图 4-25（d）所示。

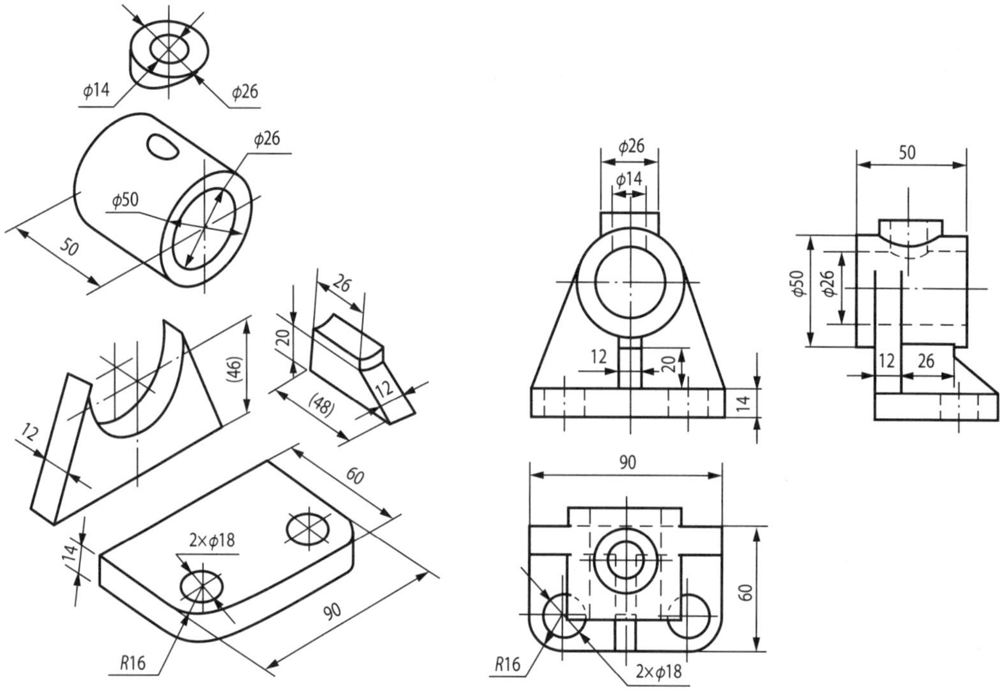

φ14
φ26
φ26
φ50
50
26
20
(46)
12
(48)
12
60
2×φ18
14
90
R16
φ26
φ14
12
20
14
50
φ50
φ26
12
26
90
60
R16
2×φ18

（a）

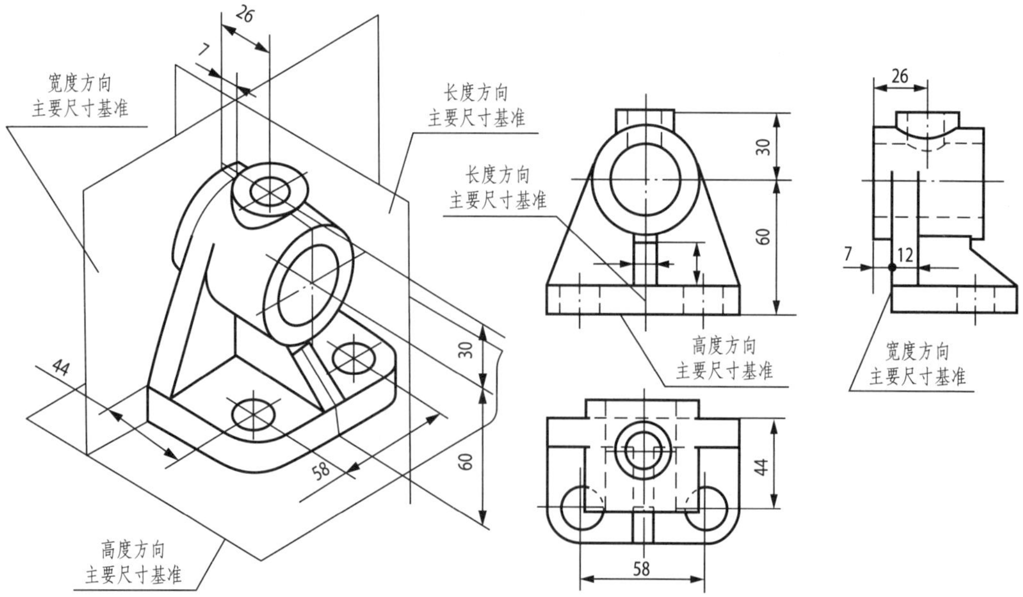

26
7
宽度方向
主要尺寸基准
长度方向
主要尺寸基准
长度方向
主要尺寸基准
30
60
44
58
30
60
高度方向
主要尺寸基准
26
7
12
宽度方向
主要尺寸基准
44
58
高度方向
主要尺寸基准

（b）

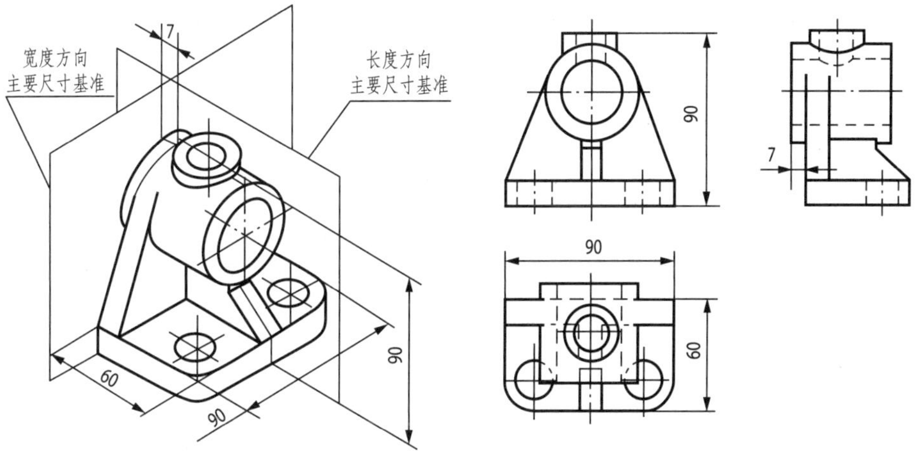

（c）

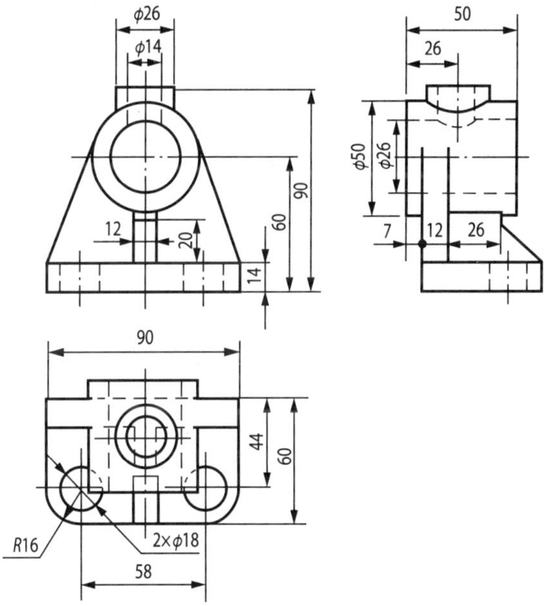

（d）

图 4－25　标注轴承座总体尺寸的步骤

4.5　组合体的构型设计

组合体的构型设计是根据已知条件，以基本体为主，利用各种创造性思维方式设计组合体的形状、大小并表达成图样的过程。在组合体的构型设计时要把空间想象和形体表达有机结合起来，这样既能发展空间想象力、开拓思维，又能提高画图、读图能力，培养创新意识和开发创造能力。

组合体的构型设计是零件构型设计的基础，所设计的组合体尽量体现工程产品或零部件的结构形状和功能，但又不强调必须工程化，设计的组合体也可以是凭自己想象的，本节着重讨论组合体构型设计的原则和方法。

4.5.1 组合体构型设计的基本原则

1. 以基本几何体构型为主

组合体构型设计的目的，主要是培养利用基本几何体构造组合体的能力及掌握组合体视图的画法。组成组合体的各基本形体应尽可能简单，一般采用常见回转体（如圆柱、圆锥、圆球、圆环）和平面立体，尽量不用不规则的曲面，这样有利于画图、标注尺寸及制造。

2. 构型应力求多样、变异、新颖

在给定的条件下，构成一个组合体所使用的基本体的种类、组合方式、相对位置、表面连接关系尽可能多样化，构型过程要大胆创造，敢于突破常规。如要求按图 4－26（a）给定的俯视图设计出组合体，由于俯视图有六个封闭线框，表示组合体从上到下有六个表面，位置可高可低可倾斜，可以是平面或曲面，整个外框可表示底面，这样就可以构想出许多方案。如图 4－26（b）、图 4－26（c）所示，形式由单调到活泼，变化多样，构型新颖。

（a）　（b）　（c）

图 4－26　组合体的多种构型设计

3. 结构应简单紧凑

所设计的组合体在满足功能要求的前提下，结构应简单紧凑。

4. 整体造型稳定、美观

组合体的各形体间应互相协调，整体造型稳定、美观。

4.5.2 组合体构形设计的基本方法

1. 凹凸、平曲、正斜构思

根据形体的一个视图，如图 4－27（a）所示，通过改变相邻封闭线框表示表面的凸凹、平曲、正斜及改变封闭线框所表示的基本形体的形状（应与投影相符），可构思出不同的形体，如图 4－27（b）～（f）所示。

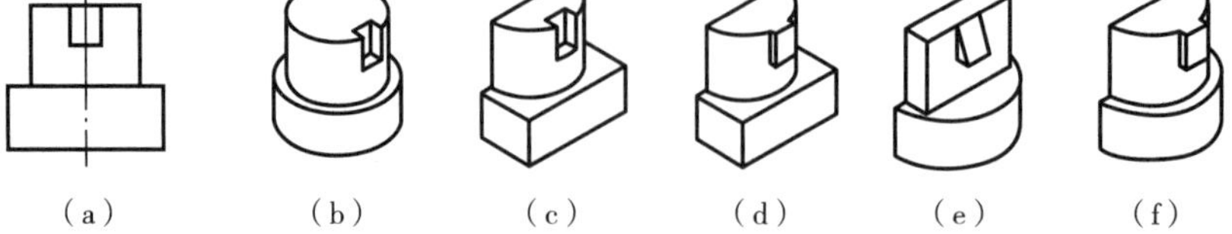

（a）　（b）　（c）　（d）　（e）　（f）

图 4－27　一个视图对应若干形体

2. 不同组合方式构思

根据形体的两个视图，由视图的对应关系，可构思出不同的形体，如图 4-28、图 4-29 和图 4-30 所示。图 4-28 可以认为该组合体由数个基本形体经过不同的叠加方式而形成；图 4-29 可以认为该组合体是由长方体经过不同方式的切割、穿孔而形成；图 4-30 可以认为组合体是通过综合（既有叠加又有切割）的构型方式而形成的。在构思形体时，不应出现与已知条件不符或形体不成立的构型，如图 4-30（c）所示。

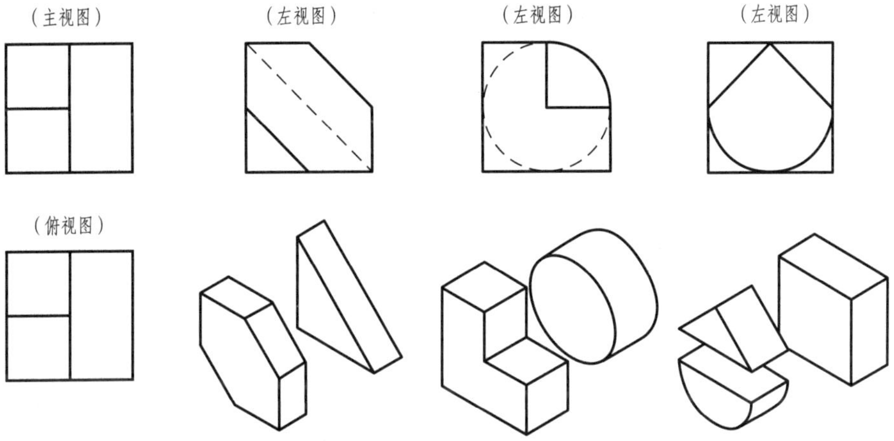

（a）已知条件　　（b）可能的形体

图 4-28　两个视图对应若干形体——叠加构型

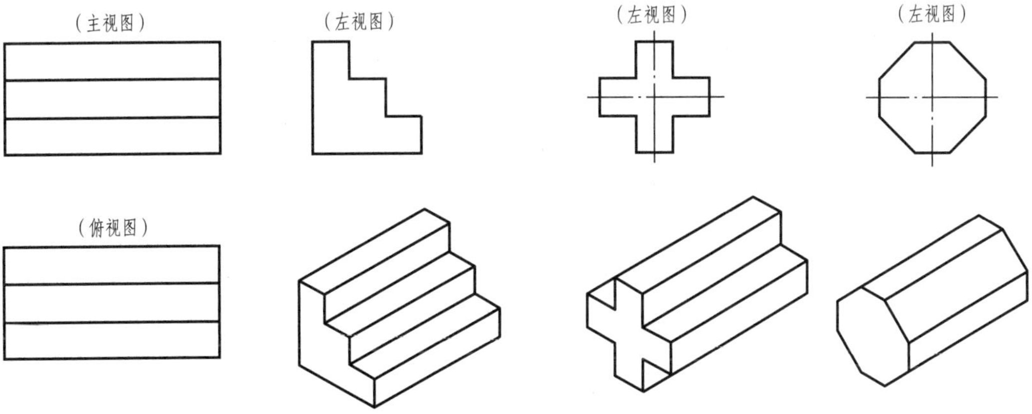

（a）已知条件　　（b）可能的形体

图 4-29　两个视图对应若干形体——切割构型

3. 互补形体构型

根据已知的形体，构想出与之吻合的另一形体，两形体吻合后形成长方体或圆柱等基本形体，如图 4-31 所示。

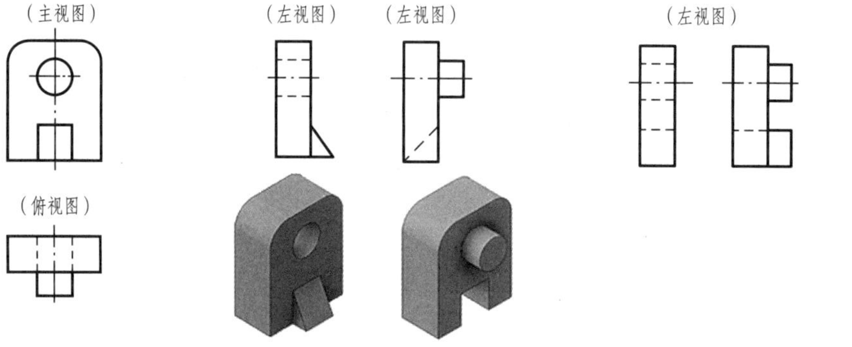

（a）已知条件　（b）可能的形体　（c）不合题意及错误的形体

图 4 - 30　两个视图对应若干形体——综合构型

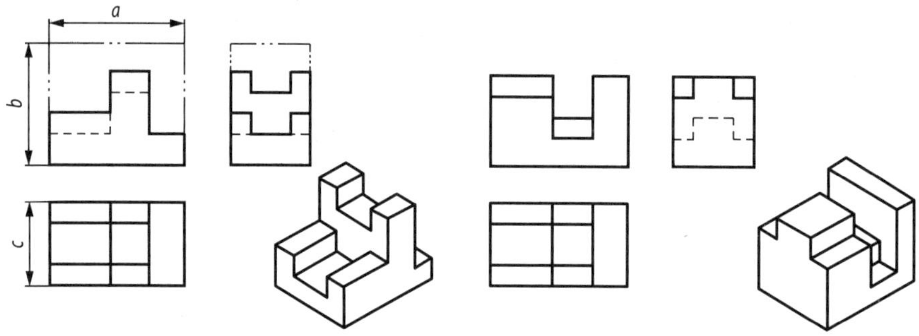

（a）两形体互补为一长方体

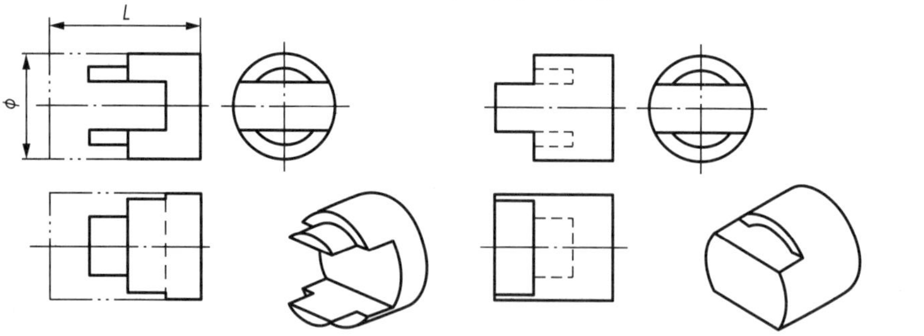

（b）两形体互补为一圆柱

图 4 - 31　互补形体构型

4.5.3　构型设计应注意的问题

1. 构型要形成连续的实体，两个形体组合时不能出现点接触、线接触和面连接，如图 4 - 32 所示的箭头。

2. 不要出现封闭的空腔，如图 4 - 33 所示。

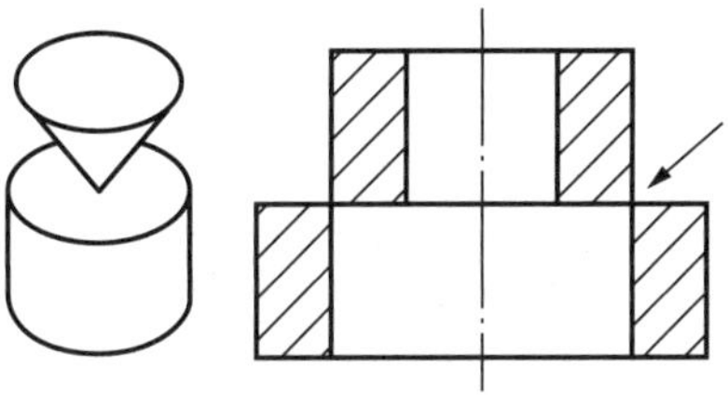

（a）点接触

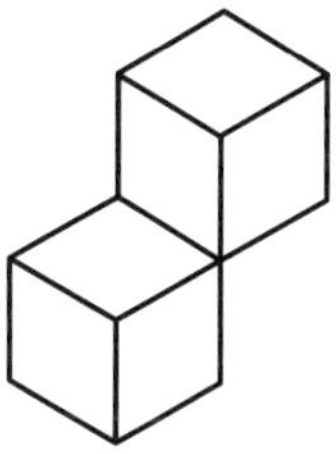

（b）线接触

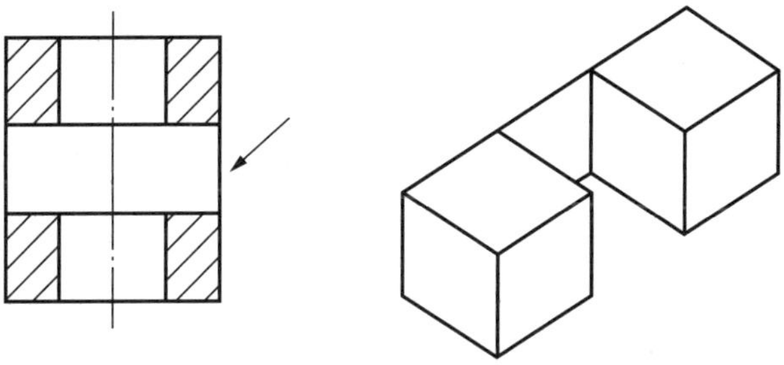

（c）面连接

图 4－32　不能出现点接触、线接触和面连接

本章小结

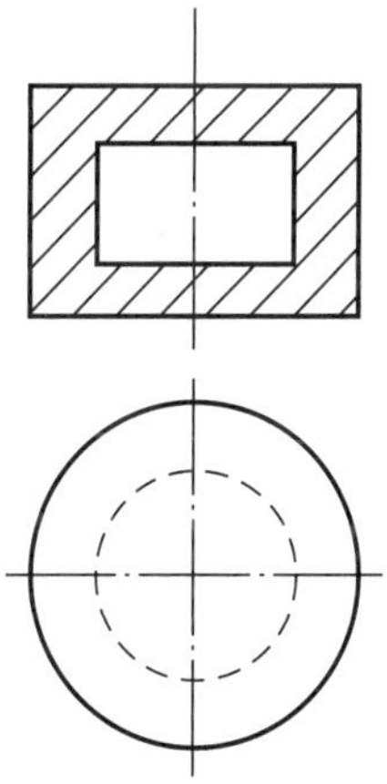

图 4－33　不要出现封闭内腔

本章是全书的重点，组合体画图和读图是培养形体想象能力的重要环节，形体分析法、线面投影法及构型方法是画图读图的重要方法。

在绘图和读图过程中，应同时运用形体分析法和线面投影分析法，相互结合，相辅相成。一般运用形体分析法分析组合体各组成部分的形状和相对位置，而采用线面投影分析法可进一步研究线面投影特征和表面间的相对关系，帮助准确作图和完整地想象出立体各局部形状，构型法则是培养观察、分析、综合能力、创造思维能力的有效手段。

视图之间保持着“三等”的投影关系，画图和读图都必须从投影关系入手。画图是按一个形体一个形体分别先画出反映实形或形状特征的视图，然后再画出其他视图。读图时应几个视图联系起来想，分析相邻线框的凹凸、平斜、空实等差别，建立起立体形象。要养成几个视图同时画和联系起来想立体的习惯，决不能全部画完一个视图后再画另一个，或孤立地对着一个视图苦想立体形状。

应注意分析斜面在有关视图上投影的相似形，它是画图和读图时验证作图或空间想象是否正确的重要方法。

完整标注尺寸也是十分重要的，应掌握按形体分析完整标注尺寸的方法。

第5章 轴 测 图

用正投影法绘制的视图，如图 5-1（a）所示，它可以准确地表达物体的形状和大小，且作图方便，度量性好，所以在工程上被广泛采用。但它缺乏立体感，不具备一定看图能力的人难以看懂。因此，工程上也常采用虽然作图较繁琐，但富有立体感的单面投影图（即轴测图）作为辅助图样，如图 5-1（b）所示。

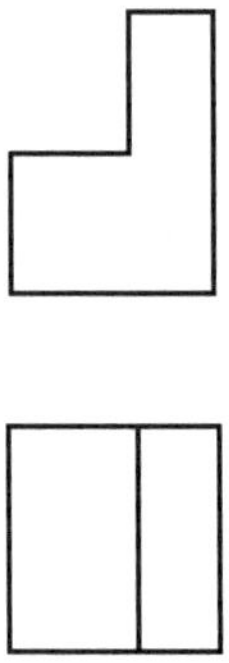
（a）

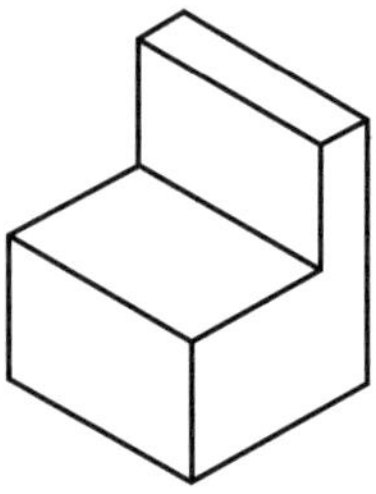
（b）

图 5-1 三视图与轴测图

5.1 轴测图的基本知识

5.1.1 轴测图的形成

将物体连同其直角坐标系，沿不平行于任一坐标平面的方向，用平行投影法将其投射在单一投影面上所得到的图形，称为轴测投影（轴测图），如图 5-2 所示。单一投影面 P 称为轴测投影面，直角坐标轴 O_0X_0、O_0Y_0、O_0Z_0 在轴测投影面 P 上的投影 OX、OY、OZ 称为轴测轴。

5.1.2 轴间角和轴向伸缩系数

两轴测轴之间的夹角（图 5-2 中$\angle XOY$、$\angle YOZ$、$\angle XOZ$）称为轴间角。直角坐标轴的轴测投影的单位长度与相应直角坐标轴上的单位长度之比称为轴向伸缩系数。

设 O_0A_0、O_0B_0、O_0C_0 分别为 O_0X_0、O_0Y_0、O_0Z_0 轴上的线段，它们的轴测投影为 OA、OB、OC。用 p_1、q_1、r_1 分别表示 O_0X_0、O_0Y_0、O_0Z_0 轴的轴向伸缩系数，则 $p_1=$

OA/O_0A_0，$q_1=OB/O_0B_0$，$r_1=OC/O_0C_0$。

5.1.3　轴测投影的特性

轴测投影具有与平行投影类似的性质：

（1）物体上互相平行的线段，其轴测投影仍互相平行。

（2）物体上同一线段上各段长度之比，等于其轴测投影长度之比。

（3）凡与直角坐标轴平行的线段，其轴测投影必平行于相应的轴测轴，且轴向伸缩系数与相应轴测轴的轴向伸缩系数相同。因此画轴测图时，必沿轴测轴或平行于轴测轴的方向才可以度量，这就是“轴测”的含义。

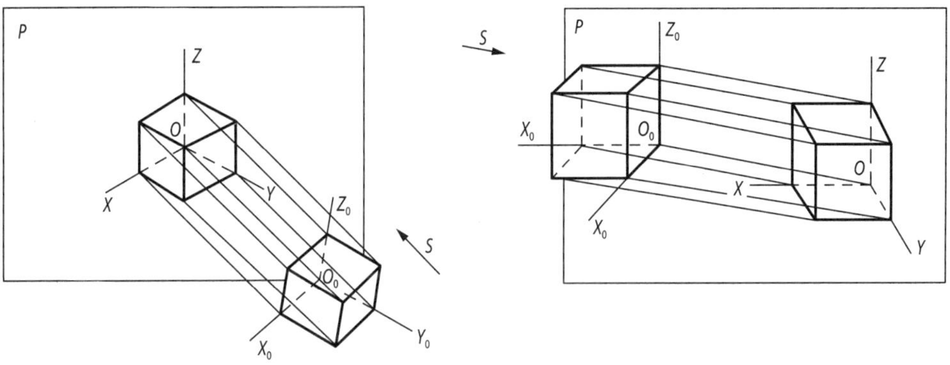

（a）正轴测图　　（b）斜轴测图

图5-2　轴测投影的形成

5.1.4　轴测图的分类

按轴测投射方向对轴测投影面的相对位置不同，轴测图可分为两大类：

（1）正轴测图：投射方向垂直于轴测投影面的轴测图，如图5-2（a）所示。

（2）斜轴测图：投射方向倾斜于轴测投影面的轴测图，如图5-2（b）所示。

根据轴向伸缩系数，这两类轴测图又可分为：

（1）当 $p_1=q_1=r_1$ 时，称为正（或斜）等轴测图。

（2）当 $p_1=q_1\neq r_1$ 时，称为正（或斜）二轴测图。

（3）当 $p_1\neq q_1\neq r_1$ 时，称为正（或斜）三轴测图。

工程上用得较多的是正等轴测图和斜二轴测图。本章只介绍这两种轴测图的画法。

5.2　轴测图的绘制

5.2.1　正等轴测图的画法

1. 轴间角和轴向伸缩系数

在正等轴测图中，由于物体上的三根直角坐标轴与轴测投影面的倾角相等，因此，与之相对应的轴测轴之间的夹角也必须相等，即$\angle XOY=\angle YOZ=\angle XOZ=120°$，如图5-3（a）所示。

正等轴测图中O_0X_0、O_0Y_0、O_0Z_0三轴的轴向伸缩系数相等，$p_1=q_1=r_1\approx0.82$，如图5-3（b）。为作图简便，取简化轴向伸缩系数$p=q=r=1$，这样，画出的图形在沿各轴向的长度都分别放大了约1.22倍，如图5-3（c）所示。

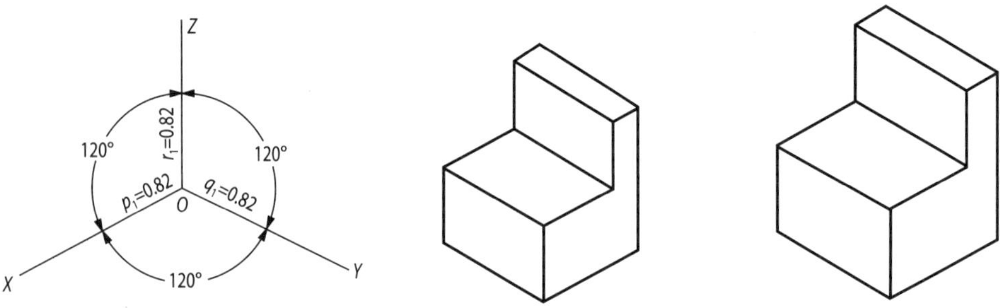

（a）轴间角和轴向伸缩系数　（b）$p_1=q_1=r_1=0.82$　（c）$p=q=r=1$

图5-3　正等轴测图的轴间角和轴向伸缩系数

2. 平面立体正等轴测图画法

绘制平面立体正等轴测图的基本方法是坐标法。首先根据物体的形状特点，选定合适的坐标轴，画出轴测轴，然后按坐标关系画出物体各点的轴测投影，依次连接各点完成物体的轴测图。以坐标法为基础，根据物体不同的情况，还可采用切割法和叠加法。

例5-1　根据图5-4（a）所示正六棱柱的三视图，画出它的正等轴测图。

作图：如图5-4所示。

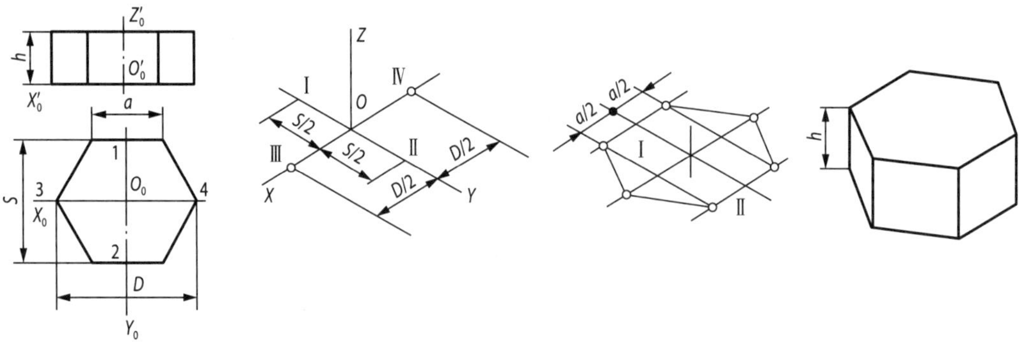

（a）在视图上定坐标轴和坐标原点　（b）画轴测轴，根据尺寸S、D定出点Ⅰ、Ⅱ、Ⅲ、Ⅳ　（c）过点Ⅰ、Ⅱ，作直线平行于OX，并在所作直线的两边各取a/2，然后连接各顶点　（d）过各顶点向下画侧棱，取尺寸h；画底面各边；擦去多余图线，描深，完成全图

图5-4　正六棱柱正等轴测图画法

本题关键在于选定坐标轴和坐标原点，如先确定顶面顶点的坐标，可避免画不必要的作图线。

3. 回转体正等轴测图画法

(1) 平行于坐标面的圆的正等轴测图画法

平行于坐标面的圆的正等轴测投影为椭圆。椭圆长轴垂直于相应的轴测轴，短轴平行于相应的轴测轴。椭圆长轴等于空间圆的直径 d，短轴约等于 $0.58d$；当采用简化伸缩系数作图时，长轴约为 $1.22d$，短轴约为 $0.7d$，如图 5-5 所示。

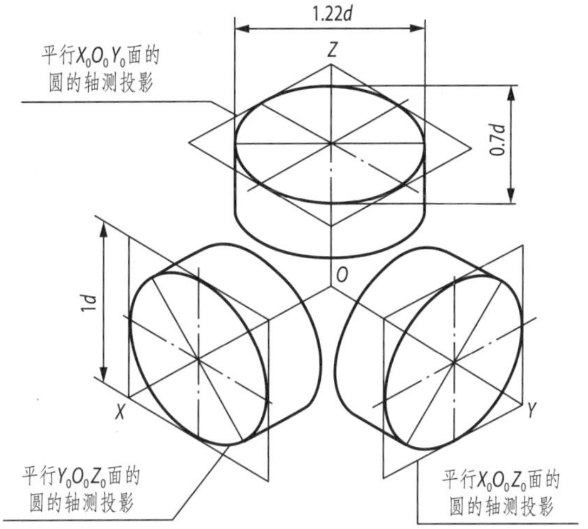

图 5-5 平行于坐标面的圆的正等轴测图

椭圆常用的近似画法是菱形法，水平圆的正等轴测图画法如图 5-6 所示。

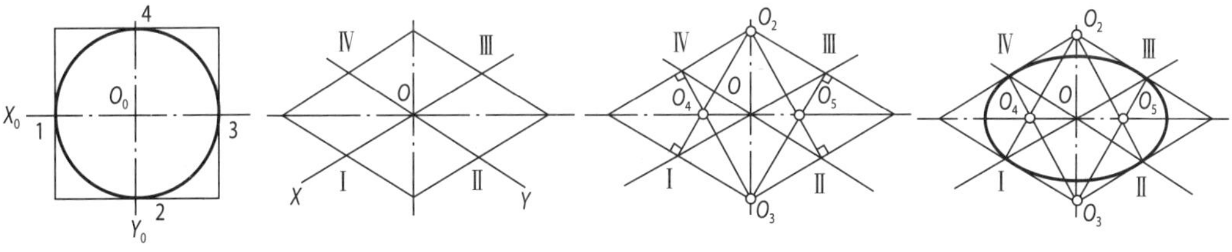

(a) 确定坐标轴O_0X_0和O_0Y_0，作圆的外切正方形，切点为1、2、3、4

(b) 画出轴测轴OX，OY。从O点沿轴向直接量取圆半径，得切点Ⅰ、Ⅱ、Ⅲ、Ⅳ；过各点分别作轴测轴的平行线，即得圆的外切正方形的轴测图——菱形，再作菱形的对角线

(c) 作菱形两钝角的顶点O_2、O_3和其两对边中点的连线，与长对角线交于O_4、O_5，则O_2、O_3、O_4、O_5即是近似椭圆的四个圆心

(d) 以O_2、O_3为圆心，O_2Ⅰ为半径画出两个大圆弧；以O_4、O_5为圆心，O_4Ⅰ为半径画出两个小圆弧，光滑连接四个圆弧即得近似椭圆

图 5-6 正等轴测椭圆的近似画法

(2) 常见曲面立体的正等轴测图画法

例 5-2 根据图 5-7 (a) 所示的视图，画出圆柱的正等轴测图。

例 5-3 根据图 5-8 (a) 所示的视图，画出圆锥台的正等轴测图。

例 5-4 根据图 5-9 (a) 所示的视图，画出球的正等轴测图。

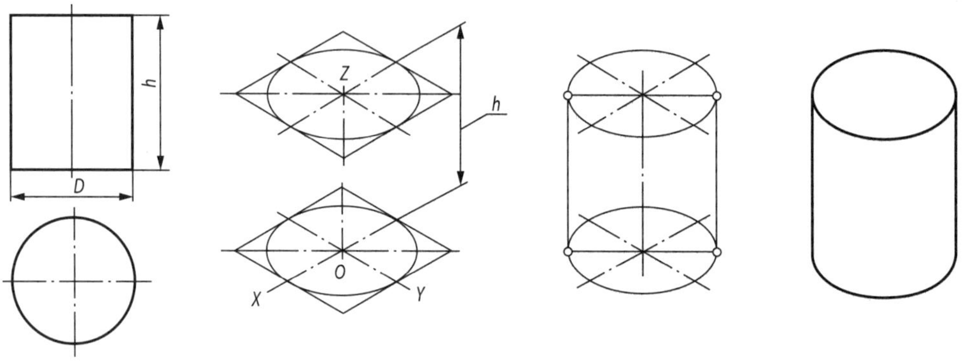

（a）视图　（b）画出轴测轴，定上、下底中心，画上、下底椭圆　（c）作出两边轮廓线（注意切点位置）　（d）擦去多余图线，加深，完成全图

图 5－7　圆柱的正等轴测图画法

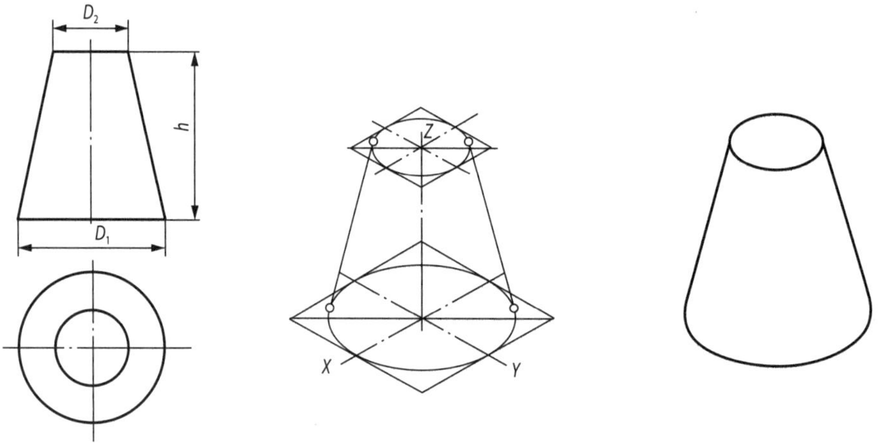

（a）视图　（b）画出上、下底椭圆后，锥面两边的轮廓线要与两个椭圆相切　（c）擦去多余图线，加深，完成全图

图 5－8　圆锥台的正等轴测图画法

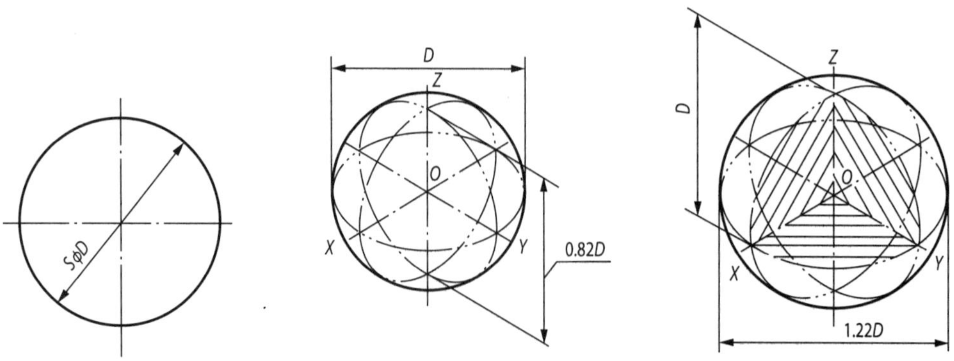

（a）视图　（b）轴向伸缩系数0.82　（c）简化伸缩系数1

图 5－9　球的正等轴测图画法

(3) 圆角的正等轴测图画法

例 5-5 画圆角（1/4 圆弧）的正等轴测图。

机件底板的圆角，可认为各是 1/4 圆柱面。如图 5-10（a）所示的视图上，这两段圆弧各相当于整圆的四分之一，可以采用近似画法画出它们的正等轴测投影，而各自的圆心在所作外切菱形各边切点处所作垂线的交点上，画法如图 5-10 所示。

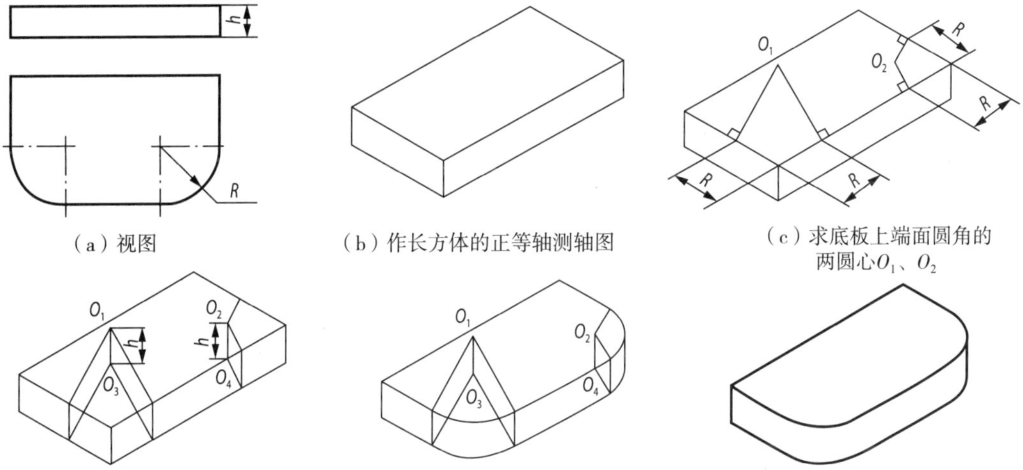

（a）视图　（b）作长方体的正等轴测轴图　（c）求底板上端面圆角的两圆心O_1、O_2

（d）用移心法，得底板下端面圆角的两圆心O_3、O_4　（e）以O_1、O_2、O_3、O_4为圆心，画对应圆弧及外公切线　（f）擦去多余图线，加深，完成全图

图 5-10　圆的正等轴测图画法

4. 组合体正等轴测图画法

对于切割体，先按完整形体画出，然后用切割法逐一画出其被切去部分。对于叠加形体，可按各基本形体逐一叠加的方法画出其轴测图。对于既有切割又有叠加的形体，可按先叠加后切割或综合运用上述两种方法画轴测图。

例 5-6 根据图 5-11（a）所示的切割体视图，画出它的正等轴测图。

作法：如图 5-11 所示。

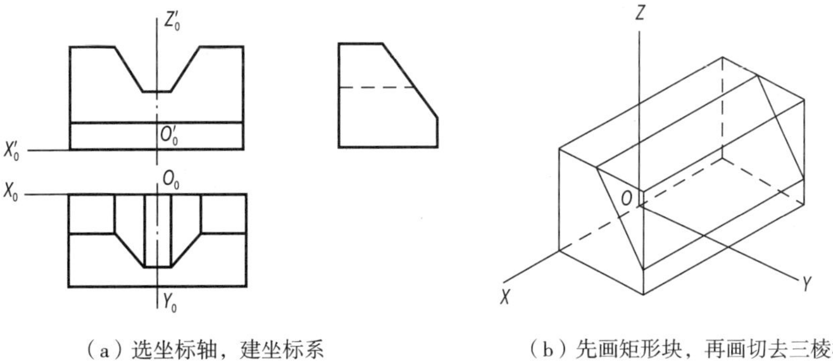

（a）选坐标轴，建坐标系　（b）先画矩形块，再画切去三棱柱

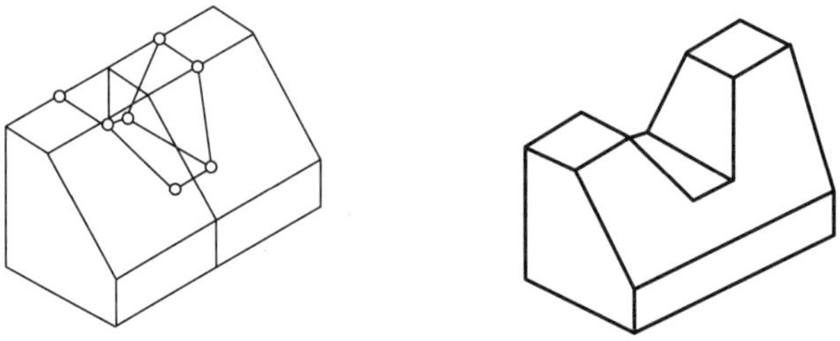

（c）画切割V形槽　　（d）擦去多余图线，加深，完成全图

图 5-11　切割形体的正等轴测图画法

例 5-7　根据图 5-12（a）所示物体的视图，画出它的正等轴测图。

根据该形体的特点，既有切割又有叠加，可综合作图，其作图步骤如图 5-12 所示。

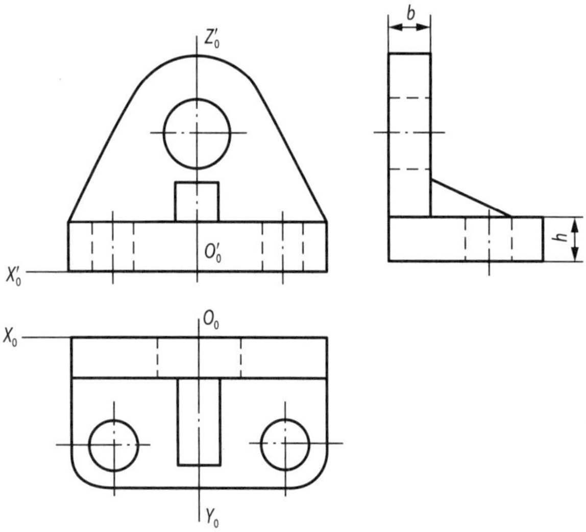

（a）视图

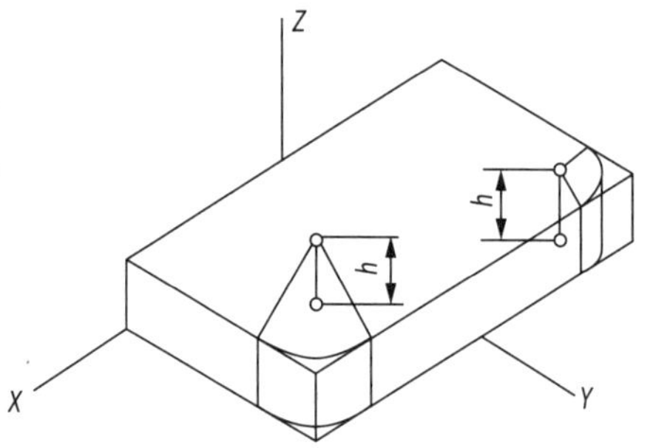

（b）画底板

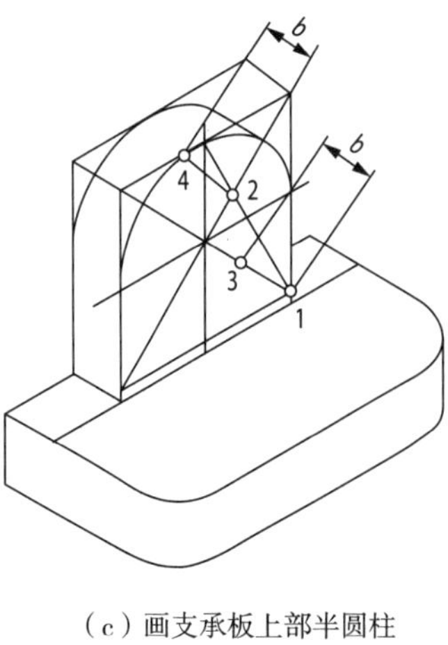

（c）画支承板上部半圆柱

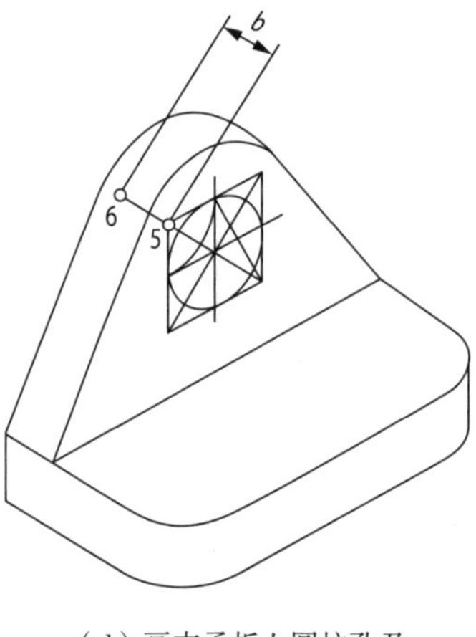

（d）画支承板上圆柱孔及支承板上的切线

图 5-12

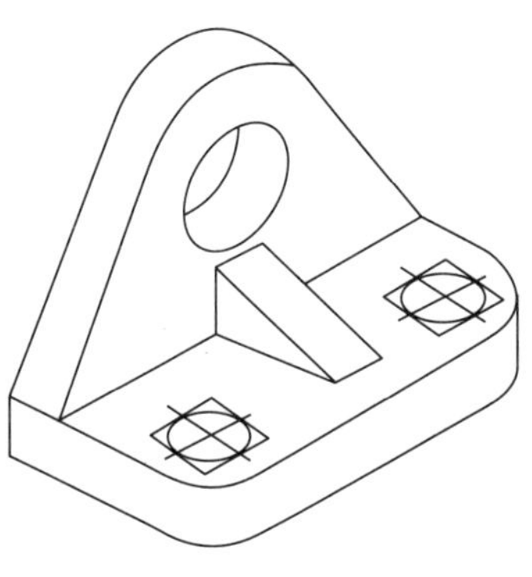

（e）画肋板及底板上的圆柱孔

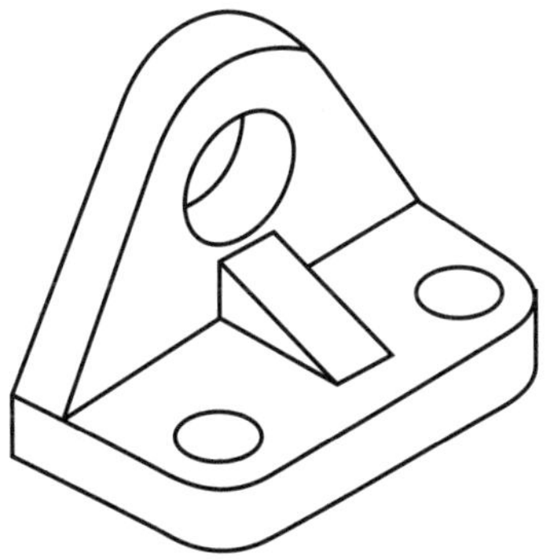

（f）擦去多余图线，加深，完成全图

图 5 - 12　组合形体的正等轴测图画法

5.2.2　斜二轴测图的画法

斜二轴测图的形成条件是使物体的一个坐标面（如正面 $X_0O_0Z_0$）平行于轴测投影面 P，则 X_0 轴和 Z_0 轴的轴向伸缩系数都是 1，即 $p_1=r_1=1$，轴间角 $\angle XOZ=90°$，并可使 O_0Y_0 轴的轴向伸缩系数为 $q_1=0.5$，OY 与水平线成 45°，如图 5 - 13 所示。

斜二轴测图的最大优点是：凡平行于 $X_0O_0Z_0$ 平面上的图形都反映实形。因此，当物体某一方向上有较多圆或圆弧曲线时，采用此方法作图较简便。

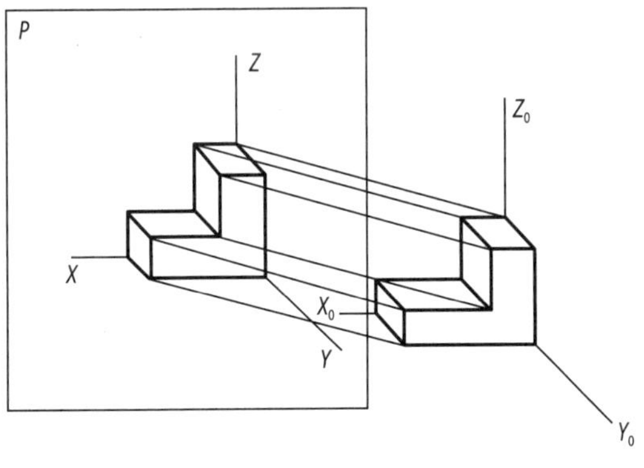

（a）

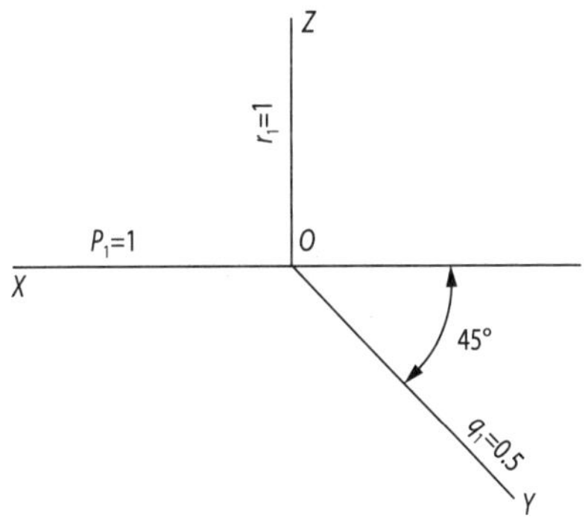

（b）

图 5 - 13　斜二轴测图的轴间角和轴向伸缩系数

1. 平行于坐标面的圆的斜二轴测图画法

图 5 - 14 为平行于坐标面的圆的斜二轴测图。平行于 $X_0O_0Z_0$ 坐标面的圆的斜二轴测投影反映该圆的实形；平行于 $X_0O_0Y_0$ 和 $Y_0O_0Z_0$ 坐标面的圆的斜二轴测投影是形状、大小相同，方向不同的椭圆，它们的长轴与圆所在的坐标面上的一根轴测轴成 $7°10'$（$\approx 7°$）的夹角。

由于上述椭圆画法比较麻烦，所以不推荐用圆弧代替的近似画法。如有需要可以通过作出圆上一系列点的轴测投影，然后用曲线板光滑连接成椭圆。

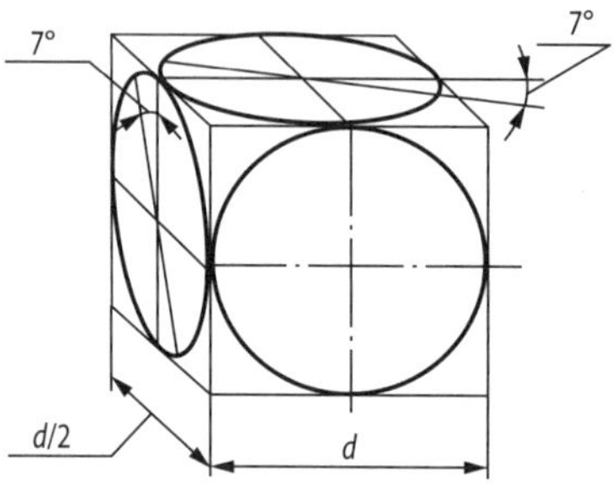

图 5 - 14　三坐标面上圆的斜二轴测图

2. 斜二轴测图画法举例

例 5 - 8　已知图 5 - 15（a）所示垫块的两面投影，求作其斜二轴测图。

作法：平面立体的斜二轴测图画法与正等轴测图的画法一样，即采用坐标法和切割法、叠加法，只是轴间角和轴向伸缩系数不同而已，作图步骤如图 5 - 15 所示。

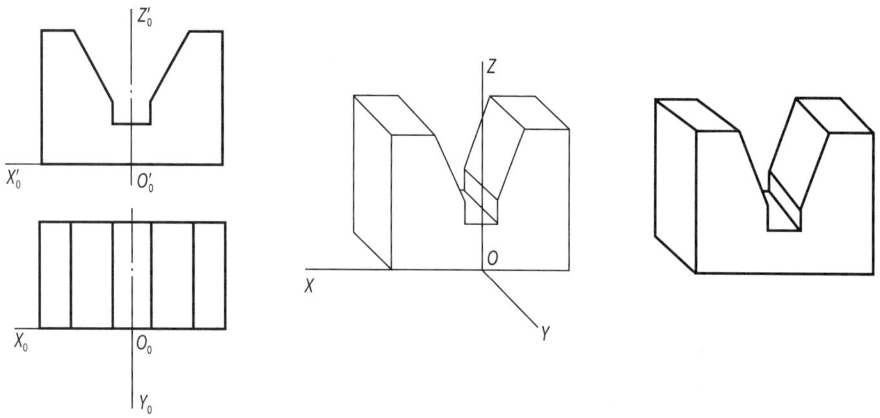

（a）建立坐标系

（b）画出垫块的正等轴测图，过正面各棱线的端点作直线与OY平行，并使其长度等于垫块宽度尺寸的一半，依此连接所得的各端点

（c）擦去多余图线，加深，完成全图

图 5 - 15　垫块的斜二轴测图画法

例 5 - 9　已知图 5 - 16（a）所示物体的三视图，画其斜二轴测图。

作法：如图 5 - 16 所示。

以上介绍了正等轴测图和斜二轴测图的画法，它们的轴间角和轴向伸缩系数不同，致使轴测图的立体感及作图难度也不同。正等轴测图的简化轴向伸缩系数为 1，可直接在投影图中量取尺寸，物体上与坐标面平行的各表面都有圆、圆角时，宜采用正等轴测图来表达。斜二轴测图由于平行于 $X_0O_0Z_0$ 坐标面的图形投影为实形，使画图较为方便，特别对只有一个方向的圆和圆弧曲线的物体，选用斜二轴测图可以避免作椭圆。具体绘图时，究竟选用哪一种，需根据物体的特点加以确定。

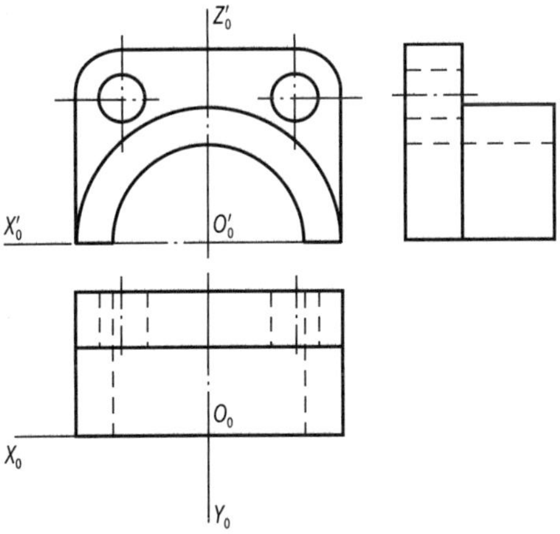

（a）选坐标轴，建立坐标系

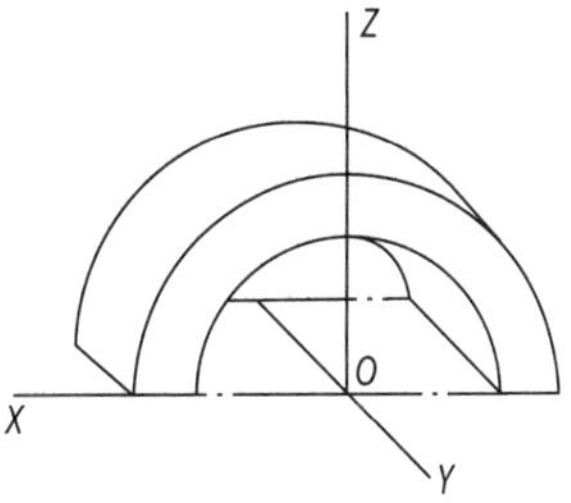

（b）画轴测轴及空心半圆柱

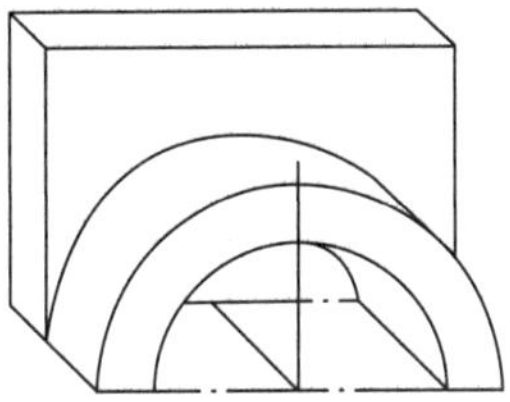

（c）画长方体竖板

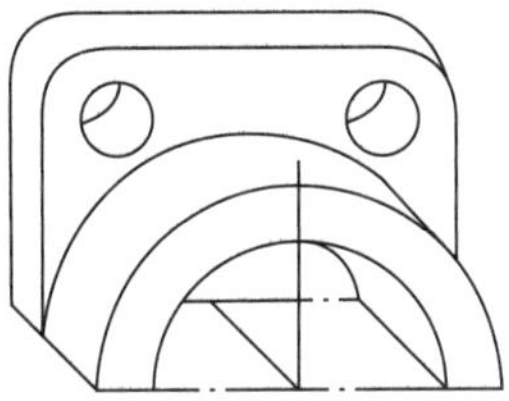

（d）画竖板的圆角和小孔

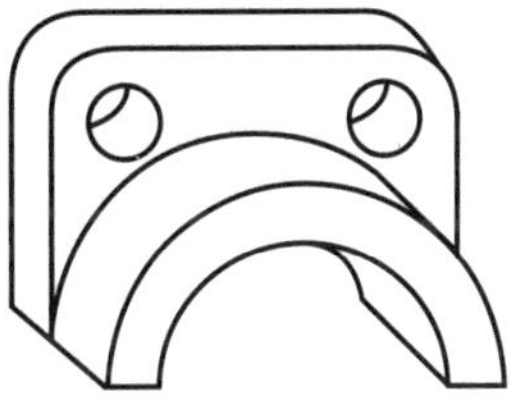

（e）擦去多余图线，加深，完成全图

图 5－16 垫块的斜二轴测图画法

第 6 章　机件表达形式

6.1　视　图

由于使用要求不同，机件的结构形状是多种多样的。当机件的形状和结构比较复杂时，仅采用前面所讲的两个视图或三个视图难以将其内外形状准确、完整、清晰地表达出来。为此，国家标准《技术制图》（GB/T 17451—1998、GB/T 17452—1998、GB/T 17453—2005、GB/T 16675.1—2012）和《机械制图》（GB/T 4458.1—2002、GB/T 4458.6—2002）中规定了机件的各种表达方法，包括视图、剖视图和断面图、局部放大图及简化表示法等。本章着重讲述机件常用的表达方法，以便根据机件的具体结构形状，采用合适的表达方法，准确、完整、清晰地对机件的结构形状进行表达。

视图主要用来表达机件的外部结构形状。视图分为基本视图、向视图、局部视图和斜视图。

6.1.1　基本视图

根据国家标准规定，在原有三个投影面的基础上，再增设三个投影面，组成一个正六面体，正六面体的六个面称为基本投影面，机件在基本投影面上的投影称为基本视图。如图 6-1 所示，除已介绍过的三个视图以外，还有右视图（由右向左投射所得到的视图）、仰视图（由下向上投射所得到的视图）、后视图（由后向前投射所得到的视图）。

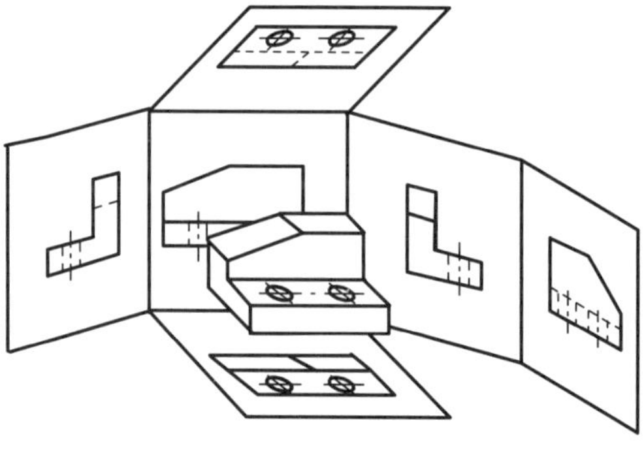

图 6-1　六个基本投影面及其展开

1. 基本投影面的展开和基本视图的配置

六个基本投影面在展开时，仍然保持正立投影面不动，其他各个投影面展开到与正立投影面共面的位置，如图 6-1 所示。展开后各基本视图的配置如图 6-2 所示。在同一张图纸内，按图 6-2 所示配置视图时，一律不标注视图的名称。

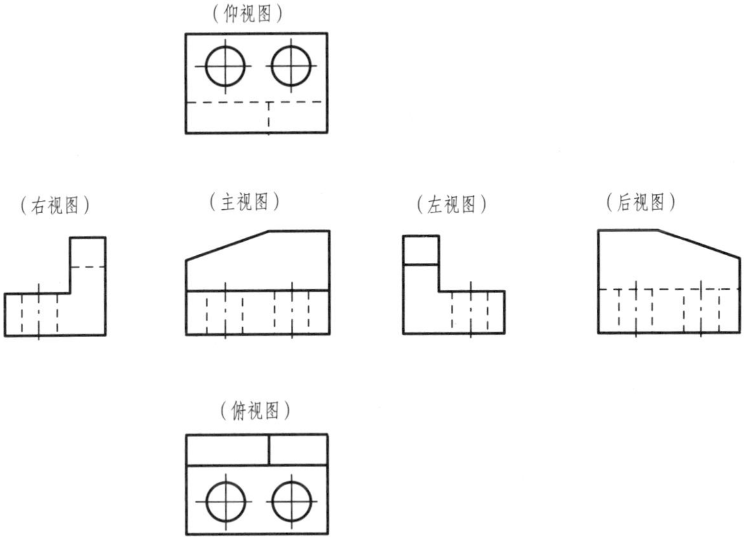

图 6-2　六个基本视图的配置

2. 基本视图的投影规律

三视图的投影规律对六个基本视图仍然适用。

(1) 六个基本视图的度量对应关系，仍保持长对正、高平齐、宽相等，即主、俯、仰视图长对正，并与后视图长相等；主、左、右、后视图高平齐；左、右、俯、仰视图宽相等。

(2) 六个基本视图的位置对应关系是：主、左、右、后四个视图的上、下与机件的上下是相对应的；主、俯、仰三个视图的左、右与机件的左、右是相对应的，而后视图的左侧表示的是机件的右侧，后视图的右侧表示的是机件的左侧；俯、左、右、仰视图远离主视图的一侧表示的是机件的前面，而它们靠近主视图的一侧则表示机件的后面。

6.1.2　向视图

六个基本视图如果不能按图 6-2 所示配置时，可采用向视图。向视图是可以自由配置的视图，画向视图时应在视图上方标出视图名称，用大写拉丁字母“×”表示，在相应的视图附近，用箭头指明投射方向，并注上同样的大写拉丁字母“×”，如图 6-3 所示。

选用恰当的基本视图和向视图，可以较清晰地表达机件的形状。图 6-4 中选用了主、左、右三个视图来表达机件的主体和左、右凸缘的形状（图中省略了不必要的虚线）。

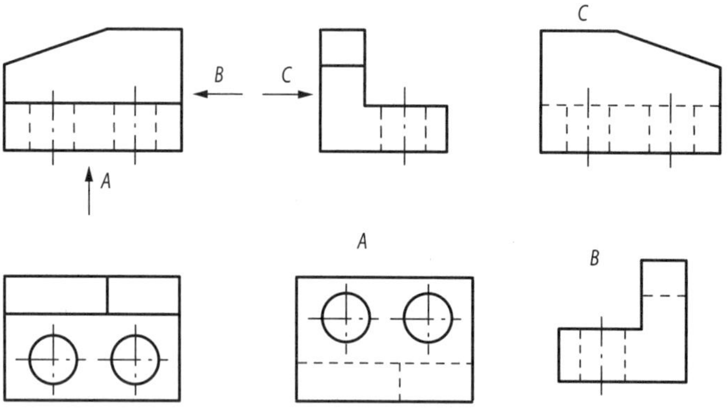

图 6 - 3　向视图及其标注

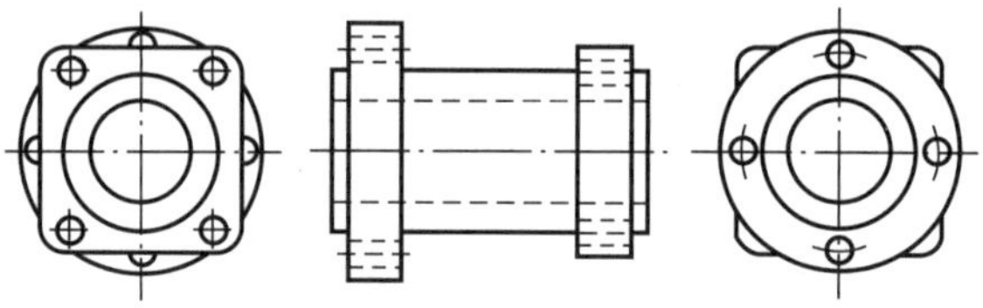

图 6 - 4　基本视图的选用

6.1.3　局部视图

当机件的某一局部形状没有表达清楚，而又没有必要用一完整基本视图表达时，可单独将这一部分向基本投影面投射，得到基本视图的一部分。将机件的某一部分向基本投影面投射所得到的视图，称为局部视图。如图 6 - 5 所示，机件左侧的凸台在主、俯视图中表达不够清晰，而又没有必要画出完整的左视图，这时可用局部视图来表达其形状特征。

局部视图的主要作用是：减少基本视图的数目，使视图表达重点突出；简化作图，避免结构的重复表达。

局部视图的画法和标注规定如下：

（1）局部视图的断裂边界应用波浪线或双折线表示。用波浪线代表机件的断裂边界时，所选择断裂边界不同，图形将发生相应变化，如图 6 - 5 所示左侧凸台所画的局部视图，图 6 - 5（a）中的“A”与图 6 - 5（b）中的“A”，由于断裂边界位置不同，图形不尽相同。当所表达的局部结构是完整的，且外轮廓线又自行封闭时，波浪线或双折线可省略不画。注意：波浪线不应与机件的轮廓线重合或在轮廓线的延长线上；波浪线不应画在没有断裂边界的地方。

（2）局部视图一般按投影关系配置，必要时也可配置在其他适当位置。当局部视图按投影关系配置，之间又无其他视图隔开时，可省略标注，如图 6 - 5 所示，表示左侧凸台形状特征的局部视图可省略视图标注；当局部视图不按投影关系配置时，必须进行标注，标注方法与向视图的标注方法相同。

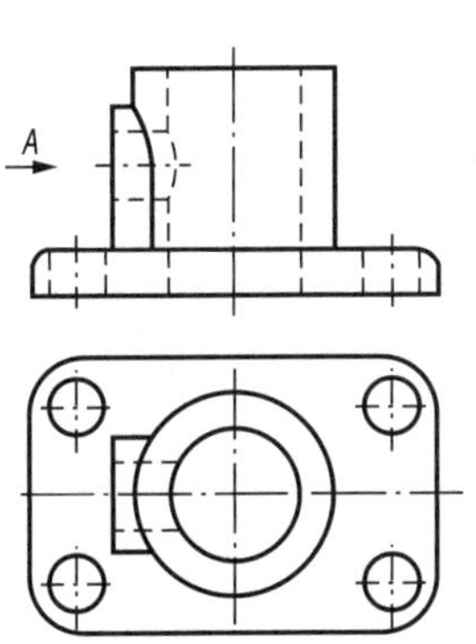

（a）

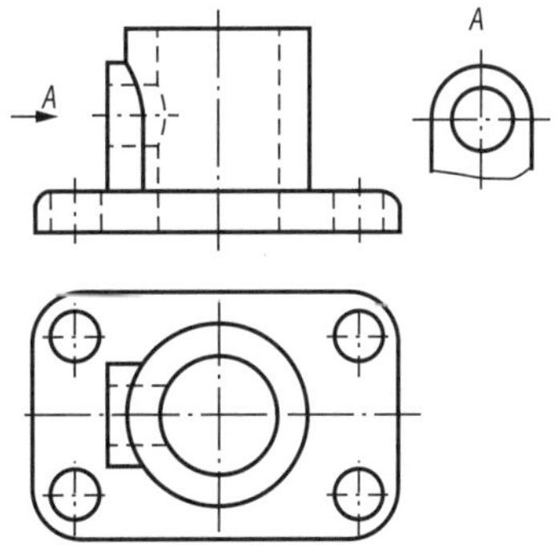

（b）

图 6-5　局部视图的画法

6.1.4　斜视图

图 6-6（a）所示为压紧杆的三视图，由于压紧杆的左下部分对 H 和 W 面都是倾斜的，俯视图和左视图都不反映它的实际形状特征，表达不清楚，看图不方便，且作图过程比较困难。为清晰表达压紧杆的倾斜结构，可以如图 6-6（b）所示增设一个平行于倾斜结构的正垂面 H_1 作为新投影面，然后将倾斜结构沿垂直于新投影面的方向 A 进行投射，从而得到反映倾斜结构形状特征的视图 A。机件向不平行于任何基本投影面的平面投射所得到的视图称为斜视图。斜视图的主要作用是反映倾斜部分的形状特征并简化作图。对于压紧杆，有了主视图和斜视图 A，可将俯视图改为局部视图，再增加从右向左投射的局部视图 B 反映右侧“U”形凸台的形状特征，可去掉左视图，如图 6-7 所示，使视图表达重点突出，还大幅降低了作图难度。在图 6-7 中，局部视图 B 所表达的“U”形凸台结构是完整的，且外轮廓线又自行封闭，其外围的断裂边界对应的波浪线或双折线被省略。画成局部视图的俯视图在图 6-7（a）中与主视图被斜视图 A 隔开，需要标注，而在图 6-7（b）中与主视图按投影关系配置且不被其他图形隔开，可省略标注。

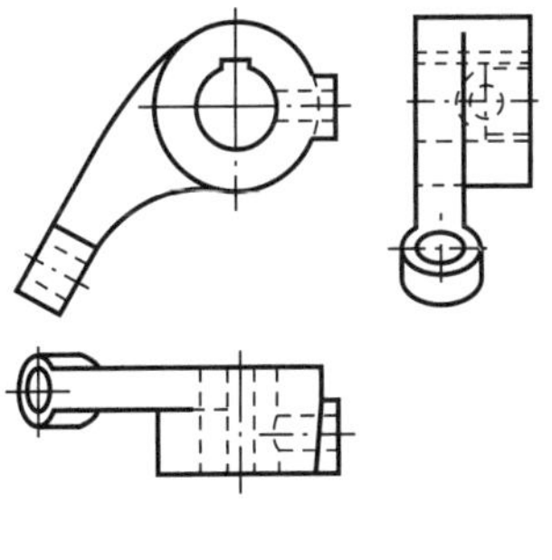

（a）压紧杆的三视图

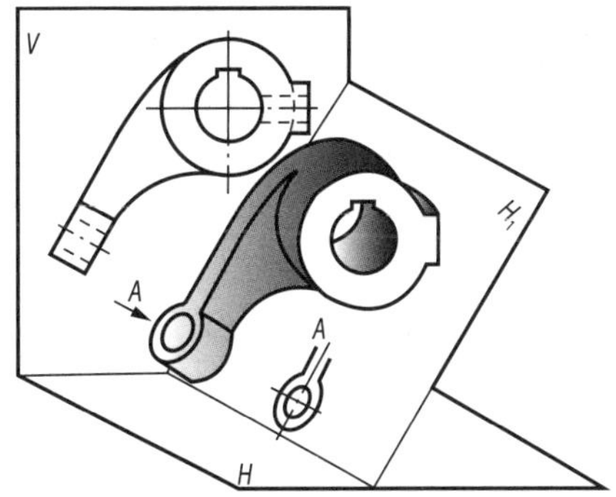

（b）压紧杆倾斜部分斜视图的形成

图 6-6　压紧杆的三视图及斜视图的形成

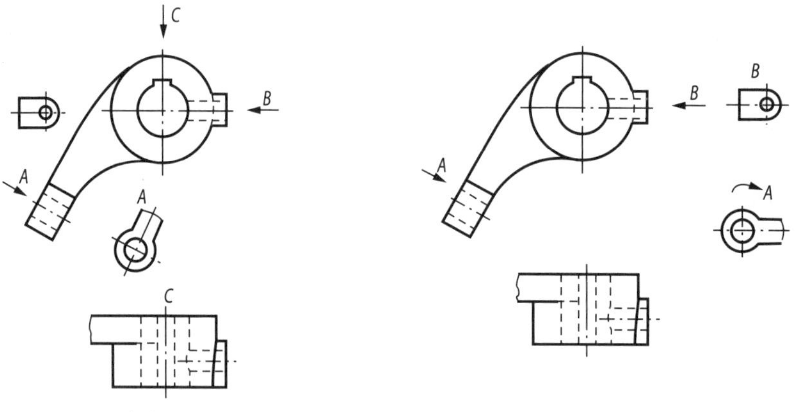

（a）　　（b）

图 6－7　压紧杆的斜视图及局部视图

斜视图的画法和标注规定如下：

（1）斜视图一般只需表达机件倾斜部分的形状，不必画出其他部分的投影，倾斜部分的断裂边界用波浪线或双折线表示，如图 6－7 所示斜视图 *A* 及图 6－8 所示斜视图 *A*。当所表达的局部部分是完整的，且外轮廓线又自行封闭时，波浪线或双折线可省略不画。

（2）斜视图必须进行标注，在斜视图上方标注用大写拉丁字母表示的视图名称“×”，在相应视图附近用箭头指明投射方向，并注写相同的字母。注写的字母必须水平书写，如图 6－7（a）所示视图 *A*。

（3）斜视图一般按投影关系配置，如图 6－7（a）所示斜视图 *A*，必要时也可配置在其他适当的位置。在不致引起误解时，允许将图形旋转，标注形式为“×↶”或“↷×”，其中箭头称为旋转符号，其方向代表旋转方向。表示该视图名称的大写拉丁字母“×”应靠近旋转符号的箭头端，如图 6－7（b）中的“↷ *A*”。也允许将旋转角度标注在字母之后，如图 6－8 所示“*A*45°↶”。旋转符号的画法及尺寸如图 6－9 所示。

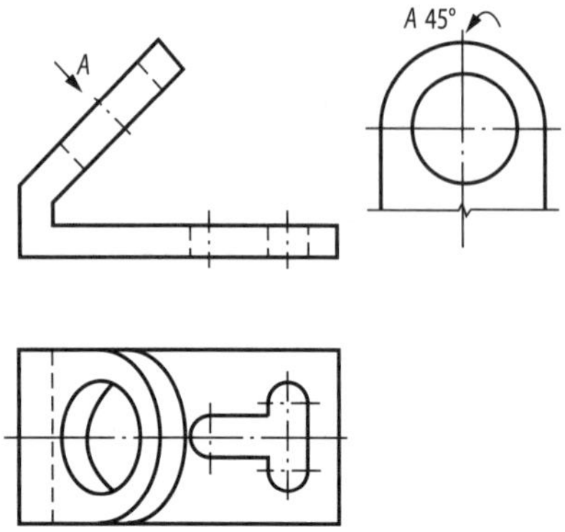

图 6－8　斜视图中双折线表示断裂边

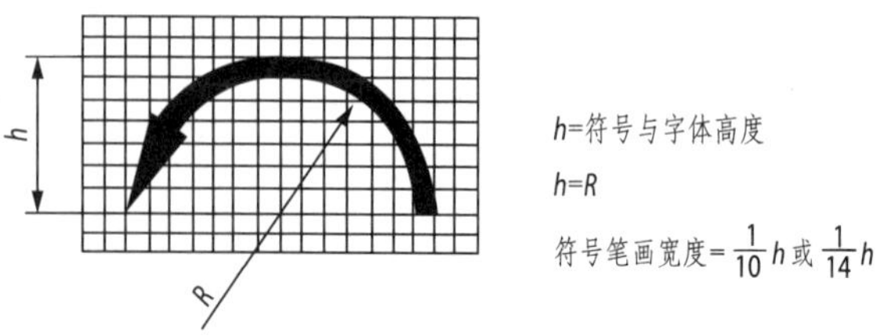

图 6－9　旋转符号的画法及尺寸

6.2　剖视图

当机件的内部结构比较复杂时，在视图上就会出现许多虚线，如图 6 - 10（a）所示压盖零件的主视图，给读图和标注尺寸都带来了不便。在绘制技术图样时，应首先考虑读图方便。在根据机件的结构特点选用适当的表达方法，完整、清晰地表示机件形状的前提下，应力求制图简便。为了清楚地表达机件的内部结构形状，按照国家标准规定，可以画成剖视图，如图 6 - 10（b）所示。

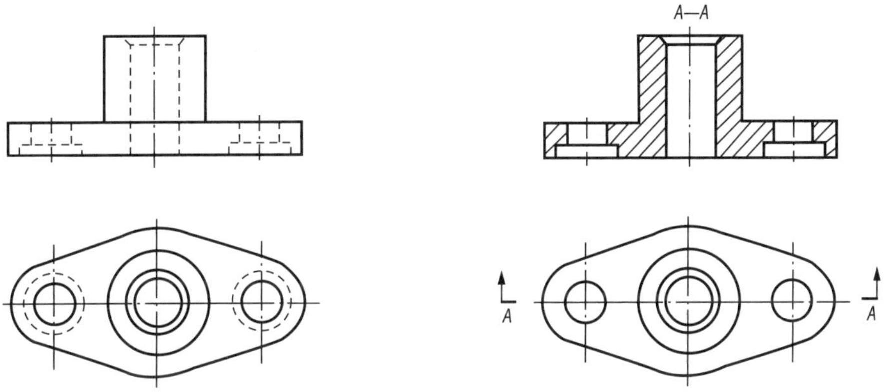

（a）视图　　（b）剖视图

图 6 - 10　压盖的视图及剖视图的比较

6.2.1　剖视图的概念、画法及标注

1. 剖视图的概念

假想用剖切面剖开机件，将处在观察者和剖切面之间的部分移去，而将其余部分向投影面投射所得到的图形称为剖视图（简称为剖视），如图 6 - 10（b）所示。图 6 - 11 所示为剖视的过程。剖切面一般用平面，也可用曲面。

2. 剖视图的画法

下面以图 6 - 10 和图 6 - 11 为例说明画剖视图的步骤。

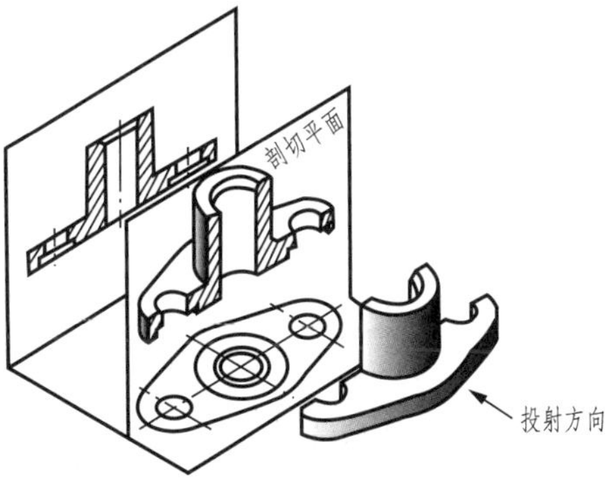

图 6 - 11　剖视的过程

（1）确定剖切平面的位置　要将机件的主视图画成剖视图，剖切平面应平行于正立投影面，且尽量通过较多的内部结构（孔或沟槽）的轴线或对称面，如图 6 - 11 所示。如果需要将左视图画成剖视图，剖切平面应平行于侧立投影面；将俯视图画成剖视图，剖切平面应平行于水平投影面。

（2）画剖视图的轮廓线　机件被剖开后，剖切平面与物体的接触部分称为剖面区域。在剖视图中用粗实线画出机件剖面区域的轮廓线和剖切平面后的可见轮廓线，如图 6 - 10（b）所示。剖切平面后的可见部分的投影，初学者容易漏画，请认真分析图 6 - 12 中的几种情况。注意：剖视是因假想剖切所得，一个视图画成剖视图并不破坏机件的完整性，其他视图仍应按完整体考虑。

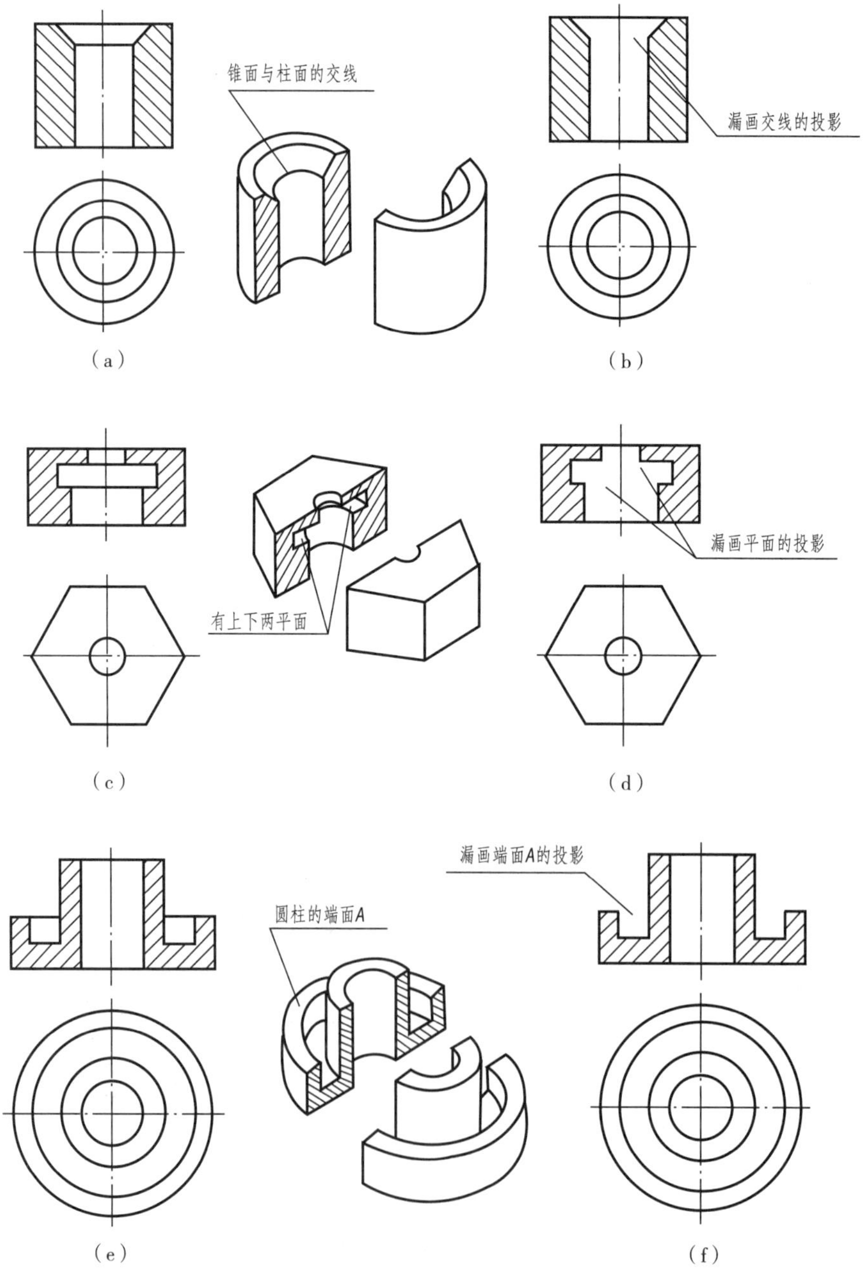

图 6 - 12　剖视图中不要漏线

（3）画剖面符号　在机件的剖面区域内，应画上剖面符号，各种材料的剖面符号见表 6－1。当不需要在剖面区域中表示机件的材料类别或表示机件用金属材料制造时，采用与图形的主要轮廓线或剖面区域的对称线成 45°的通用剖面线表示，如图 6－13 所示。

表 6－1　各种材料的剖面符号

金属材料（已有规定剖面符号除外）		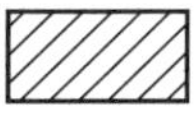	液体	
非金属材料（已有规定剖面符号除外）			木质胶合板（不分层数）	
木材	纵剖面		混凝土	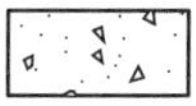
	横剖面	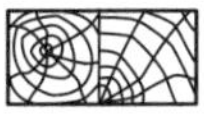		
玻璃以及供观察用的其他透明材料			钢筋混凝土	
线圈绕组元件		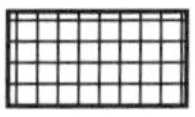	砖	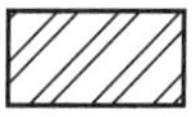
转子、电枢、变压器、电抗器等的迭钢片			基础周围的泥土	
型砂、填砂、粉末冶金、砂轮、陶瓷刀片、硬质合金刀片等		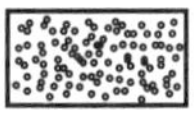	格网（筛网、过滤网等）	

剖面线用细实线绘制，同一机件的各个剖面区域中剖面线的方向及间隔应一致。当图形的主要轮廓线与水平成 45°或接近 45°时，该图形的剖面线应改为与水平成 30°或 60°的斜线，但倾斜趋势和间隔仍应与同一机件其他图形的剖面线一致，如图 6－14 所示。

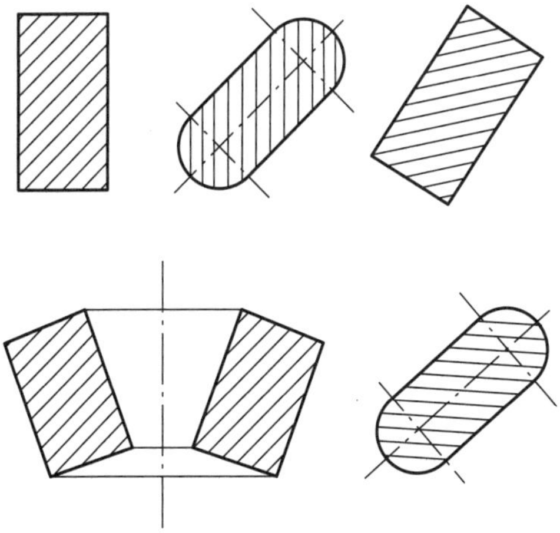

图 6－13　通用剖面线的画法

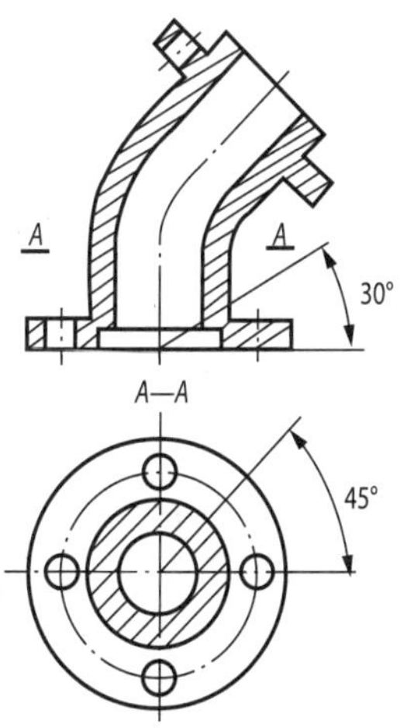

图 6－14　剖面线的调整

3. 剖视图的标注

(1) 标注内容　标注的内容一般包括剖切线、剖切符号、剖视图的名称，如图 6-10 (b) 和图 6-15 (a) 所示。

① 剖切线。表示剖切面位置的线，用细点画线绘制。

② 剖切符号。表示剖切面起、迄和转折位置（用 5～8 mm 长的粗短画线表示）及投射方向（在表示剖切面起、迄的粗短画线外端画与之垂直的箭头）的符号。

③ 剖视图的名称。在剖切符号旁注大写拉丁字母“×”，并在剖视图的上方用相同的大写拉丁字母注出剖视图的名称“×—×”。

(2) 剖视图中应标注的内容在以下情况下可以省略标注。

① 剖切符号之间的剖切线可省略不画，如图 6-15 (b) 所示。

② 当剖视图按投影关系配置，中间又无图形隔开时，箭头可以省略不画，如图 6-14 中的 *A*—*A*。

③ 用单一剖切平面通过机件对称面或基本对称面，且当剖视图按投影关系配置，中间又无图形隔开时，可省略标注，如图 6-12 和图 6-14 中的主视图。

④ 用单一剖切平面剖切，剖切位置明显，不标注不致引起误解时，也可省略标注。

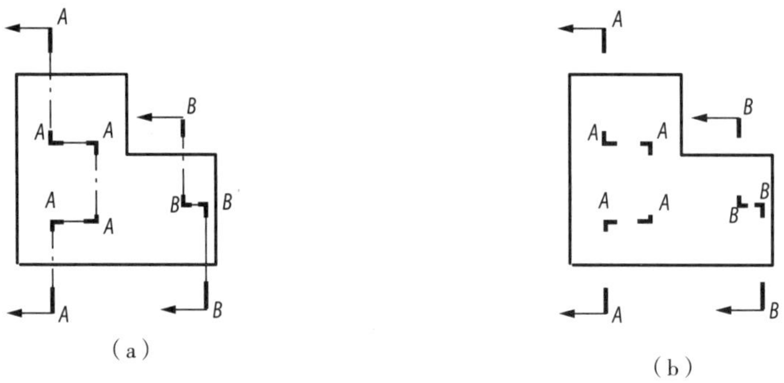

图 6-15　剖切线、剖切符号及字母的组合标注

4. 剖视图中的虚线问题

采用剖视表达机件时，各视图中一般不画虚线，如图 6-16 所示。但当机件的不可见

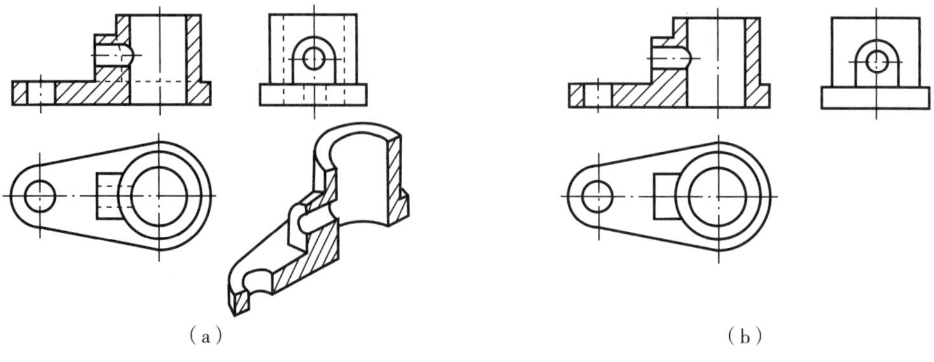

图 6-16　剖视图中去掉不必要虚线

结构必须在剖视图中表示，并且又不影响图形清晰的情况下，允许在剖视图中画出相应虚线，如图 6－17 所示。图 6－17（a）所示机件下侧长方孔的形状需要在俯视图中以虚线形式表达，否则该孔形状不够明确；图 6－17（b）所示机件左侧安装板上 U 形凸台的厚度需要在主视图中以虚线形式表达。

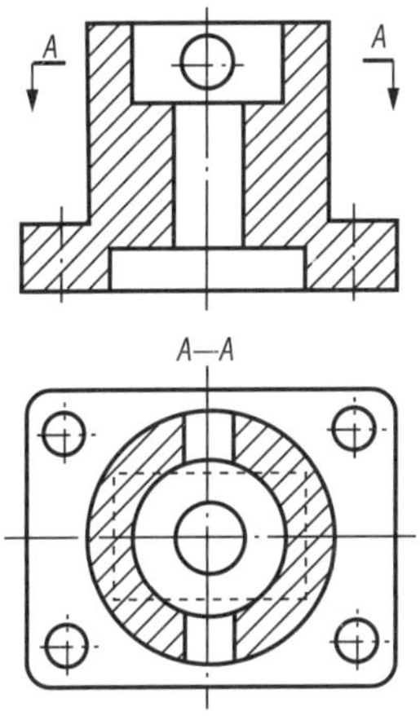

（a）

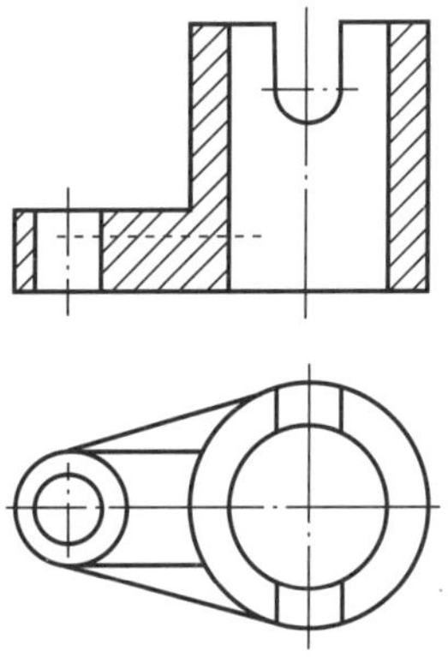
（b）

图 6－17　剖视图中的必要虚线应画出

6.2.2　剖视图的种类

根据假想剖切掉实体的多少，剖视图分为全剖视图、半剖视图和局部剖视图。

1. 全剖视图

假想用剖切平面完全地剖开机件所得到的剖视图称为全剖视图。图 6－18 所示主、左视图都是假想用一个平行于投影面的剖切平面完全地剖开机件后得到的剖视图。

全剖视图应按规定标注。图 6－18（b）所示主视图符合省略标注的规定，而左视图因其剖切平面不通过机件的对称面，因此标注了剖切位置及字母 A—A，该图符合省略箭头的规定。

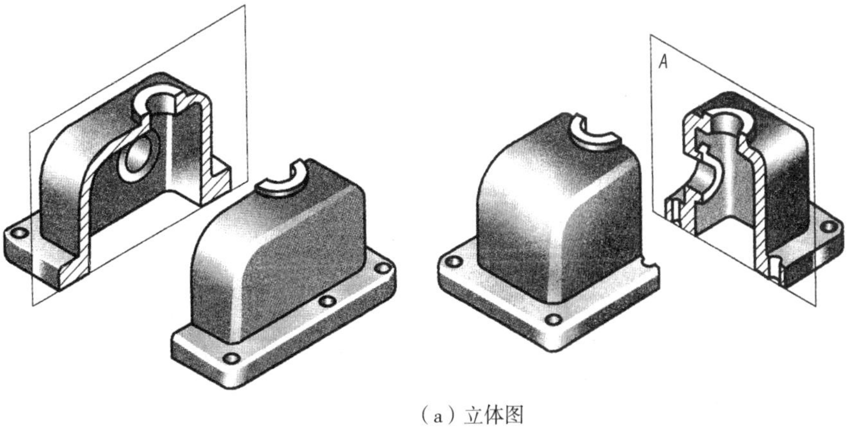

（a）立体图

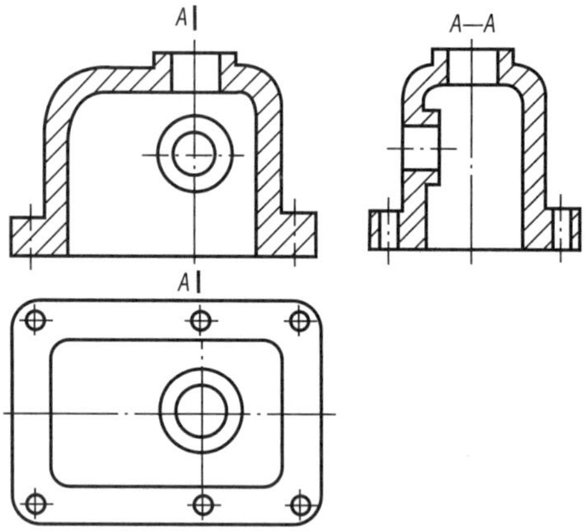

（b）投影图

图 6-18　全剖视图

全剖视图不利于完整地表达机件外部结构，所以适用于外形简单、内部结构复杂的机件。

2. 半剖视图

当机件具有对称平面时，向垂直于对称平面的投影面上投射所得到的图形具有对称性，如果对称中心线不与机件轮廓线的投影重合，可以以对称中心线为界，一半画成视图用以表达外部结构形状，另一半画成剖视图用以表达内部结构形状，这样的剖视图称为半剖视图，如图 6-19 所示。

在图 6-19 中，如果主视图画成全剖视图，则顶板下凸台的形状就不能表达清楚；如果俯视图画成全剖视图，则长方形顶板及其上四个小孔的形状和位置也不能表达出来。图 6-19（b）中主、俯视图都画成了半剖视图，兼顾了内、外形状的表达。

画半剖视图时应注意以下几点：

（1）半剖视图的外形部分和剖视部分的分界线仍要画成细点画线，不能画成粗实线。

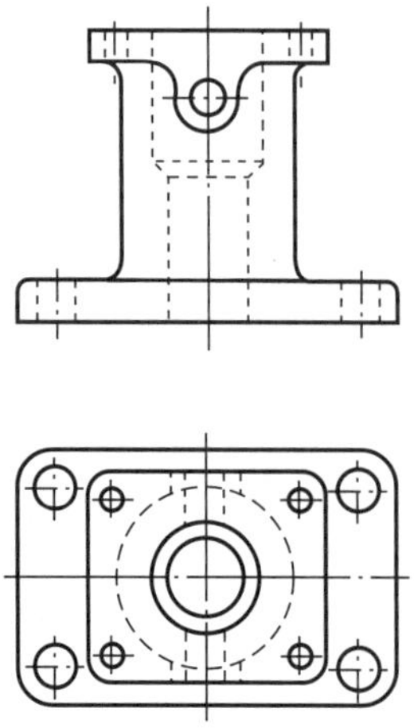

（a）视图

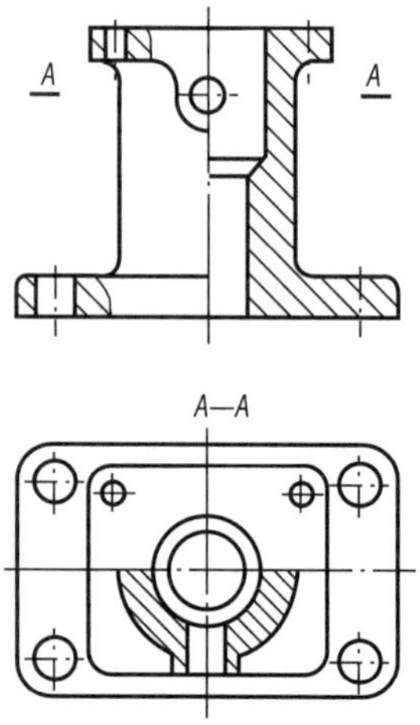

（b）剖视图

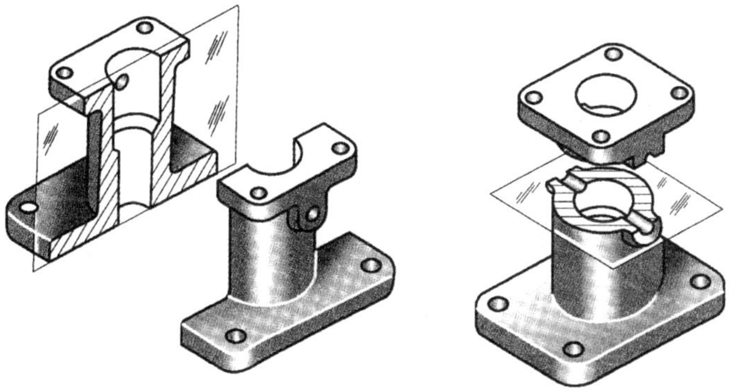

（c）立体图

图 6－19　半剖视图

（2）由于图形对称，零件的内部形状已在剖视部分中表达清楚，所以，在表达外形的另一半视图中，虚线应省略不画。

（3）半剖视图的标注和全剖视图的标注方法相同，如图 6－19（b）中的 $A—A$。

半剖视图能同时表达机件的内、外结构，弥补了全剖视图不利于完整地表达机件外部结构的缺点，常用于内、外形状都需要表达的对称机件。如果机件的形状接近于对称，且不对称的部分已另有图形表达清楚时，也可以画成半剖视图，如图 6－20 所示主视图。如果机件虽具有对称面，但外形十分简单，则没有必要画成半剖视图，如图 6－11 所示主视图。

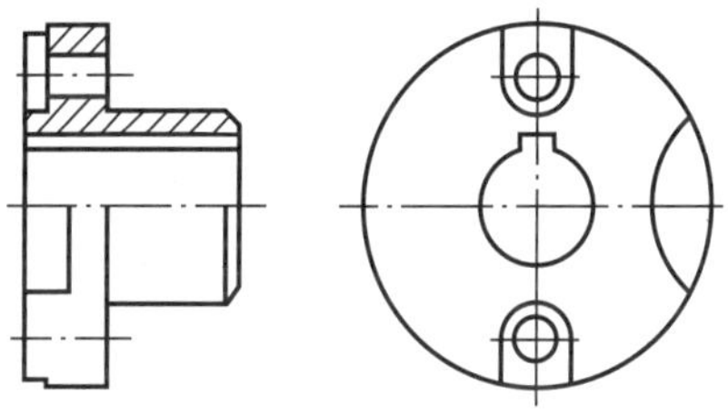

图 6－20

3. 局部剖视图

假想用剖切平面局部地剖开机件所得到的剖视图称为局部剖视图。图 6－21（a）所示机件主、俯视图都是用一个平行于投影面的剖切平面局部地剖开机件，得到剖视图，如图 6－21（b）所示。

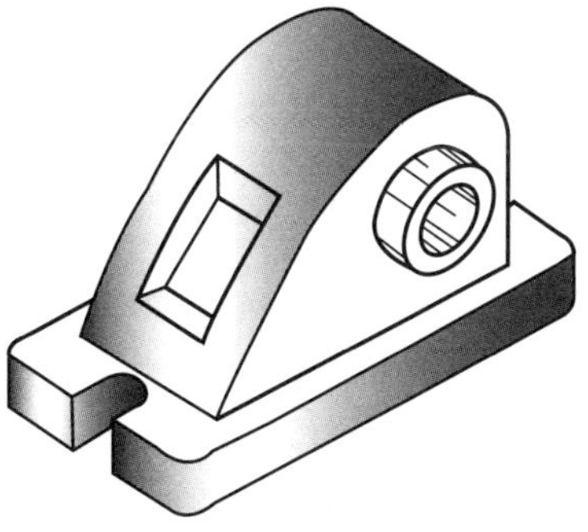

（a）立体图

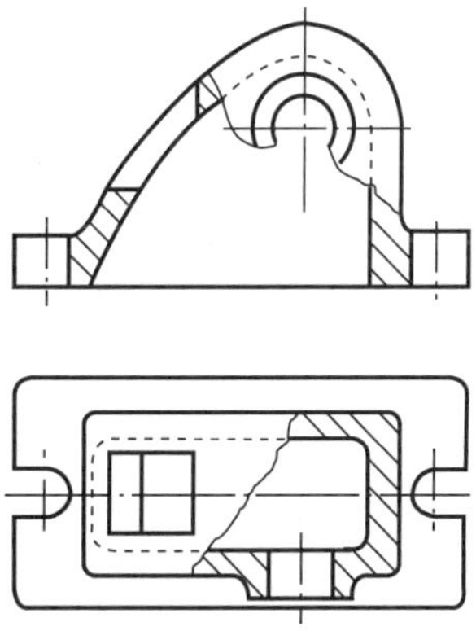

（b）剖视图

图 6－21　局部剖视图

画局部剖视图时，用波浪线表示断裂边界，确定剖切范围，波浪线不要与图形中其他图线重合，也不要画在其他图形的延长线上。波浪线代表机件断裂处的投影，因此，如遇孔、槽，波浪线不能穿空而过，也不能超出视图的轮廓线。图 6－22 所示为几种波浪线的错误画法。

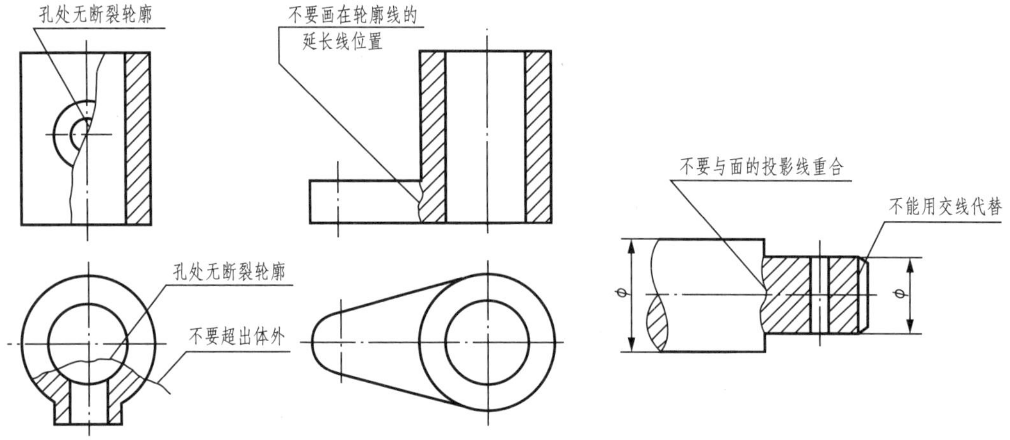

图 6－22　几种波浪线的错误画法

局部剖视图的适用情况：

（1）不对称的机件，既需要表达其内部形状，又需要保留其局部外形，如图 6－21 所示。

（2）对称的机件，但其图形的对称中心线正好与机件轮廓线的投影重合而不宜采用半剖视图，如图 6－23 所示。

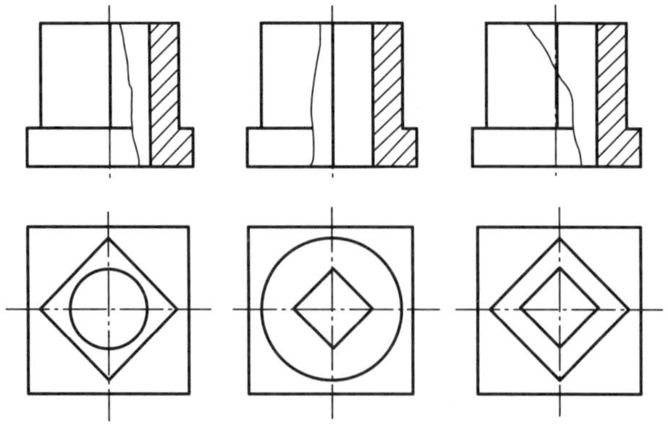

图 6－23　对称机件的局部剖视图

局部剖视图比较灵活，运用恰当，可以使图形简明清晰，但在同一个视图中，局部剖视的数量不宜过多，否则会使图形过于零碎。剖切位置明显时，局部剖视图可以省略标注。

6.2.3　剖切面的形式

1. 单一剖切面

前面所接触到的几种剖视图均为采用平行于某一基本投影面的单一剖切平面剖开机件后所得，单一剖切面还可以用投影面的垂直面，当机件上具有倾斜部分时可采用此剖切面剖切，如图 6－24（a）所示弯管。图 6－24（b）中 A—A 就是用正垂面作剖切平面获得的全剖视图，既表达上端法兰结构的形状特征，又表达凸台及孔的情况。

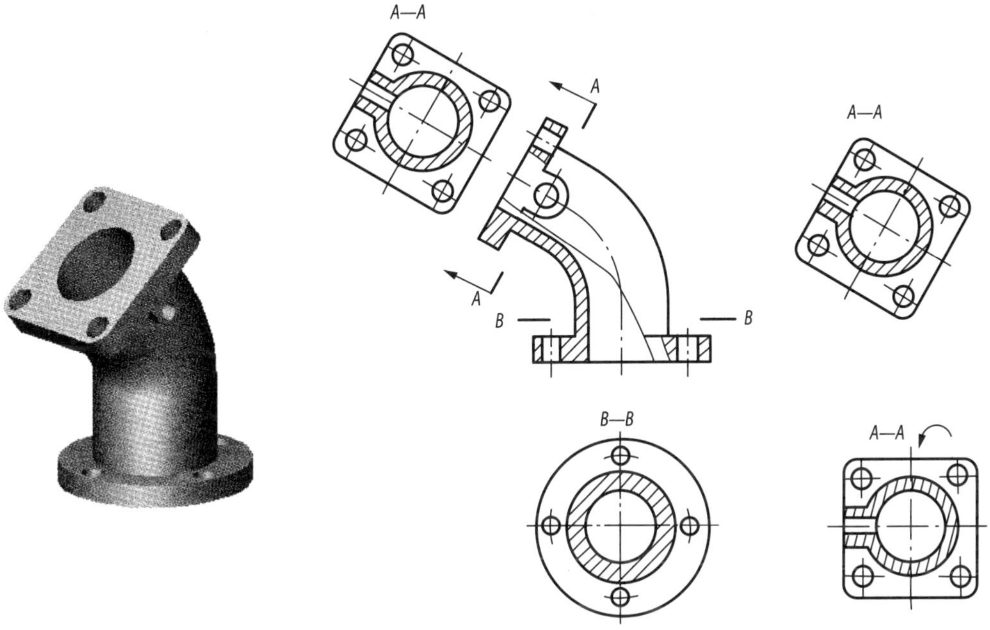

（a）立体图　　　（b）剖视图

图 6－24　用单一的投影面垂直面作剖切平面的剖视图

采用单一的投影面垂直面作剖切平面获得的剖视图必须标注剖切符号和剖视图的名称。注写的字母必须水平书写。图形位置的配置与斜视图类似，即一般按投影关系配置，必要时可以配置在其他适当的位置，如图 6－24（b）所示。在不致引起误解时，允许将图形适当旋转，但需加注旋转符号，如图 6－24（b）中的“A—A↶”。

2. 几个相交的剖切平面（交线垂直于某一基本投影面）

用相交的剖切平面剖切的形式通常适用于机件具有较明显回转轴线且用单一平面剖切不能完全表达内部结构的情况。图 6－25（a）所示机件，需采用两个相交的剖切平面（交线垂直于 V 面）进行剖切才能在左视图中把内部情况表达完整，投影图如图 6－25（b）所示。

注意：

（1）采用相交的剖切平面剖开机件画剖视图时，应先将倾斜剖切平面切到的结构及其有关部分绕交线（旋转轴）旋转到与选定投影面平行后再进行投射，如图 6－25 所示。

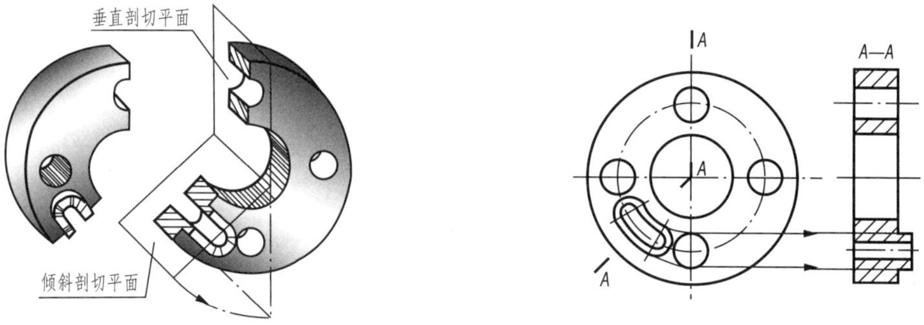

（a）　　（b）

图 6－25　用两相交剖切平面剖切的剖视图

（2）用相交的剖切平面剖切，剖切平面后面的结构仍按原位置投射，如图 6－26 所示机件上油孔的投影。

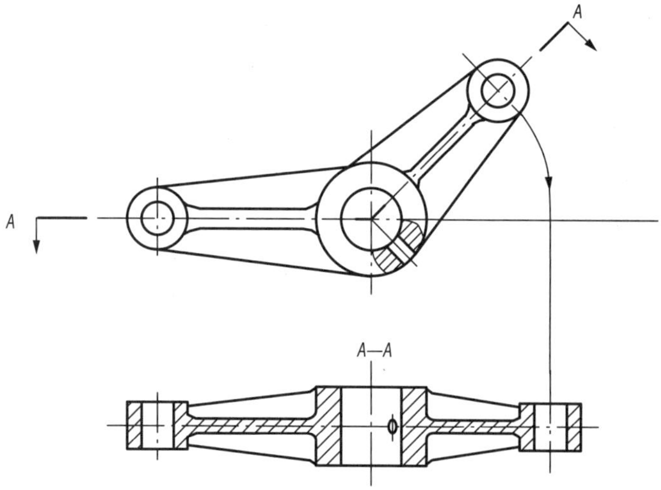

图 6－26　摇杆用两相交剖切平面剖切的剖视图

（3）当剖切后产生不完整要素时，应将此部分按不剖绘制，如图 6－27 中的臂。

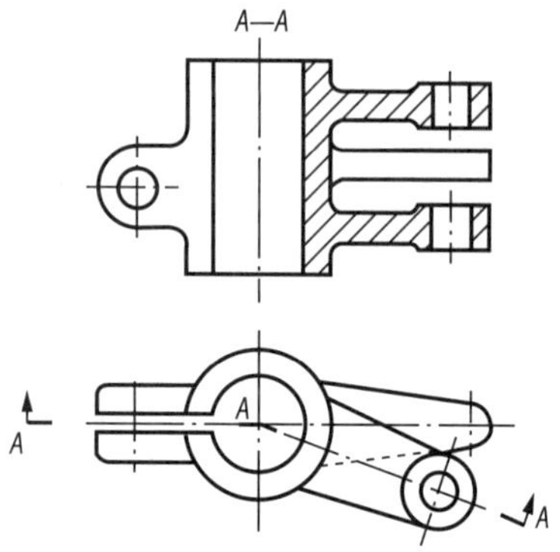

图 6－27　夹臂套筒用两相交剖切平面剖切的剖视图

采用这种剖切平面获得的剖视图必须进行标注，如图 6－25～图 6－27 所示。表示投射方向的箭头应与表示剖切位置的粗短画线在外端垂直。若剖视图按投影关系配置，中间无图形隔开，允许省略箭头；当剖切平面转折处地方有限且不致引起误解时，允许省略转折处字母。字母应水平书写。

连续用几个相交剖切平面剖切时可采用展开画法获得剖视图并标注“×—×展开”，如图 6－28 所示。

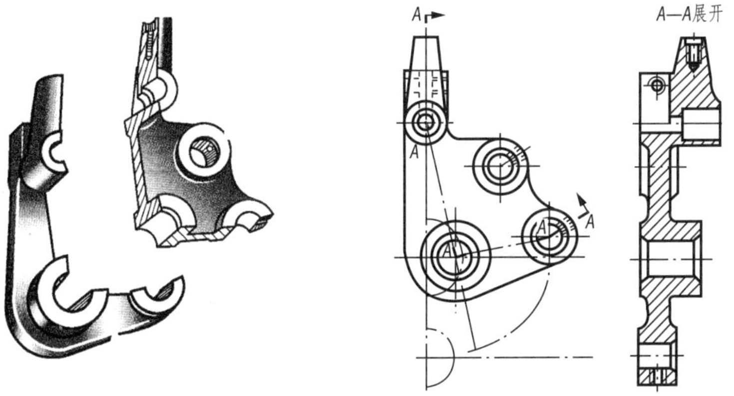

图 6 - 28　连续用几个相交剖切平面剖切并采用展开画法的剖视图

3. 几个平行的剖切平面

当机件上有较多的内部结构形状，而它们的轴线又不在同一平面内时，可用几个相互平行的剖切平面将机件剖开。如图 6 - 29 所示机件，用三个相互平行的剖切平面剖开，将主视图画成全剖视图。

采用这种剖切平面获得的剖视图也必须进行标注，标注方法与用相交的剖切平面剖切获得的剖视图的标注要求基本一致，如图 6 - 29 所示。

用这种剖切平面获得剖视图应注意以下几点：

（1）几个相互平行的剖切平面转折处为直角。

（2）在剖视图中不应画出两剖切平面转折处的投影，如图 6 - 29（c）所示。

（3）剖切平面转折处不应与图上的轮廓线重合，如图 6 - 29（c）所示。

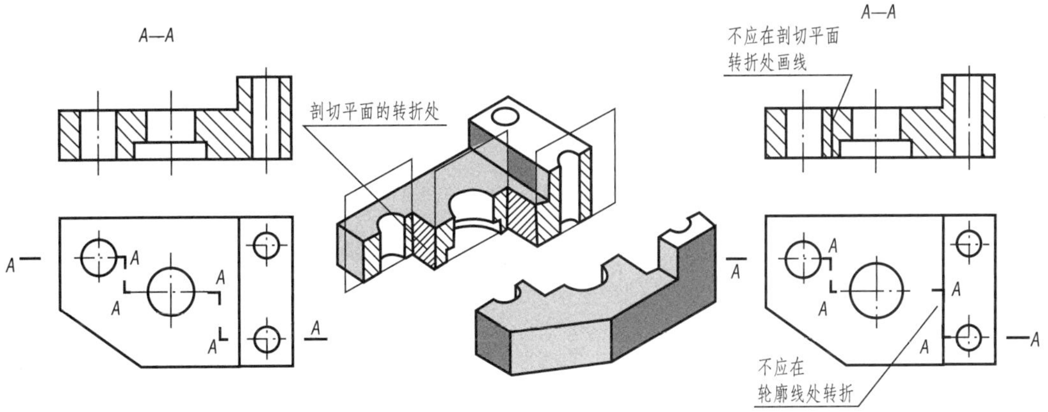

（a）投影图　（b）立体图　（c）错误画法

图 6 - 29　用几个平行剖切平面剖切的剖视图

（4）在剖视图中不应出现不完整要素，如图 6 - 30（b）所示。只有当两个要素在图形上具有公共对称中心线或轴线时，可以以公共对称中心线或轴线为界，各画一半，如图 6 - 31 所示。

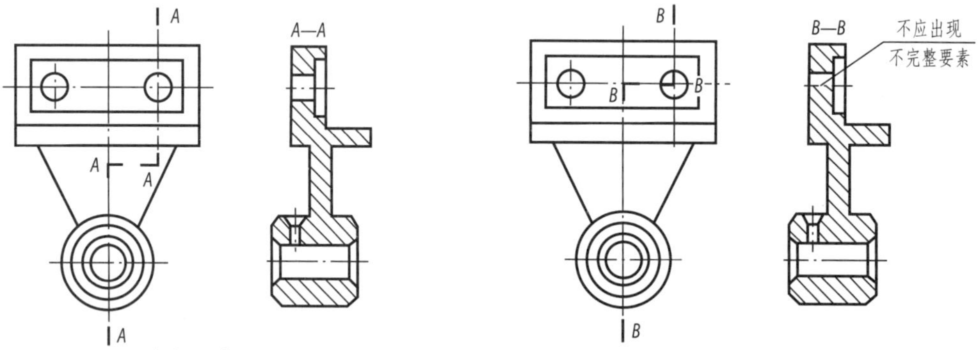

（a）正确　　　　　　（b）错误

图 6-30　悬吊轴承用几个平行剖切平面剖切的剖视图

当机件的内部结构形状较多，用以上剖切平面单独使用不能表达完全时，可以采用组合的剖切平面剖开机件，如图 6-32 所示全剖视图 *A*—*A*。

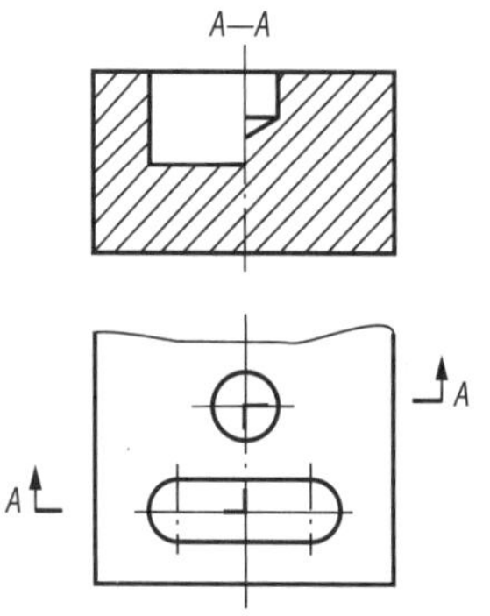

图 6-31　用几个平行剖切平面剖切具有公共对称中心线结构的剖视图

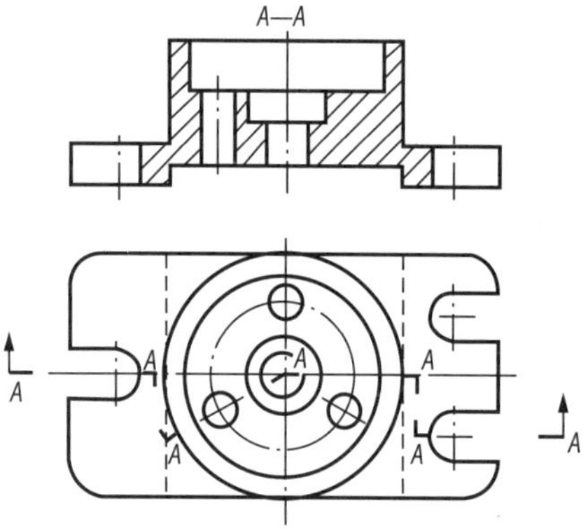

图 6-32　用组合剖切平面剖切的剖视图

6.3　断面图

6.3.1　断面图的概念

假想用剖切平面将机件某处剖开，仅画出断面的图形，这个图形称为断面图。断面图通常用来表示机件上某一结构的断面形状，如肋板、轮辐、轴上键槽和孔等。

图 6-33（a）所示为轴的两视图。在图 6-33（a）中的左视图上，虽表示出了直径不相同的各轴段的形状及键槽、通孔的投影，但图形很不清楚。为了清晰表达轴左侧键槽深度及右侧孔的深浅，可采用如图 6-33（b）所示的方法，假想在键槽和孔处用垂直轴线的

剖切平面将轴切开，画出如图 6－33（c）、（d）所示的断面图。

对比图 6－33（c）、（e）可知，断面图和剖视图的区别在于：断面图仅画出机件的断面形状，而剖视图则是将机件处在观察者与剖切平面之间的部分移去后，除了断面形状外，还要画出机件留下部分的投影。正因如此，在一些机件的表达中，采用断面图比剖视图更显得简洁明了。

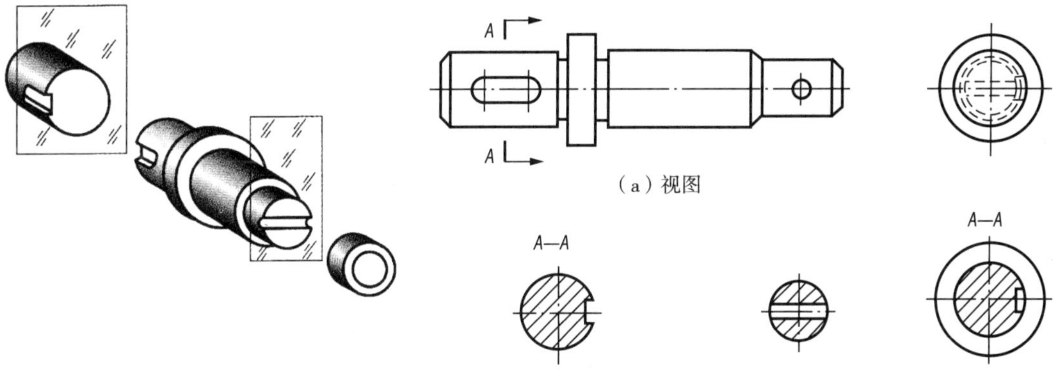

（a）视图　（b）画断面图的过程　（c）A—A断面图　（d）断面图　（e）A—A剖视图

图 6－33　轴的视图、断面图和剖视图的区别

又如图 6－34 所示机件左侧三角形肋板，从肋板前表面到后表面的过渡情况只有假想用剖切平面垂直于所需表达结构的主要轮廓切开，画出断面图，才能表达得既淋漓尽致，又简洁明了。图 6－34 中画出了肋板从前表面到后表面过渡的两种情况下的断面图。

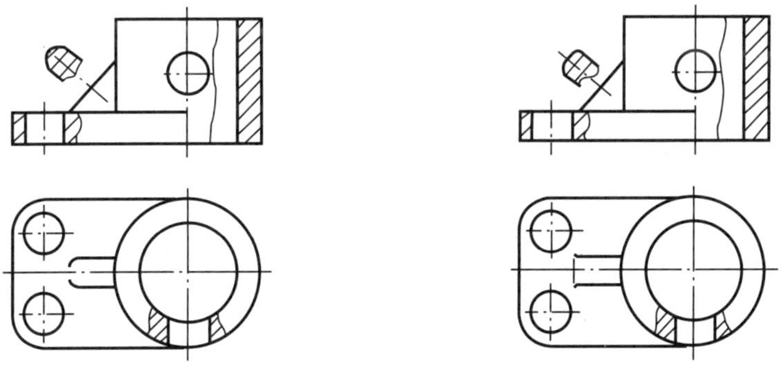

（a）　（b）

图 6－34　机件上肋板的断面图

6.3.2　断面图的种类、画法及标注

根据断面图布置位置的不同，断面图分为移出断面图和重合断面图两种。

画在视图外的断面图，称为移出断面图，如图 6－35～图 6－38 所示。画在视图内的断面图，称为重合断面图，如图 6－39 所示。

1. 移出断面图的画法及标注

（1）移出断面图的画法

① 移出断面图轮廓线用粗实线绘制，同时画上剖面符号，如图 6 - 35 所示。

② 移出断面图应尽量配置在剖切符号或剖切线（用细点画线表示）的延长线上，如图 6 - 33（d）、图 6 - 34、图 6 - 35（a）左侧断面、图 6 - 35（b）和图 6 - 35（c）所示。必要时可配置在其他位置上，如图 6 - 33（c）、图 6 - 35（a）右侧断面所示。在不致引起误解时，允许将图形旋转，但必须用旋转符号注明旋转方向，如图 6 - 36 中 *A*—*A* 所示。

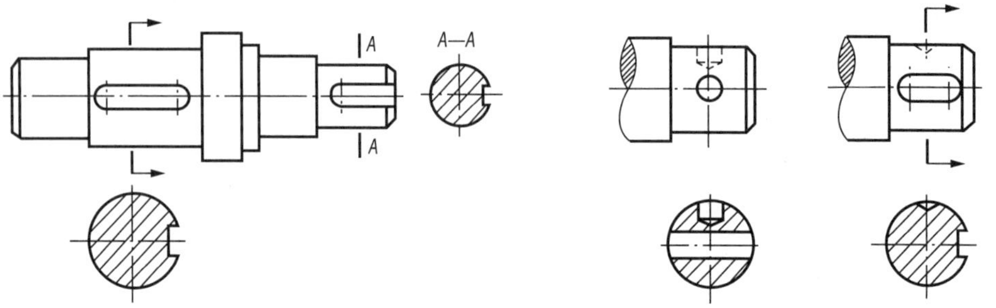

（a）　（b）　（c）

图 6 - 35　轴的移出断面图

③ 当剖切平面通过回转面形成孔或凹坑轴线时，这些结构的断面图按剖视图绘制，即画成闭合图形，如图 6 - 33（d）、图 6 - 35（b）、图 6 - 35（c）所示。

④ 当剖切平面通过非圆孔会导致出现完全分离的断面时，这些结构的断面图按剖视图绘制，如图 6 - 36 中 *A*—*A* 所示。

⑤ 断面图对称时，可画在视图中断处，如图 6 - 37 所示。

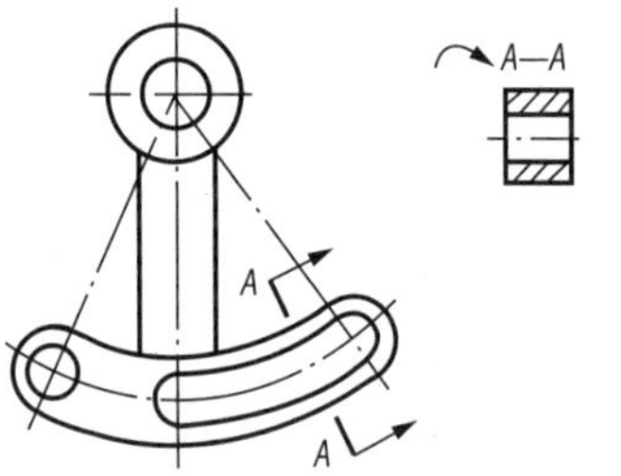

图 6 - 36　按剖视绘制的移出断面图及断面图的旋转图

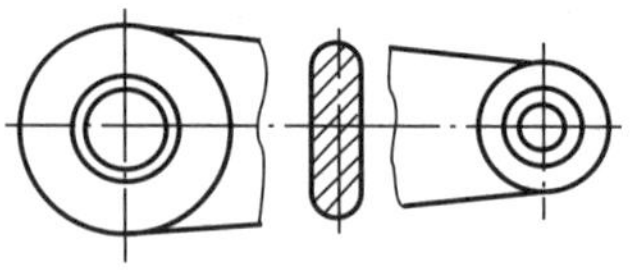

图 6 - 37　移出断面图布置在视图中断处

⑥ 用两个剖切平面剖切得到的移出断面图，中间应断开，每个剖切平面都应该垂直于所需表达机件结构的主要轮廓或轴线，如图 6 - 38 所示。

（2）移出断面图的标注　移出断面图一般应用剖切符号表示剖切位置和投射方向，注上字母，并在断面图上方用同样的字母标出相应的名称“×—×”，如图 6 - 33（c）和图 6 - 36所示。

在下面几种情况下，可以部分或全部省略标注。

① 配置在剖切线或剖切符号延长线上的移出断面图，可省略字母，如图 6－33（d）、图 6－34、图 6－35（a）左侧断面及图 6－35（b）和图 6－35（c）所示。

② 对称移出断面图以及按投影关系配置的移出断面图，可省略箭头。图 6－33（d）、图 6－34、图 6－35（b）属于对称移出断面图，图 6－35（a）右侧断面 $A—A$ 属于按投影关系配置的情况，均省略了箭头。

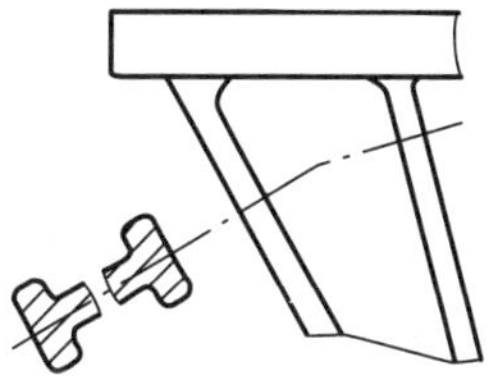

图 6－38

③ 配置在剖切线延长线上的对称移出断面图以及配置在视图中断处的移出断面图，不需标注，如图 6－33（d）、图 6－34、图 6－35（b）、图 6－37 和图 6－38 所示。

2. 重合断面图的画法及标注

（1）重合断面图的画法　用细实线绘制重合断面图的轮廓线，同时画上剖面符号。当视图中的轮廓线与重合断面图重合时，视图中的轮廓线应连续画出，不可间断，如图 6－39所示。

（2）重合断面图的标注　对称的重合断面图不需标注，如图 6－39（a）所示；不对称的重合断面图不必标注字母，但仍要在剖切符号处画上箭头，以表明投射方向，如图 6－39（b）所示。

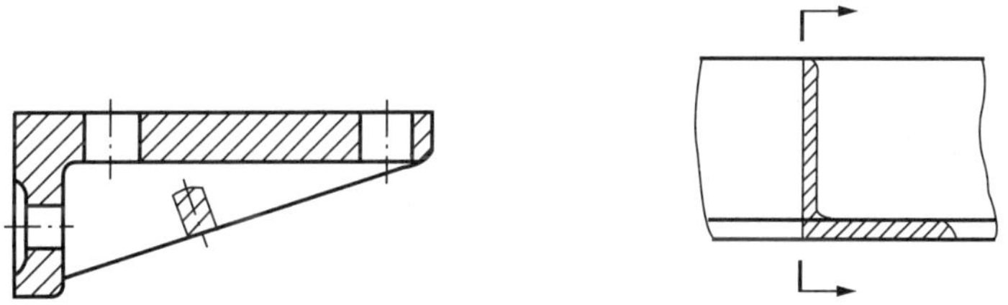

（a）对称的重合断面图　　（b）不对称的重合断面图

图 6－39　重合断面图的画法及标注

6.4　其他表达方法

6.4.1　规定画法

1. 局部放大法

将机件的部分结构，用大于原图形所采用的比例画出的图形，称为局部放大图。如图 6－40 所示机件的螺纹退刀槽和挡圈槽的局部放大图。当机件上的某些细小结构在原图形中表达得不清楚或不便于标注尺寸时，可采用局部放大图。局部放大图可以画成剖视图、断面图或视图，与被放大部位的表达方法无关。

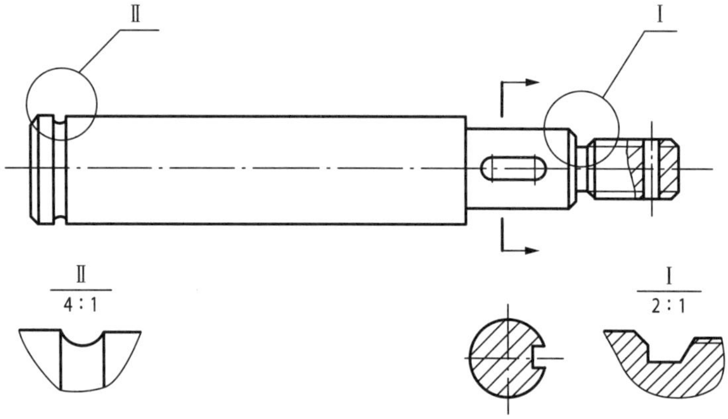

图 6-40 局部放大图

绘制局部放大图时，应用细实线的圆或长圆圈出被放大部位，并尽量将图形配置在被放大部位的附近，便于对照阅读。当一机件上有几个需要放大的部位时，必须用罗马数字依次标明被放大部位，并在局部放大图的上方标注出相应的罗马数字和所采用的比例。当机件上只有一个被放大部位时，在局部放大图上方只需注明所采用的比例。

2. 剖视图中肋板、轮辐、薄壁等结构的规定画法

(1) 机件上经常有肋板、轮辐及薄壁等结构，国家标准规定：当剖切平面通过机件上肋板、轮辐及薄壁等结构的对称面或基本轴线（即纵向剖切）时，这些结构都不画剖面符号，而用粗实线将它与其邻接部分分开。

图 6-41 所示轴承座，其上下两部分用支承板连接，中间有起加强作用的肋板。轴承座的左视图、俯视图均画成了全剖视图。左视图中肋板属于纵向剖切，按此项规定不画剖面符号。俯视图中肋板被横向剖切，在反映其厚度的剖视图上，要画出剖面符号。

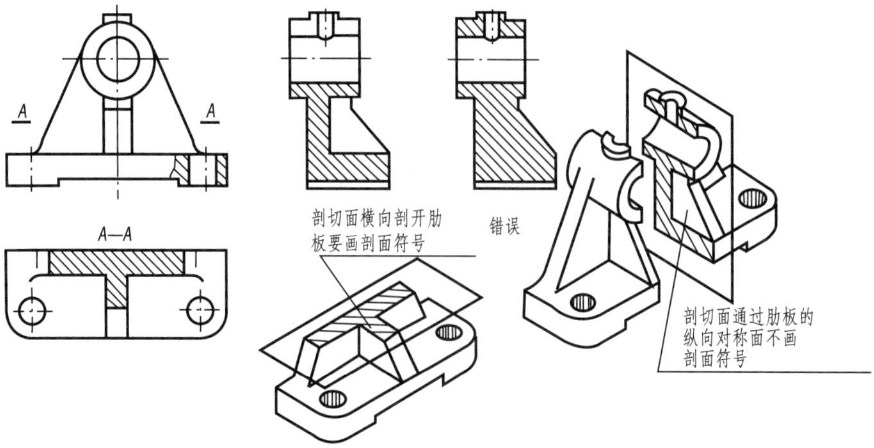

图 6-41 肋板结构在剖视图中的画法

（2）当回转零件上成辐射状均匀分布的肋板、轮辐、孔等结构不处于剖切平面上时，可将这些结构旋转到剖切平面上画出，如图 6－42 所示左侧机件底板上的安装孔及右侧机件上的肋板及阶梯孔、图 6－43 所示轮辐。

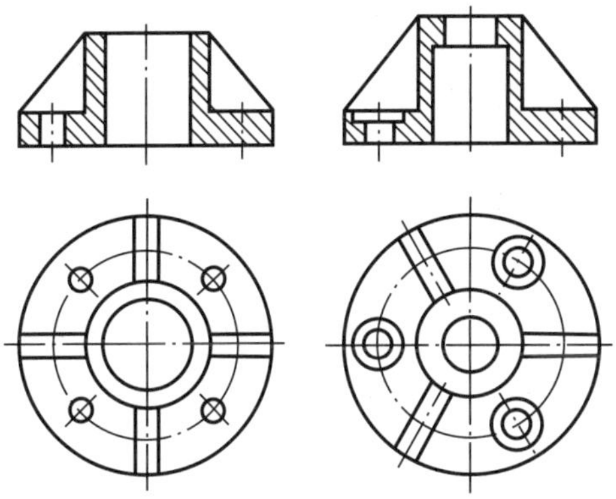

图 6－42　均匀分布的肋板、孔在剖视图中的画法

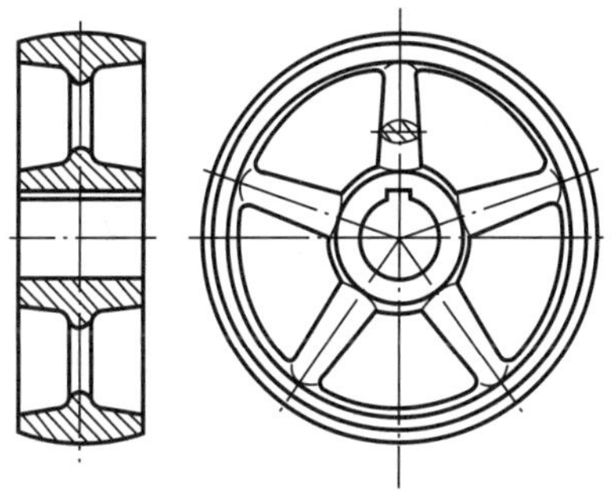

图 6－43　轮辐在剖视图中的画法

6.4.2　简化画法

简化画法是在不妨碍完整、清晰地表达机件形状的前提下，力求制图简便、看图方便的一些简化表达方法。采用简化画法时，应遵循《技术制图》和《机械制图》国家标准的有关规定。这里扼要介绍国家标准常用的一些简化方法。

1. 相同结构的省略画法

（1）当机件具有若干相同结构（如齿、槽等）并按一定规律分布时，只需要画出几个完整的结构，其余用连续的细实线代替其外形轮廓，但在零件图中必须注明该结构的总数，如图 6－44 所示。

（2）当机件具有若干个尺寸相同且成一定规律分布的孔（圆孔、螺孔、沉孔等）时，可以仅画出一个或几个，其余只需用细点画线表示出孔的中心位置，但在零件图中应注明孔的总数，如图 6－45 所示。

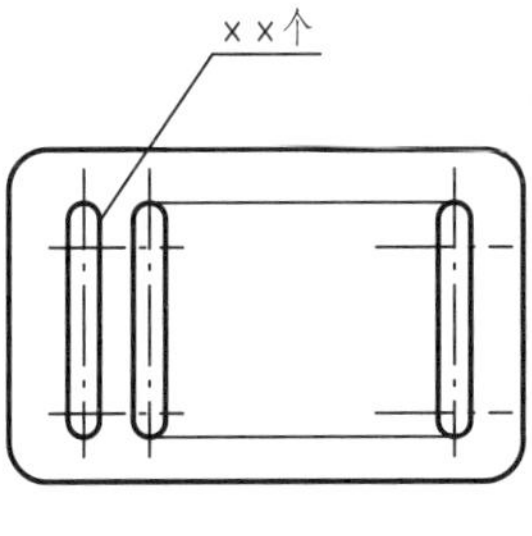

图 6－44　相同结构的表达方法

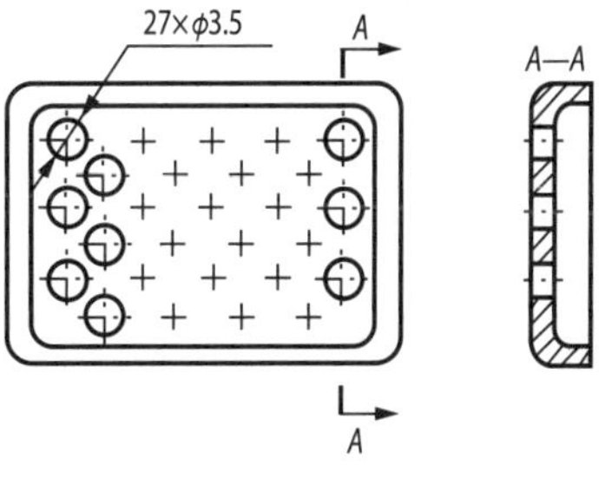

图 6－45　孔规律分布时的表达方法

（3）对于网状物、编织物或机件上的滚花部分，用粗实线全部或部分地表示出来，并在图样上或技术要求中注明这些结构的具体要求，如图 6－46 所示。

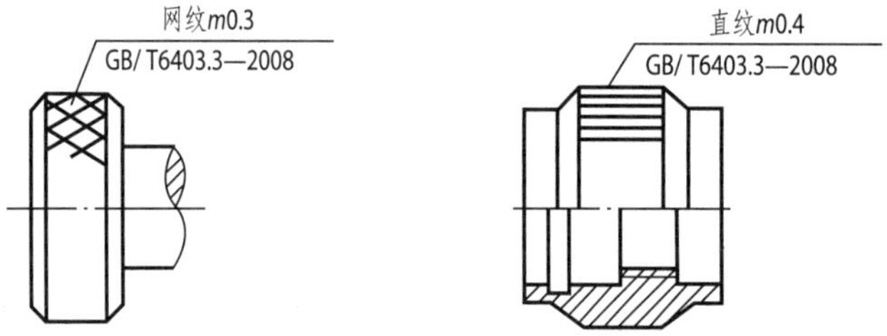

图 6-46　滚花的表达方法

2. 图形中较小结构的规定画法

（1）机件上较小结构所产生的截交线、相贯线，如果在一个图形中已表示清楚，则在其他图形中可以简化或省略，如图 6-47（a）所示轴上加工键槽产生的截交线、相贯线，图 6-47（b）所示轴被切产生的截交线。

（2）对于机件上斜度不大的结构，如在一个图形中已表达清楚，其他图形可以只按小端画出，如图 6-48 所示。

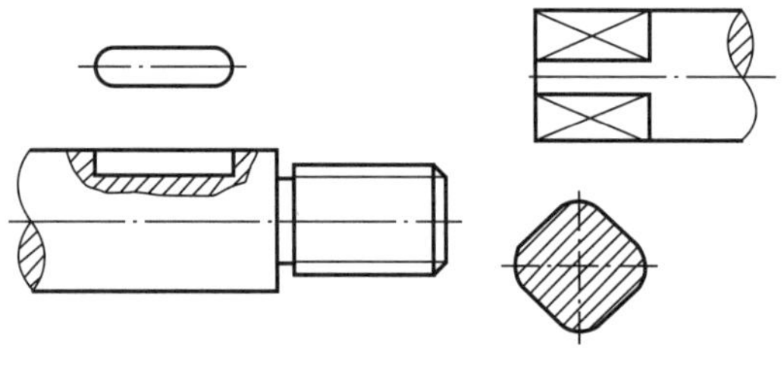

（a）　　　（b）

图 6-47　机件上较小结构产生的交线的简化画法

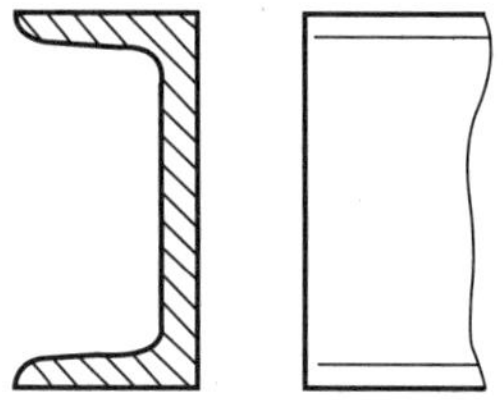

图 6-48　小斜度结构的简化画法

（3）在不致引起误解时，机件的小圆角、锐边小倒圆、45°小倒角允许省略不画，但必须注明尺寸或在技术要求中加以说明，如图 6-49 所示，图中的“C”代表 45°倒角。

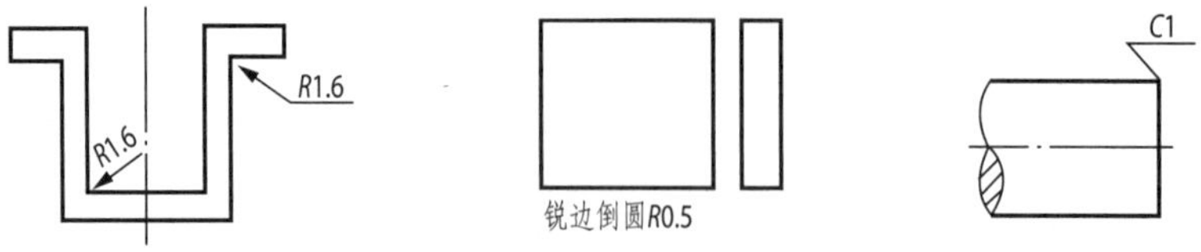

（a）小圆角　　　（b）锐边倒圆　　　（c）小倒角

图 6-49　小圆角、小倒角等结构的简化画法

3. 图形的其他省略和规定画法

（1）在不致引起误解时，对称机件视图可以只画一半或四分之一，并在对称中心线两端画出两条与其垂直的平行细实线，如图 6-50 所示。

（2）较长的机件（轴、杆、型材、连杆等）沿长度方向的形状一致或按一定规律变化时，允许断开缩短绘制（用波浪线表示断裂边界），但必须按机件原来的实际长度标注尺

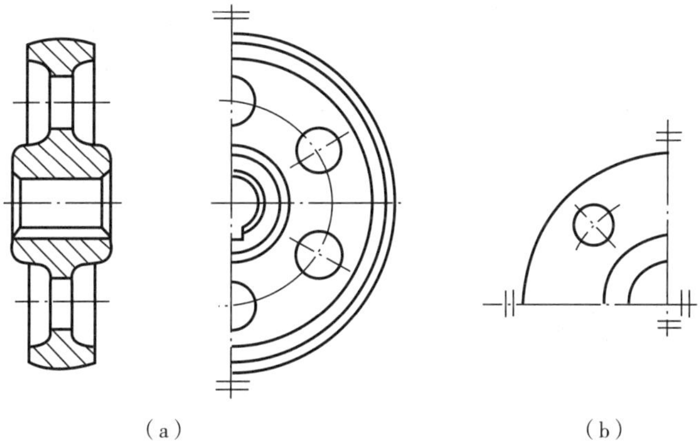

图 6-50　对称机件视图的简化画法

寸，如图 6-51 所示。实心圆柱和空心圆柱断裂处也可以按图 6-52 所示绘制。

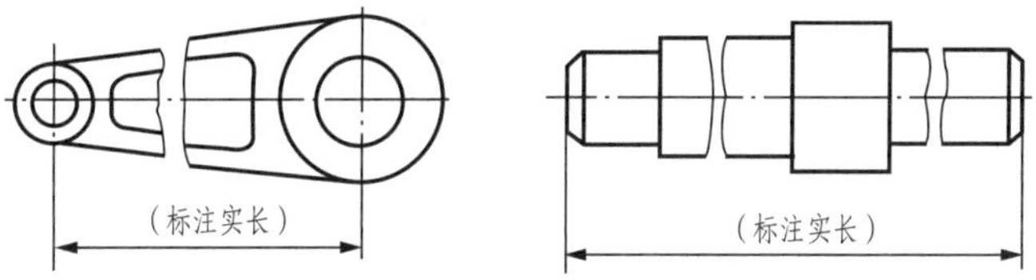

(a) 形状按一定规律变化　　(b) 形状一致

图 6-51　较长机件的简化画法

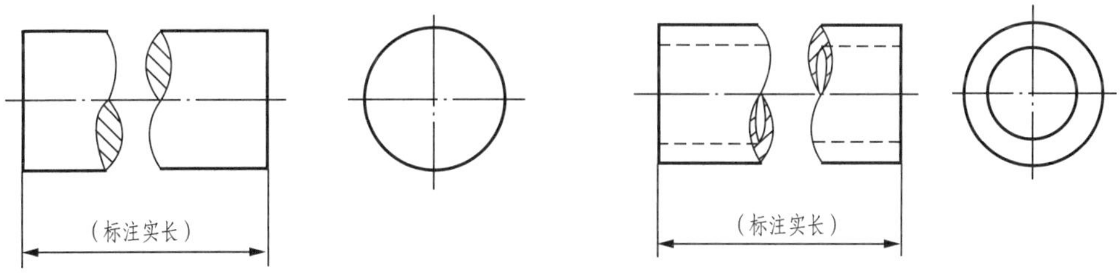

(a) 实心圆柱断裂处的简化画法　　(b) 空心圆柱断裂处的简化画法

图 6-52　实心圆柱和空心圆柱断裂处的简化画法

(3) 零件上对称结构的局部视图，可单独画出，如图 6-47 (a) 所示键槽的局部视图。

(4) 当图形不能充分表达平面时，可用平面符号（用两条细实线画出对角线）表示，如图 6-53 所示。

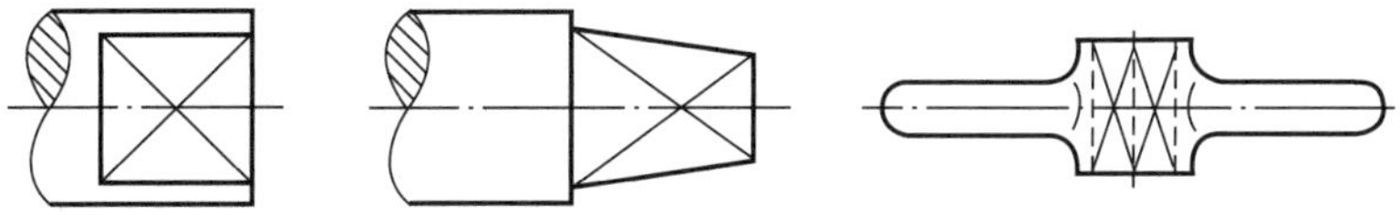

图 6-53　用平面符号表示平面

（5）在剖视图的剖面中可再进行一次局部剖视。采用这种表达方法时，两个剖面的剖面线应同方向、同间隔，但需相互错开，并用引出线标注其名称，如图 6－54 所示。如果剖切位置明显，也可省略标注。

（6）在需要表示位于剖切平面前的结构时，这些结构按假想投影的轮廓线（细双点画线）绘制，如图 6－55 所示。

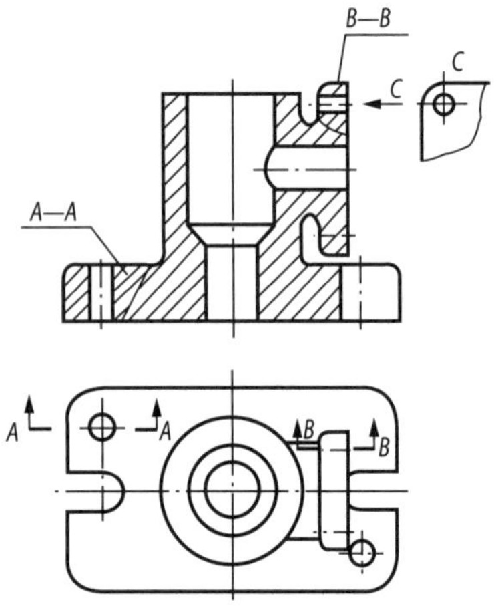

图 6－54　剖视图的剖面中再进行局部剖视的画法

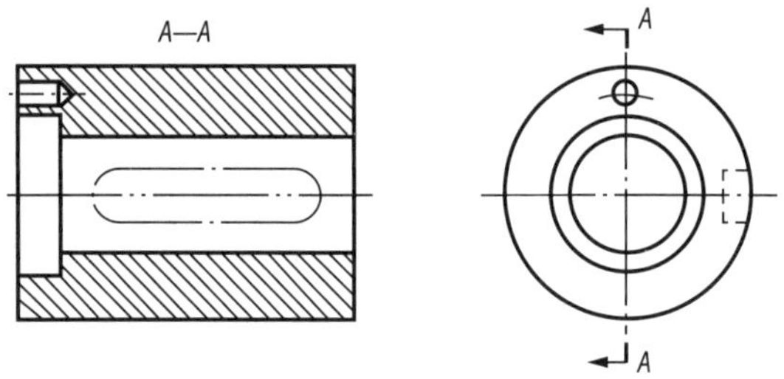

图 6－55　剖切平面前结构的画法

（7）在不致引起误解时，剖视图及零件的移出断面图，允许省略剖面符号，但剖视图及断面图的标注必须符合规定，如图 6－56 所示。

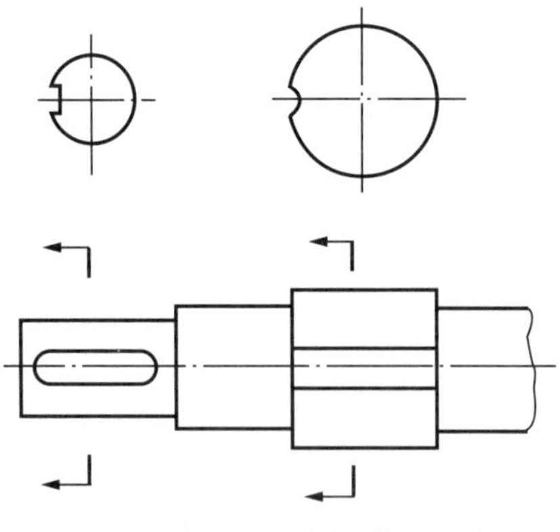

图 6－56　断面图中剖面符号的省略

6.5　综合应用举例

泵盖的三维造型如图 6－57（a）所示，其内部的不可见结构比较多，若用两个视图来表达其形状，如图 6－57（b）所示，则在主视图中会用较多的虚线。过多的虚线会影响图形的清晰度，不便于读图和标注尺寸。为了清晰地表达零件的内部结构和形状，国家标准规定了剖视的表达方法。

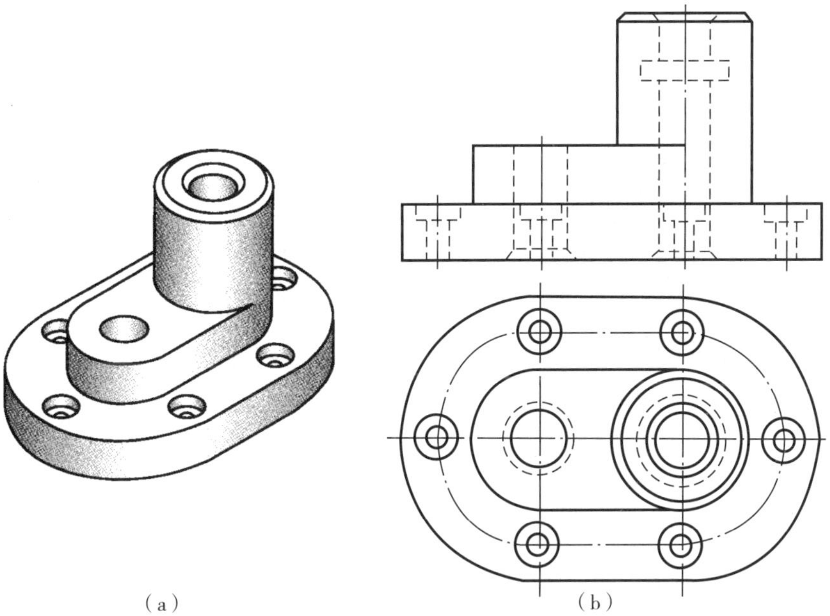

（a）　　　　　　　　　　　　　（b）

图 6－57　泵盖及其两视图

相关知识：

假想用剖切面剖开机件，将处在观察者和剖切面之间的部分移去，而将其余部分向投影面投射所得的图形称为剖视图，简称剖视。剖切面为平面或柱面。

如图 6－58（a）所示。假想用一平面沿机件的前后对称面将其剖开，将处在观察者和剖切面之间的前半部分移去，只将剖切断面和断面后的可见部分沿箭头所指的方向进行投射，即得到如图 6－58（b）所示的剖视图。

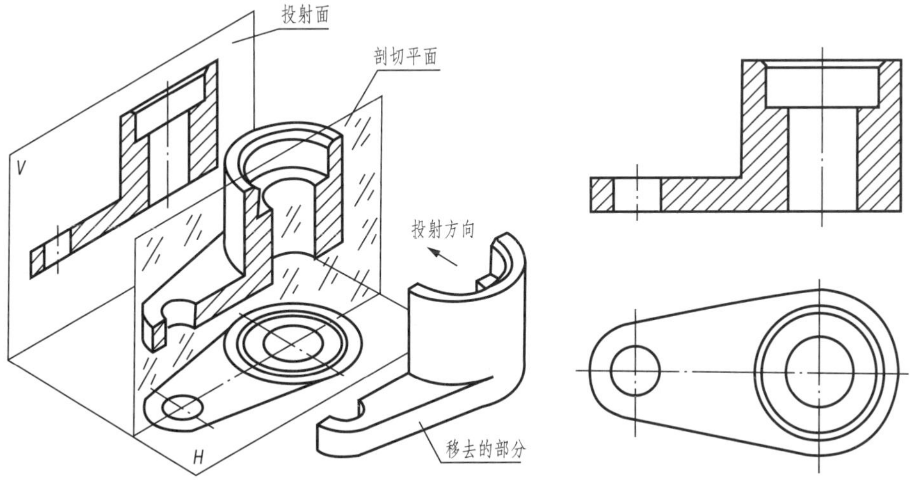

（a）　　　　　　　　　　　　　（b）

图 6－58　剖视图的形成

有了剖视图的知识，对于泵盖这样内部结构较复杂的机件，主视图若再用视图表达，显然已不合适，应采用剖视图来表达。因为泵盖形体对称，所以从正中全剖，如图 6-59（a）所示，其表达方案如图 6-59（b）所示。

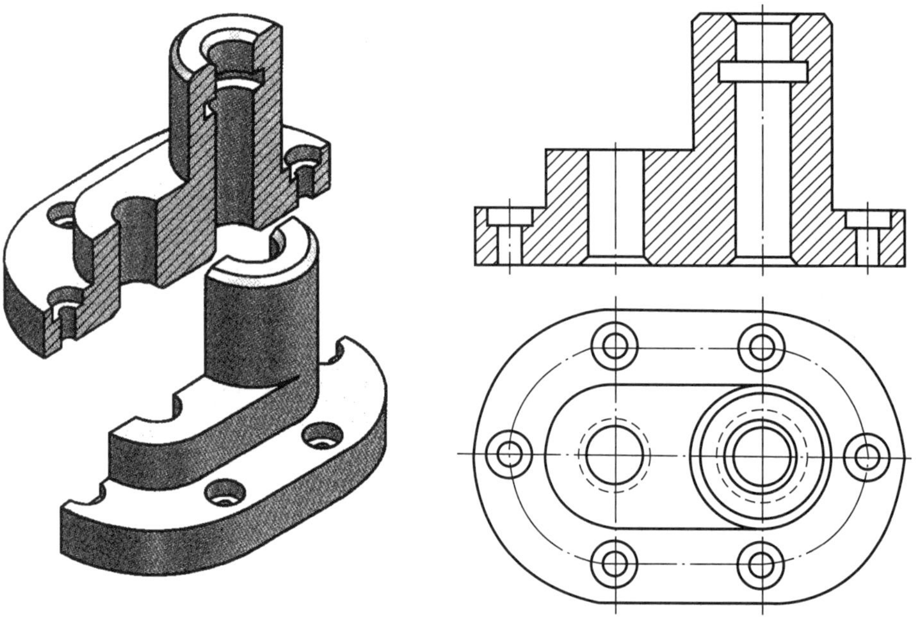

（a）　　（b）

图 6-59　泵盖剖视图表达方案

当零件外形简单、内形复杂且形体又不对称时，可采用全剖视的方法表达内形，由于外形简单，可由其他视图表达清楚。注意剖切符号的标记，当剖切在对称面上，剖视图按投影方向布置，中间没有其他图隔开，可省略标记。注意肋板剖切要按规定画法绘制。

本章小结

本章介绍了国家标准中规定的一些表达机件的方法：视图、剖视图、断面图、局部放大图、简化画法等。

在掌握这些表达方法的基础上，还要学会灵活运用这些方法，在表达机件时，首先要分析机件形状的结构特点，即分析机件的内部和外部、整体和局部、正的和斜的等关系，从而选取合适的表达方法，把机件的结构完整地、正确地表达出来。

第 7 章　标准件和常用件

在机器或部件中，除一般零件外，还广泛使用螺栓、螺钉、螺母、垫圈、键、销和滚动轴承等零件，这类零件的结构和尺寸均已标准化，称为标准件。还经常使用齿轮、弹簧等零件，这类零件的部分结构和参数也已标准化，称为常用件。由于标准化，这些零件可由一些专门的工厂进行大批量的生产，以提高生产率、保证质量、降低成本。在进行设计、装配和维修机器时，可以按规格选用和更换。

本章介绍标准件与常用件的基本知识、规定画法、代号与标记以及相关标准表格的查用。

7.1　螺纹及螺纹紧固件

7.1.1　螺纹的基本知识

1. 螺纹的形成

螺纹是在圆柱体表面上沿着螺旋线所形成的螺旋体，具有相同轴向断面的连续凸起和沟槽。在圆柱（或圆锥）外表面上所形成的螺纹称为外螺纹；在圆柱（或圆锥）内表面上所形成的螺纹称为内螺纹，如图 7 - 1 所示。

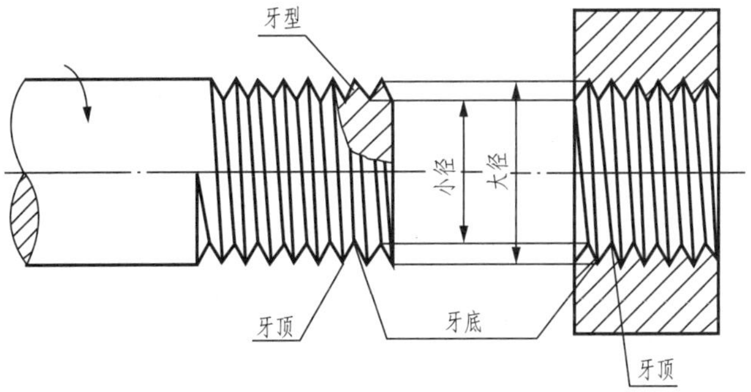

图 7 - 1　外螺纹和内螺纹

2. 螺纹的要素

(1) 牙型

沿螺纹轴线方向剖切所得到的螺纹的断面形状，称为螺纹的牙型。常见螺纹牙型有三角形、梯形、锯齿形和矩形等。

（2）公称直径

公称直径是代表螺纹的规格尺寸的直径，一般是指螺纹的大径。螺纹大径是与外螺纹牙顶或内螺纹牙底相切的假想圆柱面的直径，用 d（外螺纹）或 D（内螺纹）表示；小径是与外螺纹牙底或内螺纹牙顶相切的假想圆柱面的直径，用 d_1（外螺纹）或 D_1（内螺纹）表示；在大小径之间设想有一圆柱，其母线通过牙型上沟槽和凸起宽度相等处，则该假想圆柱的直径称为螺纹中径，用 d_2（外螺纹）或 D_2（内螺纹）表示。

（3）线数

螺纹有单线和多线之分，沿一条螺旋线形成的螺纹，称为单线螺纹，如图 7－2（a）所示；沿两条或两条以上螺旋线所形成的螺纹称为多线螺纹，用 n 表示。

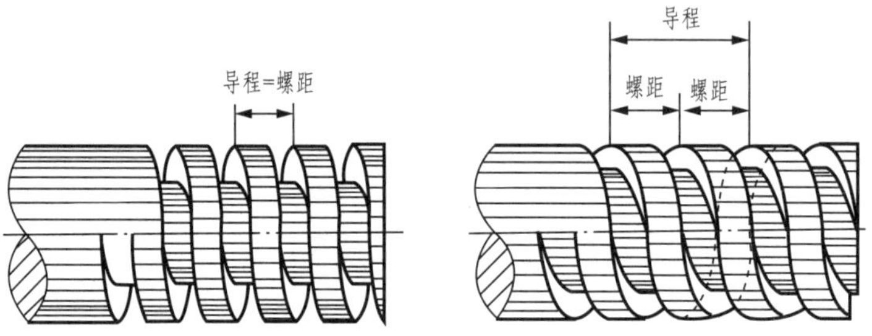

（a）单线螺纹　　（b）双线螺纹

图 7－2　螺纹的线数

（4）螺距和导程

螺纹相邻两牙在中径线上对应两点间的轴向距离，称为螺距，用 P 表示。同一条螺旋线上的相邻两牙在中径线上对应两点间的轴向距离，称为导程，用 P_h 表示。对于单线螺纹，导程与螺距相等，即 $P_h=P$；多线螺纹 $P_h=nP$，如图 7－2（b）所示。

（5）旋向

螺纹的旋向有左旋和右旋之分。顺时针旋转时旋入的螺纹是右旋螺纹；逆时针旋转时旋入的螺纹是左旋螺纹，如图 7－3 所示。

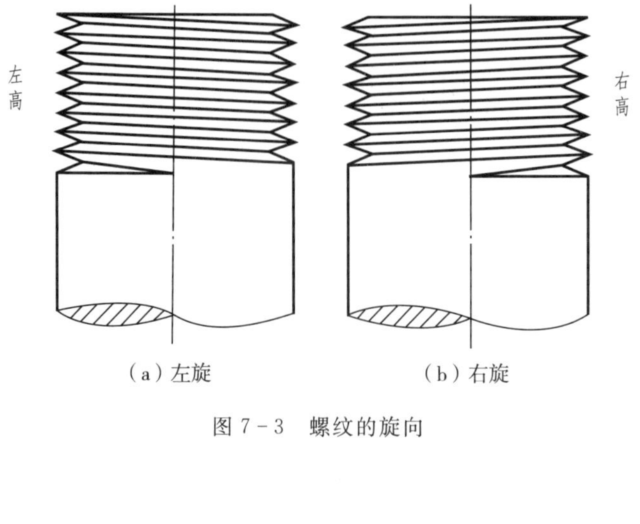

（a）左旋　　（b）右旋

图 7－3　螺纹的旋向

3. 螺纹的结构

螺纹的表面可分为凸起和沟槽两部分，螺纹的凸起部分称为牙顶，沟槽部分称为牙底。为了防止螺纹端部损坏和便于安装，通常在螺纹的起始处做成一定形状的末端，如圆锥形倒角或球面形的圆顶等，如图 7 - 4 所示。

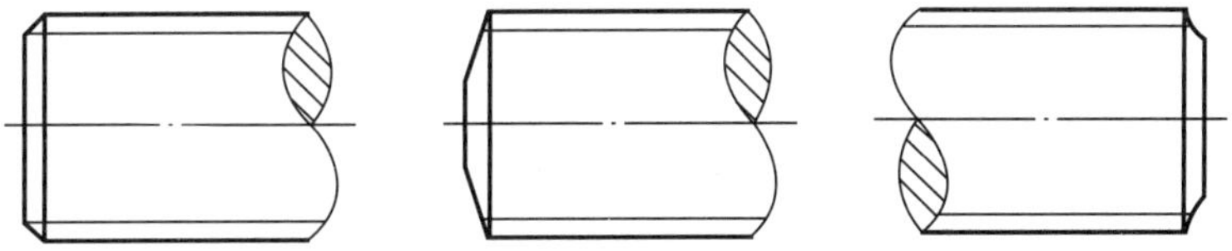

图 7 - 4　螺纹末端

车削螺纹的刀具快到螺纹终止处时要逐渐离开工件，因而螺纹终止处附近的牙型要逐渐变浅，形成不完整的牙型，这一段长度的螺纹称为螺尾。为了避免产生螺尾和便于加工，有时在螺纹终止处预先车出一个退刀槽，如图 7 - 5 所示螺纹的要素及结构。

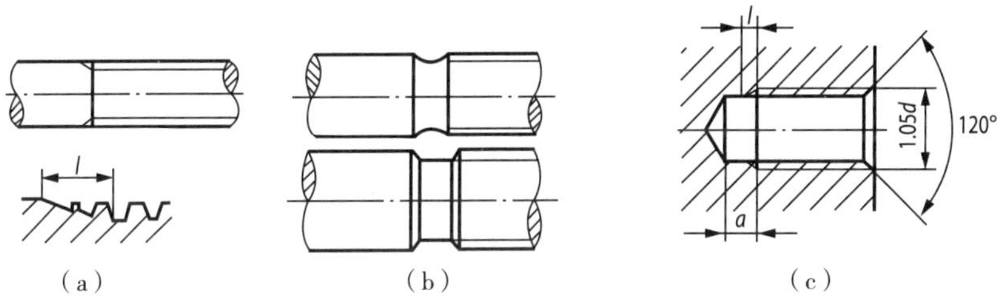

图 7 - 5　螺尾、退刀槽

7.1.2　螺纹的规定画法

为简化作图，国家标准规定了螺纹的简化画法。

1. 外螺纹的简化画法

在投影为非圆的视图上，螺纹大径用粗实线表示，螺纹小径用细实线表示，并画入倒角，螺纹的终止线用粗实线表示。

在投影为圆的视图上，表示螺纹大径的粗实线圆要画完整，而表示螺纹小径的细实线圆只画 3/4 圈，倒角圆省略不画，如图 7 - 6 所示。

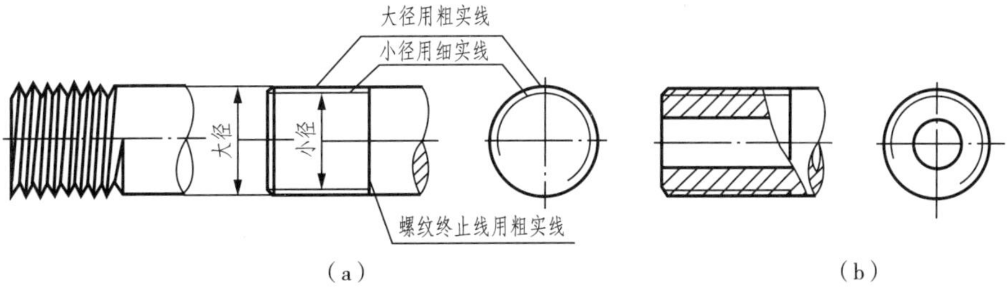

图 7 - 6　外螺纹的画法

2. 内螺纹的画法

在投影为非圆的视图中，内螺纹一般应采用剖视图。在剖视图中，内螺纹大径（牙底）用细实线画；内螺纹小径（牙顶）用粗实线画，螺纹的终止线用粗实线画；头部应画倒角，剖面线画到粗实线。内螺纹在不剖开时，大径线、小径线、螺纹终止线全部用虚线画出。如图 7 - 7 所示。

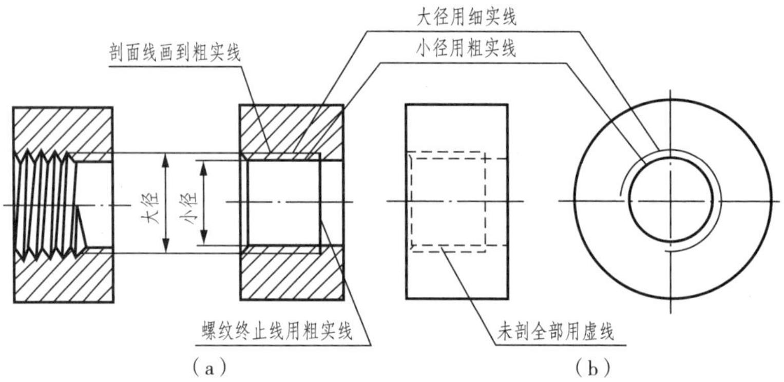

图 7 - 7　内螺纹的画法

在投影为圆的视图上，表示螺纹小径（牙顶）的粗实线圆要画完整，而表示螺纹大径（牙底）的细实线圆只画 3/4 圈，倒角圆省略不画。

绘制不穿通的螺孔时，一般应将钻孔深度和螺纹部分的深度分别画出，如图 7 - 8（a）所示当需要表示螺纹收尾时，螺尾部分的牙底用与轴线成 30°的细实线表示，如图 7 - 8（b）所示。

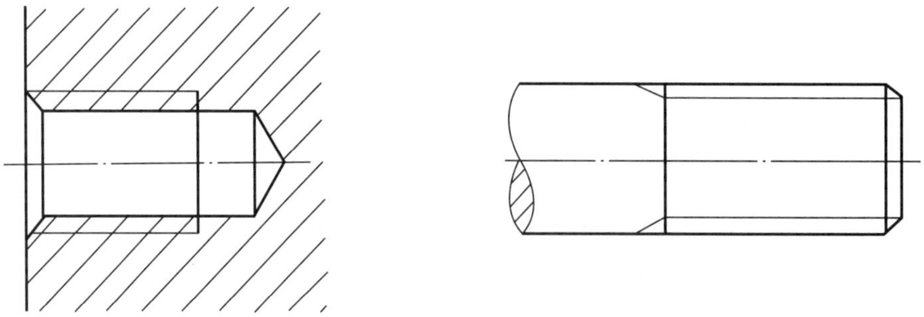

（a）不通螺孔的画法　　（b）螺尾的画法

图 7 - 8　螺纹的画法

3. 螺纹连接的画法

内外螺纹旋合在一起时，称为螺纹连接。在剖视图中，内外螺纹旋合的部分应按外螺纹的画法绘制，其余部分仍按各自的画法表示。应注意，表示内外螺纹大径的细实线和粗实线，以及表示内外螺纹小径的粗实线和细实线必须分别对齐，如图 7 - 9 所示。

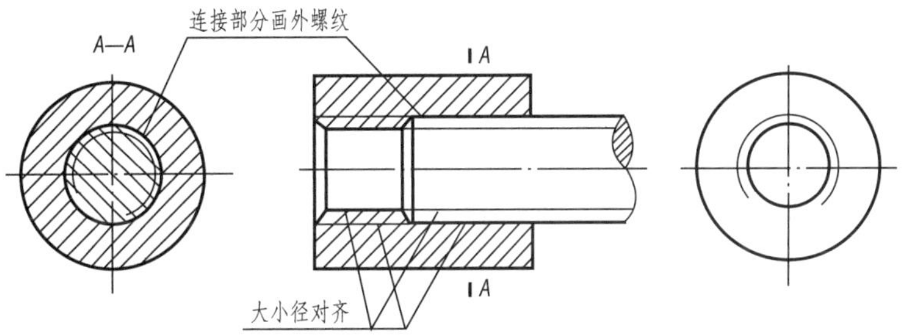

图 7－9　螺纹连接的画法

7.1.3　螺纹的种类和标注

螺纹的分类方法很多。通常按牙型分为普通螺纹、梯形螺纹、锯齿形螺纹、矩形螺纹和管螺纹等；按用途又可分为连接螺纹和传动螺纹两类。连接螺纹包括粗牙普通螺纹、细牙普通螺纹、密封管螺纹和非密封管螺纹。传动螺纹是用作传递动力或运动的螺纹。

各种常用螺纹的标注方法及图例见表 7－1。

表 7－1　常用螺纹的标注方法与标注图例

螺纹种类	标注图例	说明
普通螺纹	1. 粗牙普通螺纹 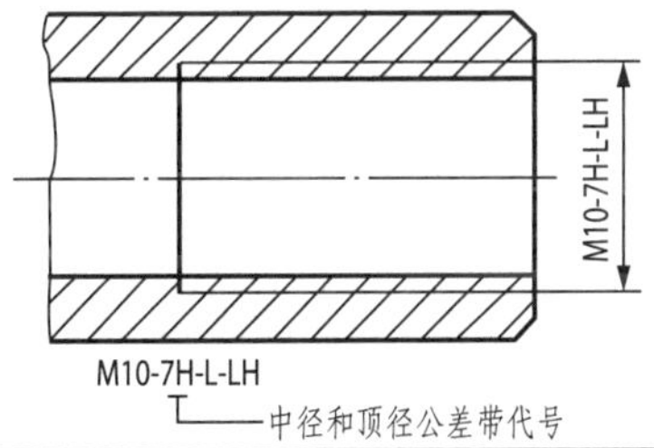 	粗牙螺纹螺距不标注，LH 左旋，中径和顶径公差带相同，只标注一个代号 7H
	2. 细牙普通螺纹 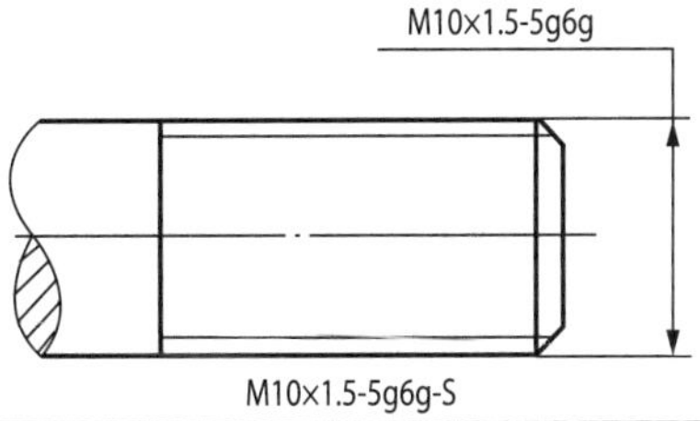 	细牙螺纹螺距必须标注，右旋省略不标，中径和顶径公差带不同，分别标注 5g 与 6g
55°非密封管螺纹	55°非密封管螺纹 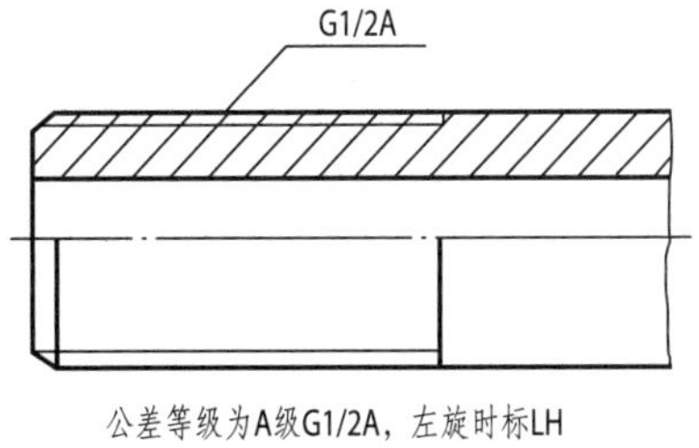 	尺寸代号为 1/2 的 A 级右旋外螺纹，左旋时标 LH

（续表）

螺纹种类	标注图例	说明
梯形螺纹	1. 单线梯形螺纹 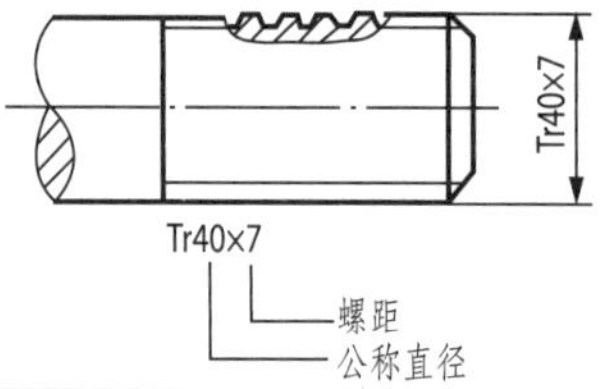	梯形螺纹，螺距 7 mm，线数 1，旋向右旋
	2. 多线梯形螺纹 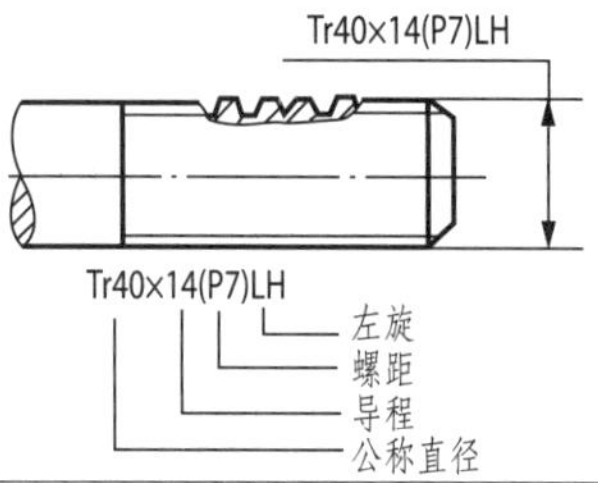	梯形螺纹，导程 14 mm，螺距 7 mm。线数 2，旋向左旋
锯齿形螺纹	锯齿形螺纹 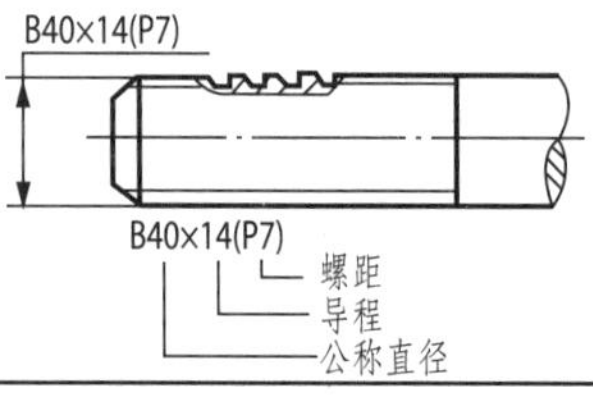	锯齿形螺纹，螺距 7 mm，右旋

7.1.4 常用螺纹紧固件的画法和标注

用螺纹起连接和紧固作用的零件叫螺纹紧固件，常用螺纹紧固件有螺栓、双头螺柱、螺钉、螺母和垫圈等。

1. 常用螺纹紧固件的画法

螺栓、螺母、垫圈的简化画法如图 7－10、图 7－11、图 7－12 所示。

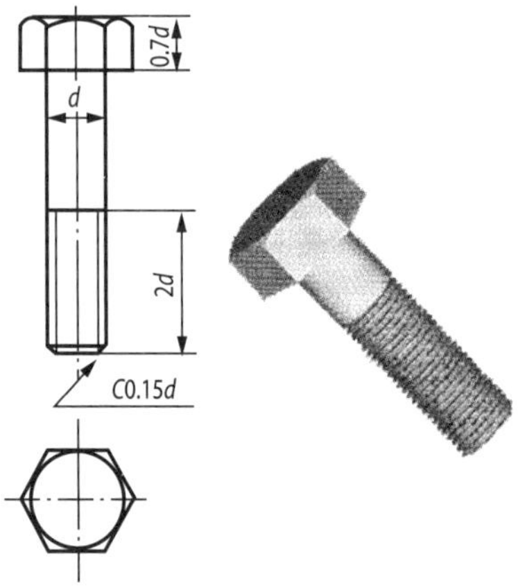

图 7－10　螺栓

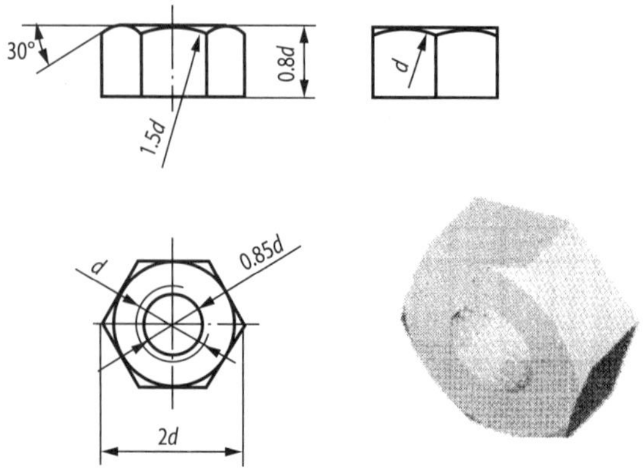

图 7－11　螺母

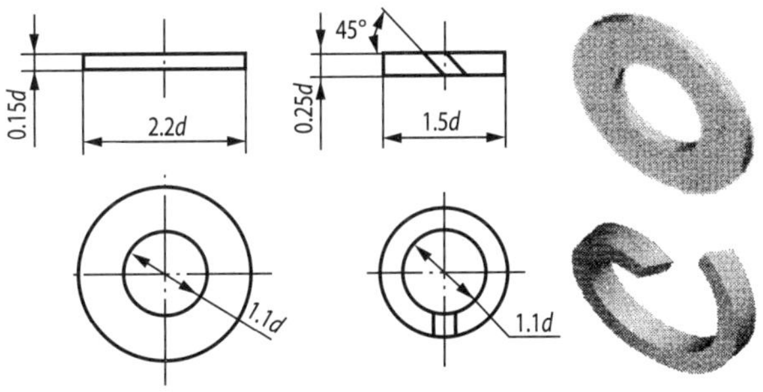

图 7－12　垫圈

2. 常用螺纹紧固件的规定标注

螺纹紧固件的结构和尺寸均已标准化，由专门的标准件厂成批生产。常见螺纹紧固件的结构型式和标注示例见表 7－2。

表 7－2　常用螺纹紧固件的规定标注

名称	图例	标记及说明
六角头螺栓	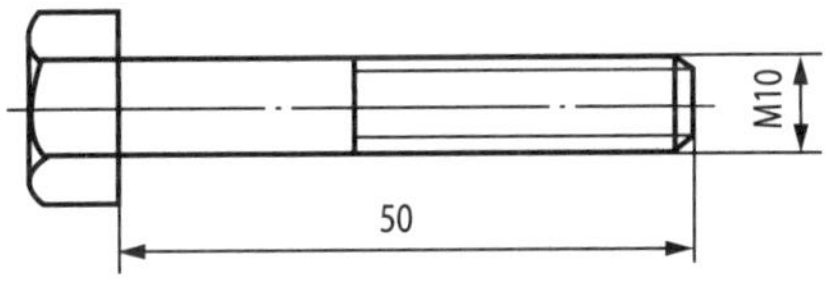	螺栓　GB/T 5782　M10×50 表示 A 级，螺栓规格 d=10 mm，公称长度 l=50 mm
双头螺柱	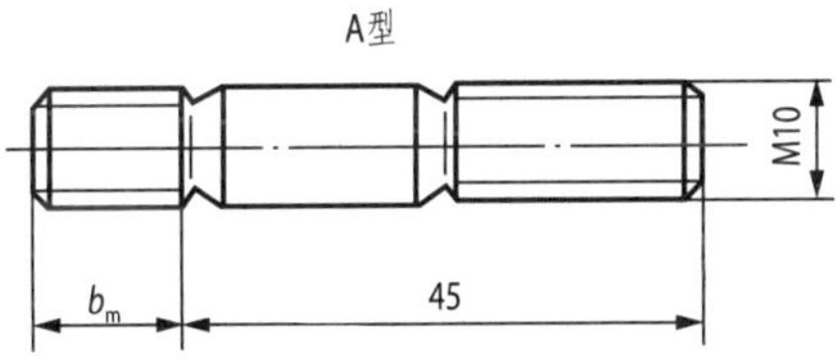	螺柱　GB/T 897　A M10×45 表示 A 型双头螺柱，螺栓规格 d=10 mm，公称长度 l=45 mm。若为 B 型，则省略标记“B”
开槽盘头螺钉	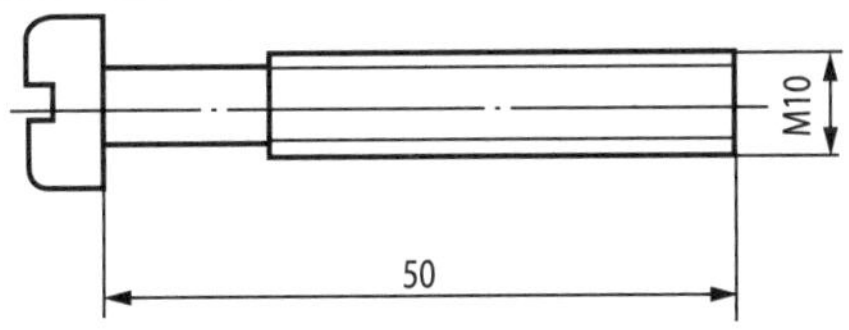	螺钉　GB/T 67　M10×50 公称长度在 40 mm 以内时为全螺纹
开槽沉头螺钉	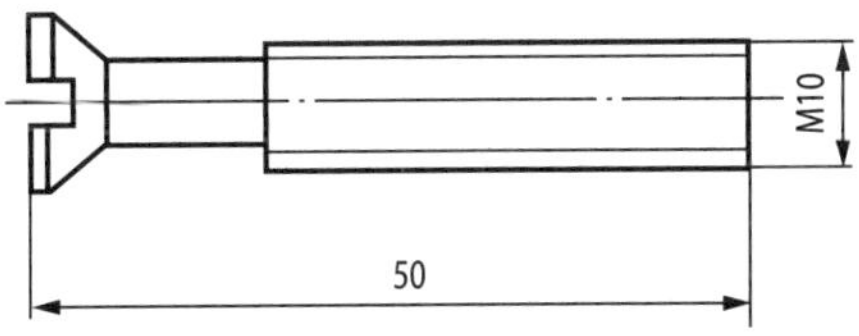	螺钉　GB/T 68　M10×50 公称长度在 45 mm 以内时为全螺纹
开槽锥端紧定螺钉	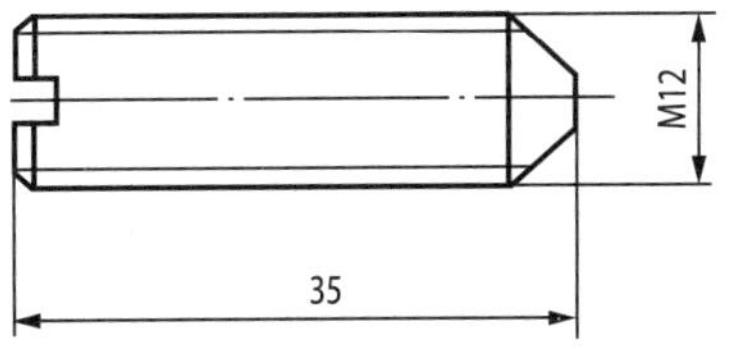	螺钉　GB/T 71　M12×35

（续表）

名称	图例	标记及说明
I 型六角螺母 A 级和 B 级	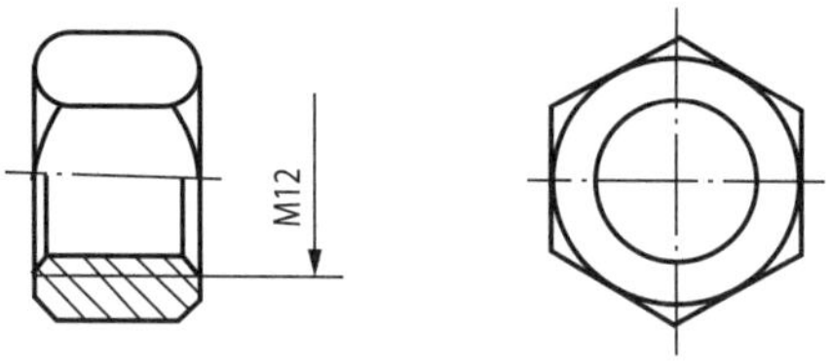	螺母　GB/T 6170　M12
平垫圈 A 级	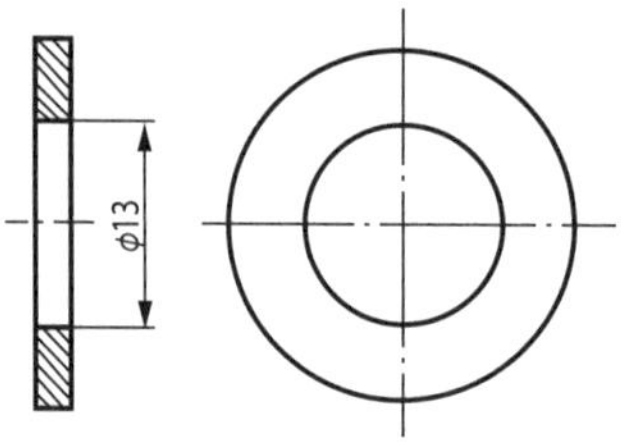	垫圈　GB/T 97.1　12 规格在 12 mm、硬度等级为 200HV 的 A 级平垫圈
标准型弹簧垫圈	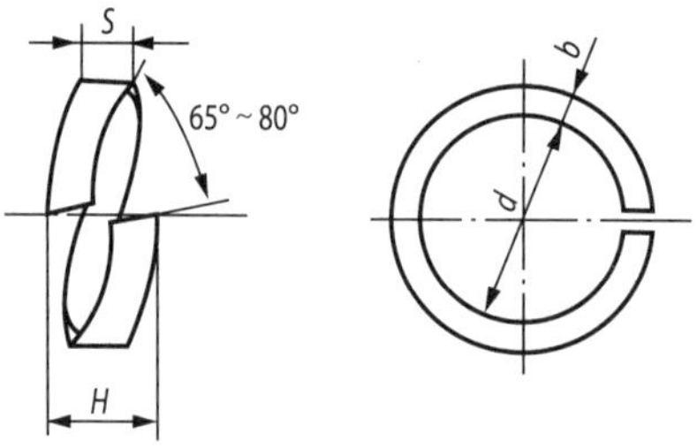	垫圈　GB/T 93　16 规格在 16 mm、表面氧化的标准型弹簧垫圈

7.1.5　常用螺纹紧固件连接的画法

1. 螺栓连接的画法

（1）绘制螺纹紧固件连接装配图时，应遵守下列规定：

① 两零件的接触面只画一条线，不接触表面应画两条线。

② 在剖视图中，相邻两零件的剖面线方向应相反，或者方向一致但间隔不等，同一零件在不同剖视图中剖面线的方向、间隔应相同。

③ 剖切平面通过标准件或实心杆件的轴线或对称平面时，这些零件均按不剖绘制。

（2）螺栓连接。螺栓连接由螺栓、螺母、垫圈等组成，用于连接两个不太厚的并允许钻成通孔的零件，如图 7-13 所示。应查阅垫圈、螺母的规格得出 h、m，再加上被连接零件的厚度等，经计算后选定螺栓的公称长度 L。可知螺栓公称长度为

$$L=h_1+h_2+h+m+0.3d\text{（螺栓末端伸出高度）}$$

式中：h_1、h_2——板的厚度；h——垫圈的厚度；m——螺母的厚度。

上式计算得出数值后，再从相应的螺栓标准所规定的长度系列中，选取合适的 L 值。

螺栓的连接画法如图 7-14 所示。将螺栓穿入被连接的两零件上的通孔中，再套上垫圈，以增加支撑和防止擦伤零件表面，然后拧紧螺母。螺栓连接是一种可拆卸的紧固方式。

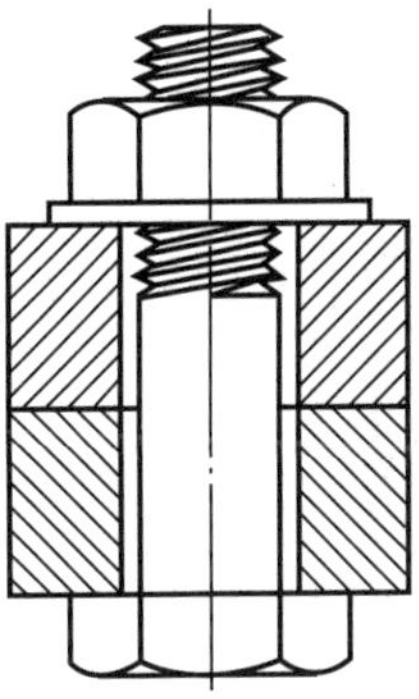

图 7－13　螺栓连接图

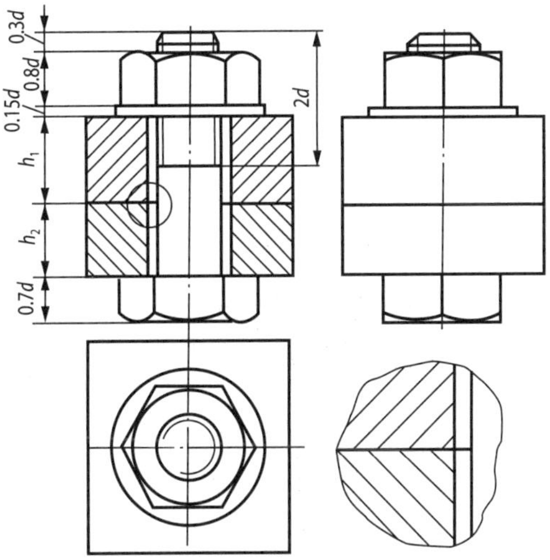

图 7－14　螺栓连接的装配画法

为了保证装配方便，被连接零件上的孔径应比螺纹大径略大些，按 1.1 倍大径画出。

(3) 螺栓连接的简化画法。螺栓连接的简化画法如图 7－15 所示。

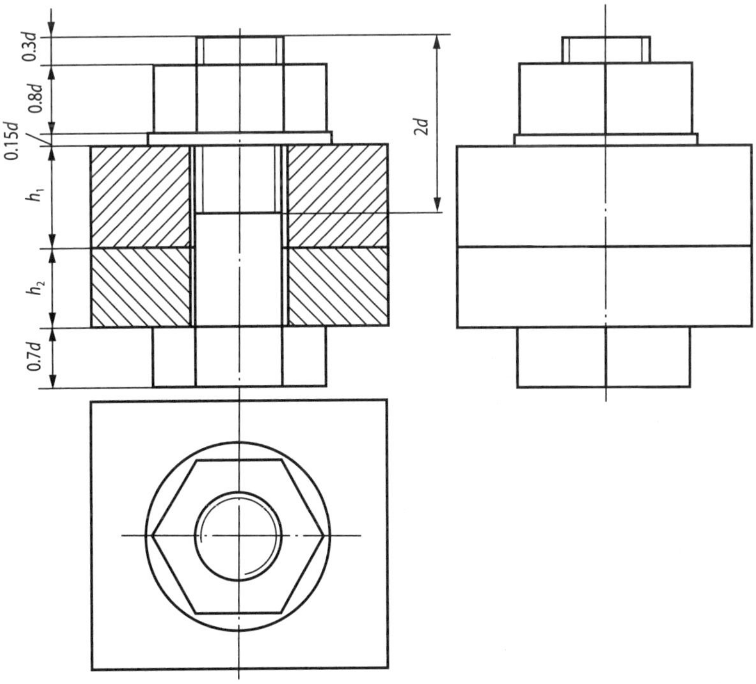

图 7－15　螺栓连接的简化画法

2. 双头螺柱连接的画法

双头螺柱连接是由双头螺柱、螺母、垫圈组成的。当被连接的两个零件中有一个较厚，不宜钻成通孔时，可制成螺纹孔，用螺柱连接。螺柱连接的示意图如图 7 - 16（a）所示。画图时要注意旋入端应完全旋入螺纹孔中，旋入端的螺纹终止线应与两个被连接零件接触面平齐。螺柱连接画法如图 7 - 17（a）所示，图 7 - 17（b）所示为常见画法错误示例。

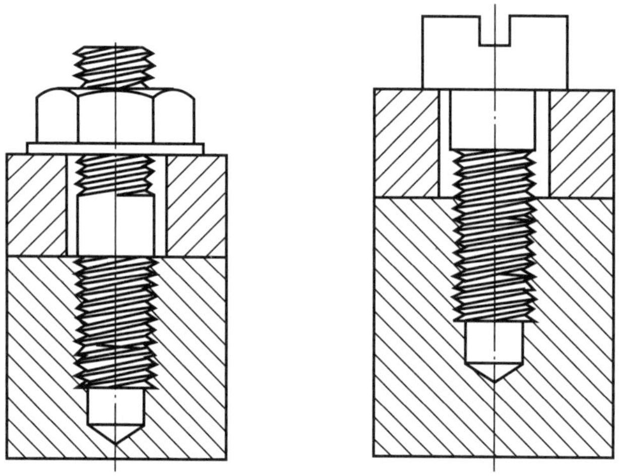

（a）螺柱连接　　（b）螺钉连接

图 7 - 16　连接图示意图

3. 螺钉连接的画法

螺钉连接多用于受力不大，且不经常拆装的场合。螺钉连接的示意图如图 7 - 16（b）所示，被连接件之一为通孔，而另一零件一般为不通的螺纹孔。图 7 - 18 为常见螺钉连接装配图。

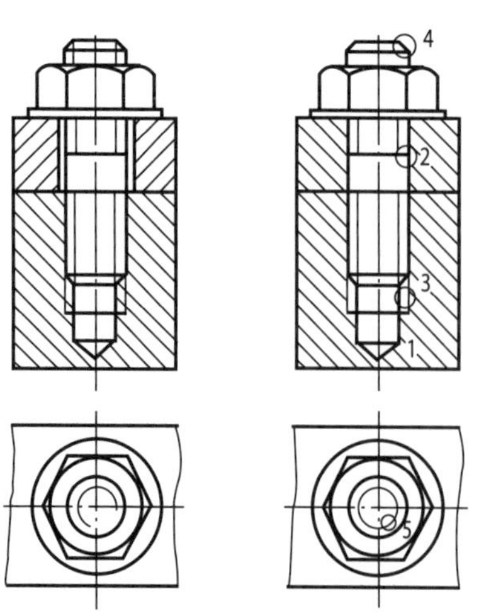

（a）　（b）

图 7 - 17　螺柱连接装配图

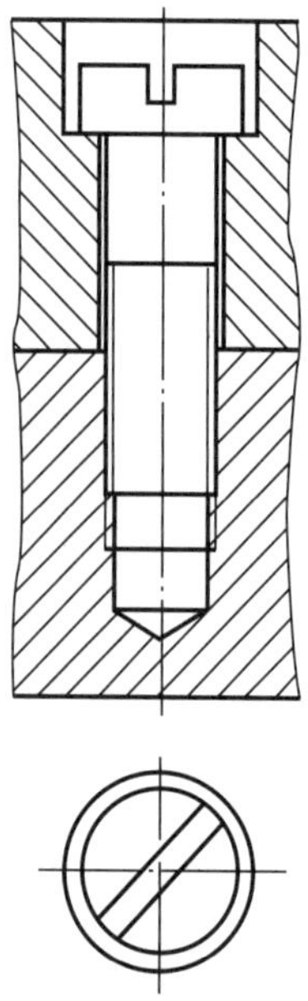

图 7 - 18　螺钉连接装配图

7.2 齿　轮

7.2.1 圆柱齿轮的参数

1. 圆柱齿轮各部分的名称

齿轮的一般结构如图 7－19 所示，最外部为轮缘，其上有轮齿；中心部为轮毂，轮毂有轴孔和键槽；轮缘和轮毂之间由轮辐连接。圆柱齿轮各部分的名称和代号，如图 7－20 所示。

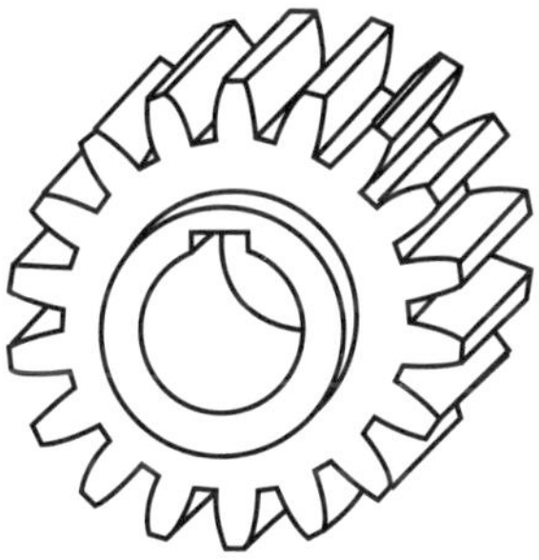

图 7－19　齿轮的结构

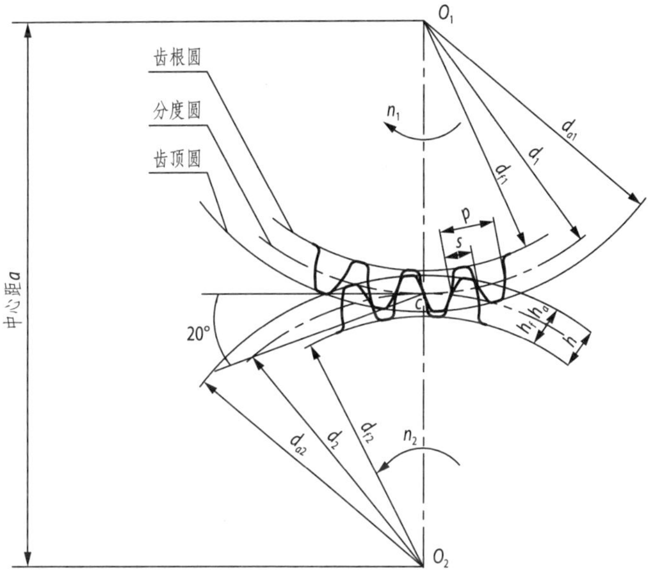

图 7－20　圆柱齿轮示意图

（1）齿顶圆　通过齿轮顶的圆，直径用 d_a 表示。

（2）齿根圆　通过齿轮根的圆，直径用 d_f 表示。

（3）分度圆　分度圆是设计制造齿轮时进行各部分尺寸计算的基准圆，也是分齿的基准圆，所以称为分度圆，直径用 d 表示。

（4）齿顶高　齿顶圆与分度圆之间的径向距离，用 h_a 表示。

（5）齿根高　齿根圆与分度圆之间的径向距离，用 h_f 表示。

（6）齿高　齿顶圆与齿根圆之间的径向距离，用 h 表示。

（7）齿厚　一个齿轮在分度圆上的弧长，用 s 表示。

（8）齿槽宽　在分度圆上，两齿间的弧长，用 e 表示。

（9）齿距　分度圆上相邻两齿对应点的弧长，用 p 表示（$p=s+e$）。

2. 直齿圆柱齿轮的基本参数

（1）齿数 z　轮齿的数量。

（2）压力角　两个啮合的轮齿齿廓在接触点 C 处的受力方向与运动方向的夹角，用 α

表示。我国标准齿轮的压力角 $\alpha=20°$（压力角通常指分度圆压力角）。

（3）模数 m　模数 m 是设计、制造齿轮的重要参数。由于齿轮的分度圆周长 $=zp=\pi d$，则 $d=zp/\pi$，为计算方便，将 p/π 称为模数 m，则 $d=mz$，单位为 mm。齿轮模数数值已经标准化，模数标准化后，有利于齿轮的设计、计算与制造。我国规定的标准模数见表 7-3。

表 7-3　标准模数（摘自 GB/T 1357—2008）（单位：mm）

第 I 系列	1，1.25，1.5，2，2.5，3，4，5，6，8，10，12，16，20，25，32，40，50
第 II 系列	1.125，1.375，1.75，2.25，2.75，3.5，4.5，5.5，（6.5），7，9，11，14，18，22，28，35，45

注：选用圆柱齿轮模数时，应优先选用第 I 系列，其次选第 II 系列，括号内的模数尽可能不用。

3. 直齿圆柱齿轮各部分尺寸计算

标准直齿圆柱齿轮的轮齿各部分尺寸，可根据模数和齿数来确定，其计算公式见表 7-4。

表 7-4　标准直齿圆柱齿轮各部分尺寸计算

名称及代号	计算公式	名称及代号	计算公式
模数 m	$m=p/\pi$ 并按表 7-3 取标准值	分度圆直径 d	$d=mz$
齿顶高 h_a	$h_a=m$	齿顶圆直径 d_a	$d_a=d+2h_a=m(z+2)$
齿根高 h_f	$h_f=1.25m$	齿根圆直径 d_f	$d_f=d-2h_f=m(z-2.5)$
齿高 h	$h=h_a+h_f=2.25m$	中心距 a	$a=(d_1+d_2)/2=m(z_1+z_2)/2$

7.2.2　圆柱齿轮的规定画法

1. 单个齿轮的画法

单个齿轮的画法，一般用主视图和全剖的左视图来表示，如图 7-21 所示。

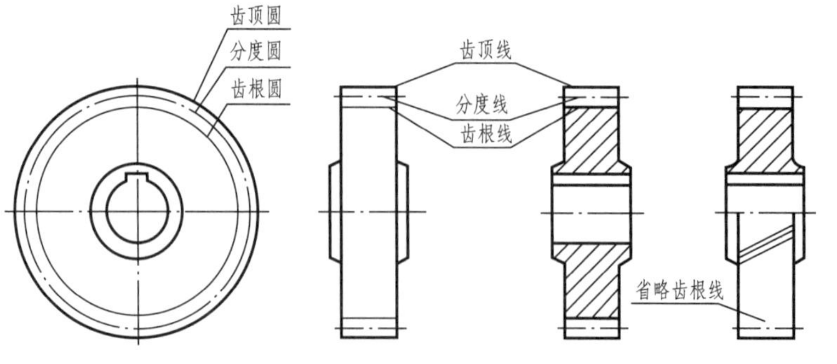

图 7-21　单个齿轮的画法

（1）齿顶圆和齿顶线用粗实线绘制，分度圆和分度线用细点画线绘制，齿根圆和齿根线用细实线绘制，也可省略不画。

（2）在剖视图中，当剖切平面通过齿轮的轴线时，轮齿一律按不剖处理，齿根线画成粗实线。

（3）斜齿和人字齿的齿轮需要表示齿线特征时，可用三条与齿线方向一致的相互平行的细实线表示。

2. 两圆柱齿轮啮合的画法

两标准圆柱齿轮啮合时，两齿轮的分度圆处于相切位置，此时分度圆也称节圆。两齿轮啮合时，除啮合区外，其余部分均按单个齿轮绘制。啮合区按以下规定绘制：

（1）在垂直于圆柱齿轮轴线的投影的视图中，两节圆应相切，啮合区的齿顶圆均用粗实线绘制，也可省略不画，如图 7-22 所示。

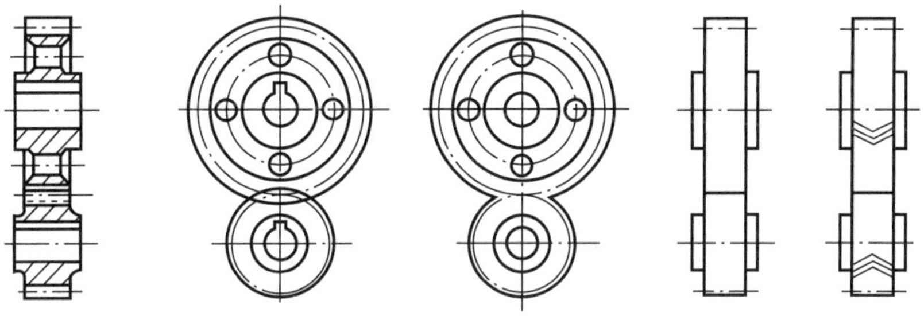

图 7-22 圆柱齿轮啮合的画法

（2）在平行于圆柱齿轮轴线的投影面的视图中，啮合区内的齿顶线和齿根线不需要画出，节线用粗实线绘制。

（3）在剖视图中，当剖切平面通过两啮合齿轮的轴线时，在啮合区内，将一个齿轮的轮齿用粗实线绘制，另一个齿轮的轮齿被遮挡的部分用虚线绘制，也可省略不画。

7.3 其他常用件

7.3.1 键连接

1. 键的作用

键是标准件。在机器和设备中，通常用键来连接轴和轴上的零件（如齿轮、带轮等），使它们能一起转动并传递转矩。这种连接称为键连接。

2. 常用键的形式、标记和连接画法

常用的键有普通平键、半圆键、钩头楔键等几种，其形状如图 7-23 所示，其中普通平键最为常见，按照键槽的结构又可分为 A 型（圆头）、B 型（方头）和 C 型（单圆头）三种。

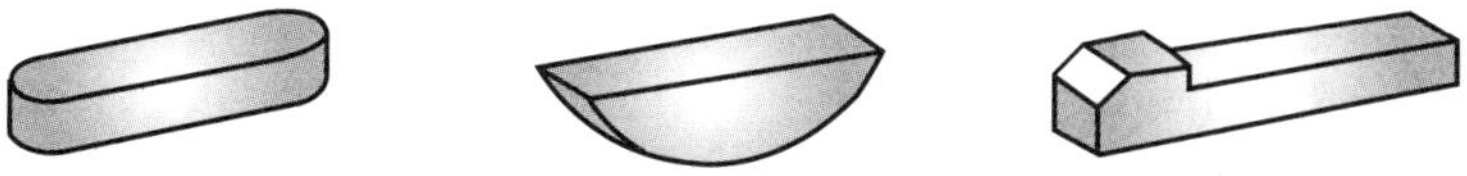

（a）普通平键　（b）半圆键　（c）钩头楔键

图 7-23 常用键的形式

表7-5列出了这几种键的标准编号、画法及其标记示例。

表7-5　常用键的图例和标记

名称及标准编号	图例	标记示例	说明
普通平键 GB/T 1096—2003	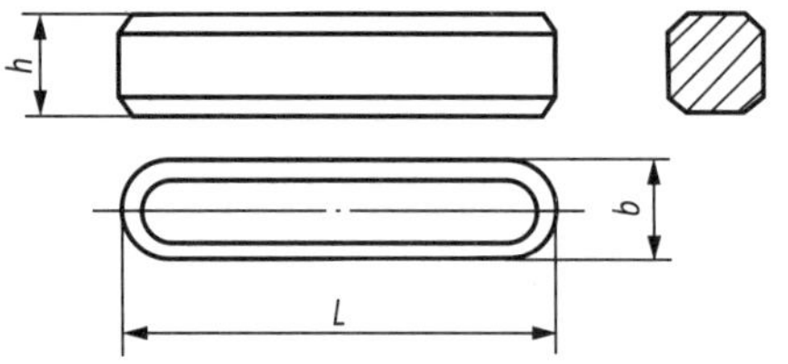	GB/T 1096 键 $b\times h\times L$	普通A型 平键
半圆键 GB/T 1099.1—2003	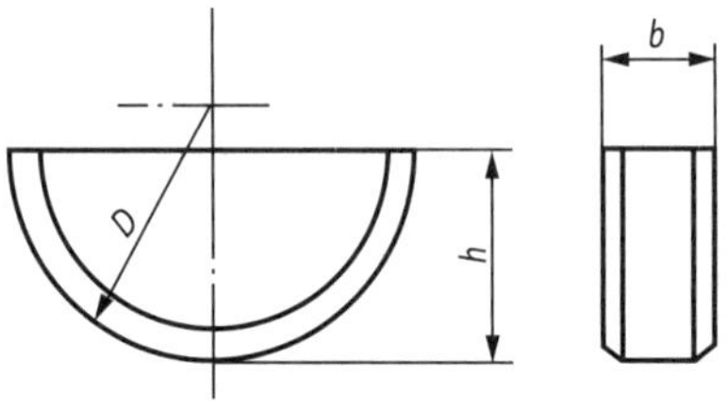	GB/T 1099.1 键 $b\times h\times D$	普通型 半圆键
钩头楔键 GB/T 1565—2003	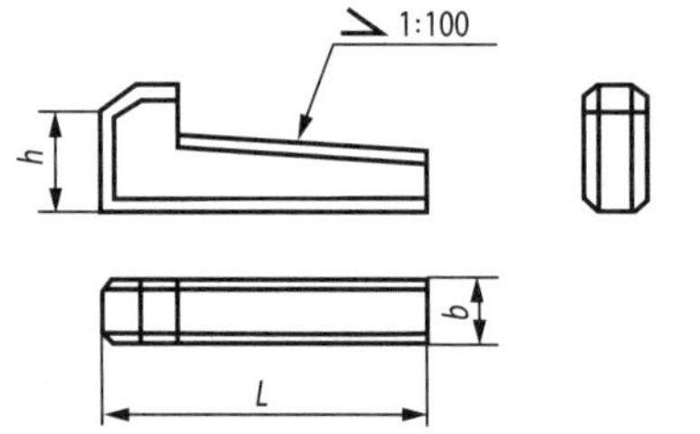	GB/T 11565 键 $b\times L$	钩头楔键

设计时，首先应确定轴的直径、键的形式、键的长度，然后根据轴的直径 d 查阅标准选择键，确定键槽尺寸。图7-24、图7-25为普通平键和半圆键连接画法，根据国家标准规定轴和键在主视图上均按不剖绘制，为了表示键在轴上的连接情况，轴采用局部剖视，普通平键和半圆键的两侧面为工作面，键与键槽两侧面相接触，应画一条线，而键与轮毂槽的键槽顶面间应留有空隙，故画成两条线。

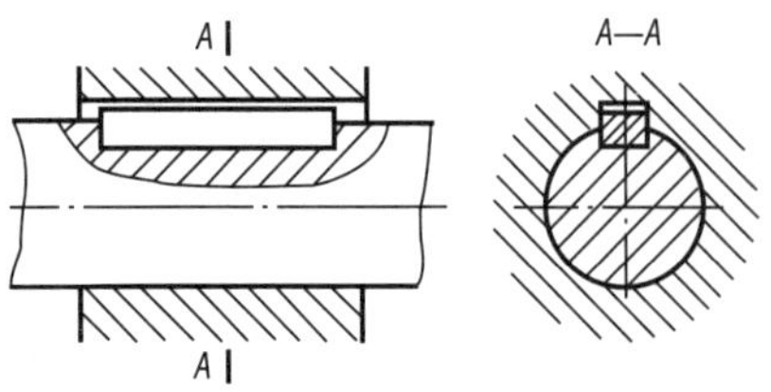

图7-24　普通平键连接的画法

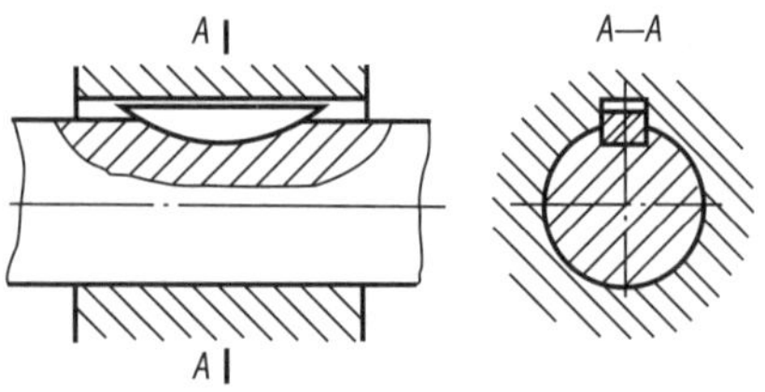

图7-25　半圆键连接的画法

3. 键槽的画法及尺寸标注

键是标准件，键的参数一旦确定，轴和轮毂上键槽的尺寸应查阅有关标准确定，键槽的画法和尺寸标注如图7-26所示。键槽的宽度 b、轴上的槽深 t 和轮毂上的槽深 t_1，根据轴的直径可在《机械设计手册》中查取。

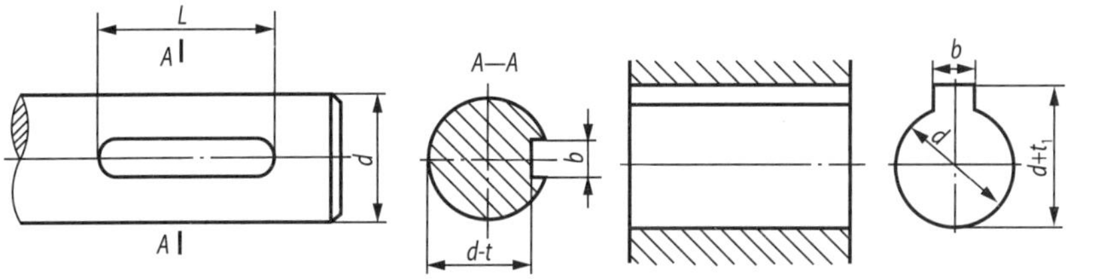

图 7－26　轴和轮毂上键槽的画法

7.3.2　销连接

销是标准件。通常用于零件间的连接或定位，常用的销有圆柱销、圆锥销、开口销等。其中开口销常用在螺纹连接的锁紧装置中，以防止螺母的松脱。

表 7－6 列出了常用的几种销的标准代号、画法和标记示例。

表 7－6　常用销的画法和标记实例

名称	图例	标记示例	说明
圆柱销	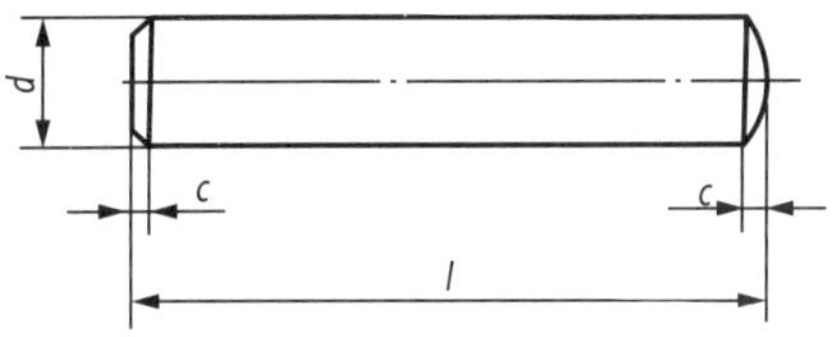	销 GB/T 119.2 $d \times l$	圆柱销分为 A 型和 B 型
圆锥销	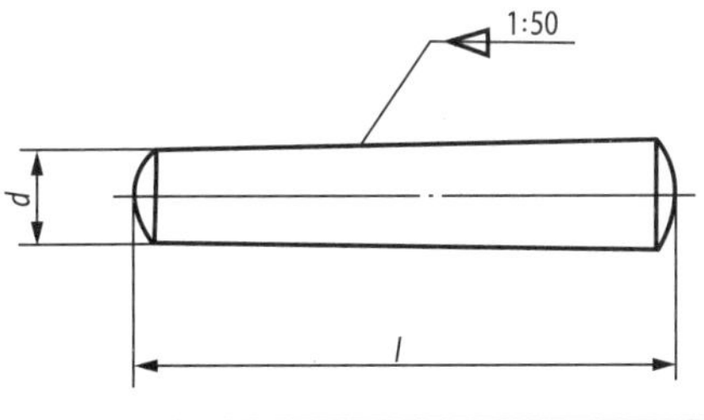	销 GB/T 117 $d \times l$	圆锥销按表面加工要求不同，分为 A、B 两种形式，公称直径指小端直径
开口销	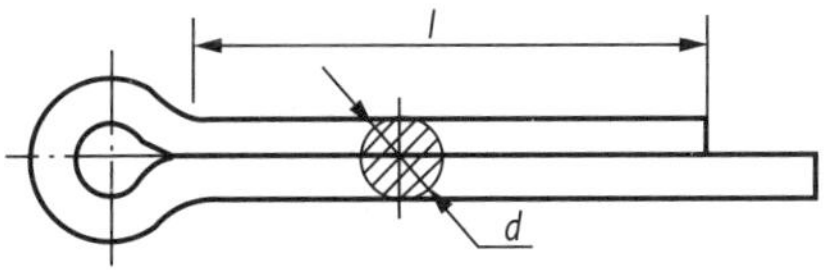	销 GB/T 91 $d \times l$	公称规格指与之相配的销孔直径，故开口销实际尺寸小于公称规格

7.3.3　滚动轴承的种类和规定画法

滚动轴承是起支承轴的作用的部件。它具有结构紧凑、摩擦阻力小、装拆方便等优点，所以在机器中被广泛使用。滚动轴承也是标准件，由专门工厂生产。

1. 滚动轴承的种类

滚动轴承的种类很多，但其结构大体相同。如图 7－27，轴承一般由外（上）圈、内（下）圈和排列在内（上）、外（下）圈之间的滚动体（有钢球、圆柱滚子、圆锥滚子等）及保持架四部分组成。一般情况下，外圈装在机器的孔内，固定不动；内圈套在轴上，随轴转动。

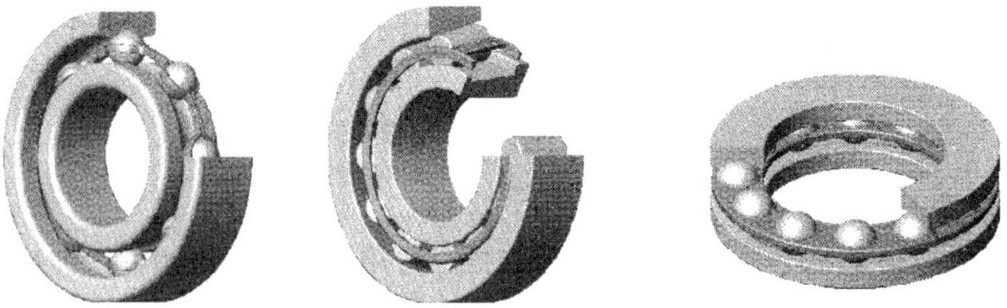

图 7－27　滚动轴承的结构

滚动轴承根据受力的不同，可分为：

向心轴承—主要承受径向力，如深沟球轴承。

推力轴承—主要承受轴向力，如推力球轴承。

向心推力轴承—同时承受径向力和轴向力，如圆锥滚子轴承。

2. 滚动轴承的画法

（1）滚动轴承是标准件，在装配图中通常采用简化画法（特征画法），如图 7－28 所示。

（2）主要参数 d（内径），D（外径），B（宽度）；d、D、B 根据轴承代号在画图前查标准确定。表 7－7 给出了常用三种滚动轴承的画法。

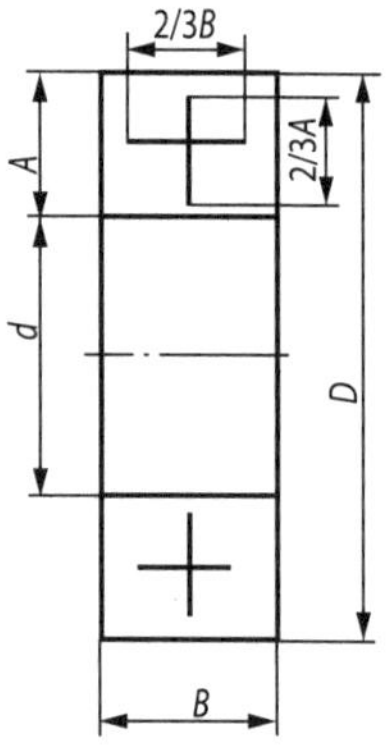

图 7－28　深沟球轴承的简化画法

表 7－7　常用滚动轴承的画法

名称	画图步骤	规定画法
深沟球轴承	1. 由 D、B 画轴承外轮廓 2. 由（$D-d$）/2＝A 画内外圈断面 3. 由 A/2、B/2 定球心，画滚球 4. 由球心作 60°斜线，求两交点 5. 自所求两交点作内（外）圈的内（外）轮廓	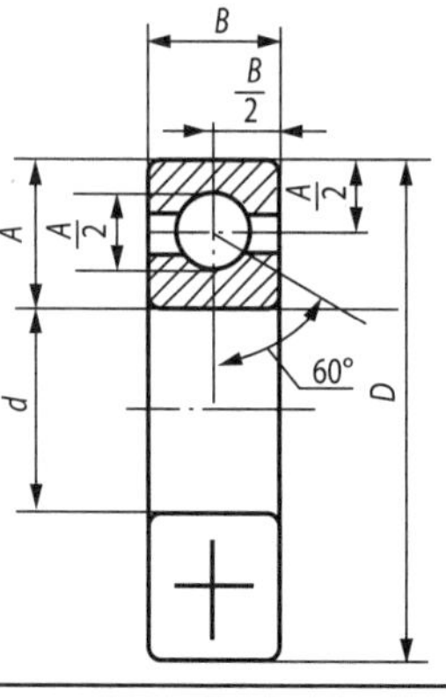

（续表）

名称	画图步骤	规定画法
圆锥滚子轴承	1. 由 D、d、B、T、C 画轴承外轮廓 2. 由（$D-d$）/2＝A 画内外圈断面 3. 由 $A/2$、$T/2$ 及 15°线定滚子轴线 4. 由 $A/2$、$A/4$、C 作滚子外形 5. 完成内外圈的轮廓	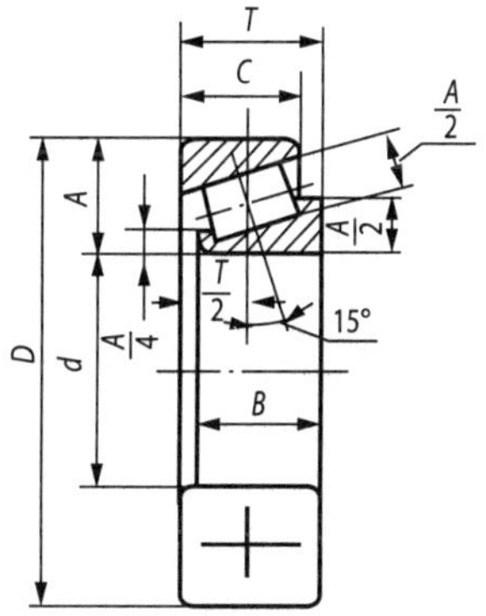
推力球轴承	1. 由 D、T 画轴承外轮廓 2. 由（$D-d$）/2＝A 画上下圈断面 3. 由 $A/2$、$T/2$ 定球心，画滚球 4. 由球心作 60°斜线，求两交点 5. 自所求两交点作上下圈的轮廓	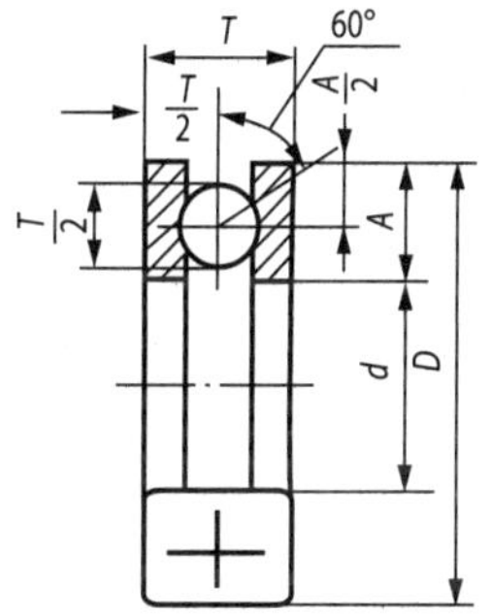

7.3.4　滚动轴承的标记

基本代号一般由 5 位数字组成，从右边数起，它们的含义是：

当 10 mm$\leqslant d \leqslant$495 mm 时，第一、二位数表示轴承的内径（代号数字＜04 时，即 00、01、02、03 分别表示内径 d＝10、12、15、17（mm）；代号数字$\geqslant$04 时，代号数字乘以 5，即为轴承内径）；第三、四位数为轴承内径系列代号，其中第三位表示直径系列，第四位表示宽度系列，即在内径相同时，有各种不同的外径和宽度，可查阅有关标准；第五位数表示轴承的类型。

例如：轴承型号为 51106，它所表示的意义为：

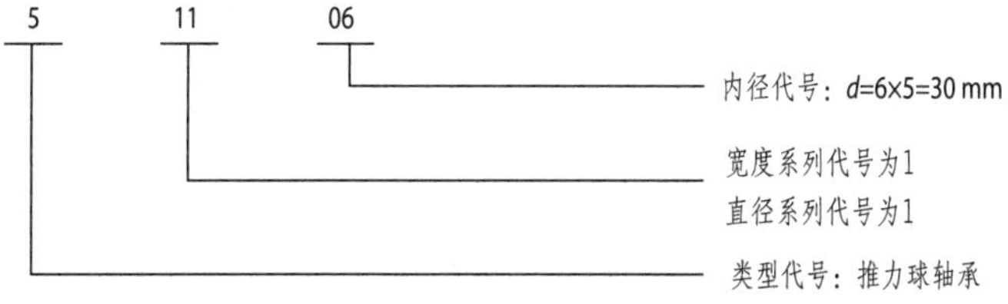

7.3.5 弹簧

弹簧属于常用件。它主要用于减震、夹紧、承受冲击、储存能量（如钟表发条）和测力等。其特点是受力后能产生较大的弹性变形，去除外力后能恢复原状。常用的螺旋弹簧按其用途可分为压缩弹簧、拉伸弹簧和扭转弹簧，如图 7-29 所示。

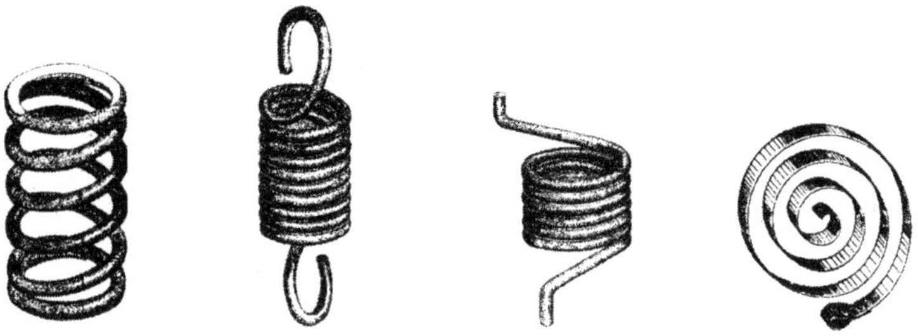

图 7-29　常用的螺旋弹簧

1. 圆柱螺旋压缩弹簧的各部分的名称及尺寸关系

(1) 支承圈数 n_2：弹簧端部用于支承或固定的圈数。

(2) 有效圈数 n：保持相等节距，产生弹力的圈数（计算弹簧总变形量的圈数）。

(3) 总圈数 n_1：螺旋线两端间的螺旋圈数；$n_1=n_2+n$。

(4) 线径 d：用于缠绕弹簧的钢丝直径。

(5) 弹簧中径 D_2：弹簧内径和外径的平均值。

(6) 弹簧内径 D_1：弹簧内径直径，$D_1=D_2-d$。

(7) 弹簧外径 D：弹簧外径直径，$D=D_2+d$。

(8) 节距 t：螺旋弹簧两相邻有效圈截面中心线的轴向距离。

(9) 自由高度 H_0：弹簧无负荷作用时的高度，$H_0=nt+(n_2-0.5)d$。

2. 圆柱螺旋压缩弹簧的画法

(1) 单个弹簧的画法（图 7-30）

① 在平行于轴线的投影面上，弹簧各圈的轮廓线画成直线。

② 左旋弹簧允许画成右旋，但要加注“左”字（包括画成左旋）。

③ 四圈以上的弹簧，中间各圈可省略不画，而用通过中径线的点画线连接起来。

④ 弹簧两端的支撑圈，不论多少，都按图中形式画出。

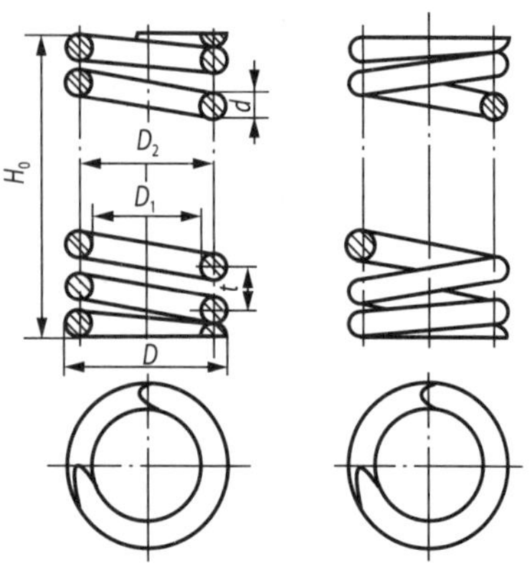

图 7-30　圆柱螺旋压缩弹簧的画法

作图步骤，如图 7-31 所示。

① 根据 D_2、H_0 画矩形。

② 画出支承圈部分的圆和半圆，直径=线径。

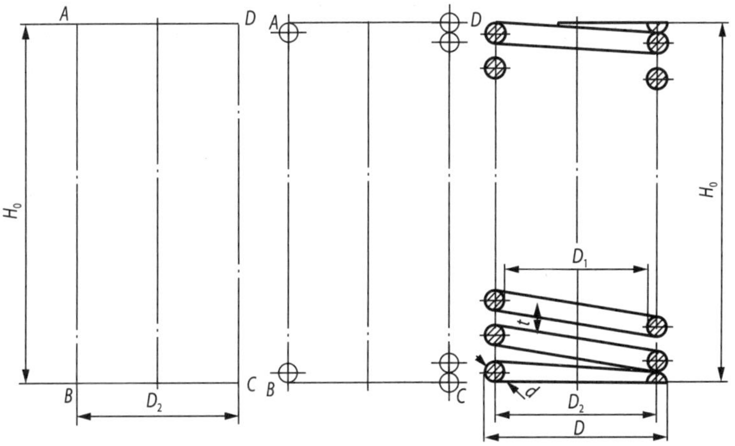

图 7－31　圆柱螺旋压缩弹簧的画图步骤

③ 画出有效圈部分的圆。

④ 按右旋方向作相应圆的公切线及剖面线。

⑤ 整理并加深，完成作图。

（2）在装配图中弹簧的画法

① 中间各圈取省略画法后，后面被挡住的结构一般不画。可见部分只画到弹簧钢丝的剖面轮廓或中心线处，如图 7－32（a）所示。

② 线径≤2 mm 的断面可涂黑表示，如图 7－32（b）所示。

③ 线径＜1 mm 时，可采用示意画法，如图 7－32（c）所示。

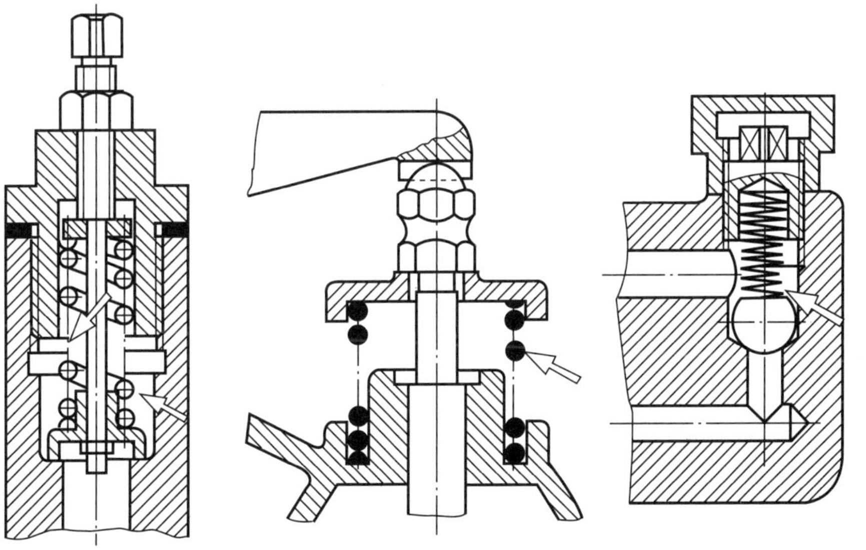

（a）　（b）　（c）

图 7－32　装配图中弹簧的表示方法

3. 圆柱螺旋压缩弹簧画法示例

图 7－33 所示为圆柱螺旋压缩弹簧的示意图，在轴线水平放置的主视图上，应注出完整的尺寸和表面粗糙度值。同时，用文字叙述技术要求，并在零件图上方用图解表示弹簧受力时的压缩长度。

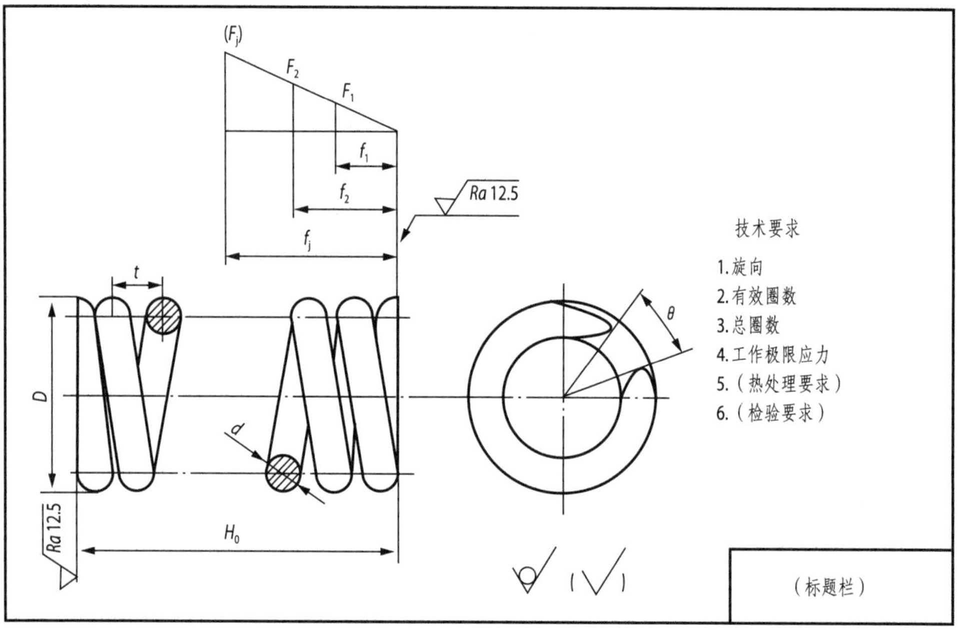

图 7－33　圆柱螺旋压缩弹簧

第8章 零 件 图

8.1 零件图的内容和绘制过程

8.1.1 零件图与装配图的关系

任何一台机器或部件都是由若干零件按一定的装配关系装配而成的。表达单个零件的图称为零件图，它是制造和检验零件的主要依据。零件图表示零件的结构形状、大小和有关技术要求，并根据它加工制造零件。装配图表示机器或部件的工作原理、零件间的装配关系和技术要求。产品在设计过程中，一般先画出装配图，根据装配图绘制零件图。装配时，根据装配图将零件装配成部件或机器。因此，零件与部件以及零件图与装配图之间的关系十分密切。

学习本章时，要注意零件与部件、零件图与装配图之间的关系。在识读或绘制零件图时，要考虑零件在部件中的位置、作用，以及与其他零件之间的装配关系，从而理解各个零件的形状、结构和加工方法。

图 8－1 是一个球阀的轴测装配图。球阀是管道系统中控制流体流量和启闭的部件，由 13 种零件组成。当球阀的阀芯处于图 8－1 所示的位置时，阀门全部开启，管道畅

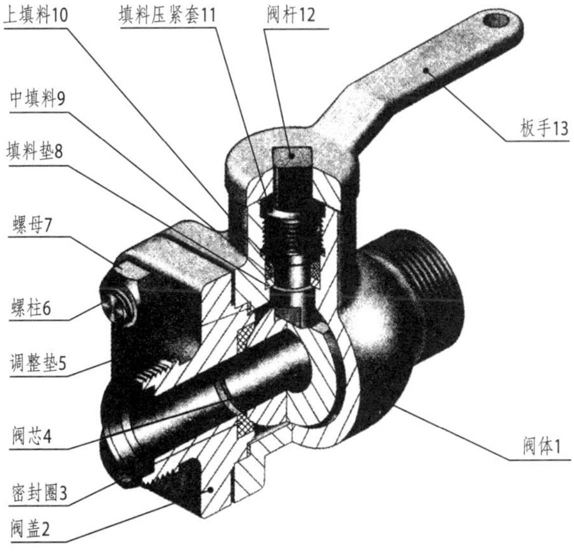

图 8－1 球阀轴测装配图

通。转动扳手带动阀杆和阀芯旋转 90°时，则阀门全部关闭，管道断流。制造这个球阀时，必须有除了标准件以外的所有零件的零件图，例如图 8-2 就是球阀中阀芯的零件图。

8.1.2 零件图的内容

以图 8-2 所示阀芯零件图为例，说明零件图应包含下述内容。

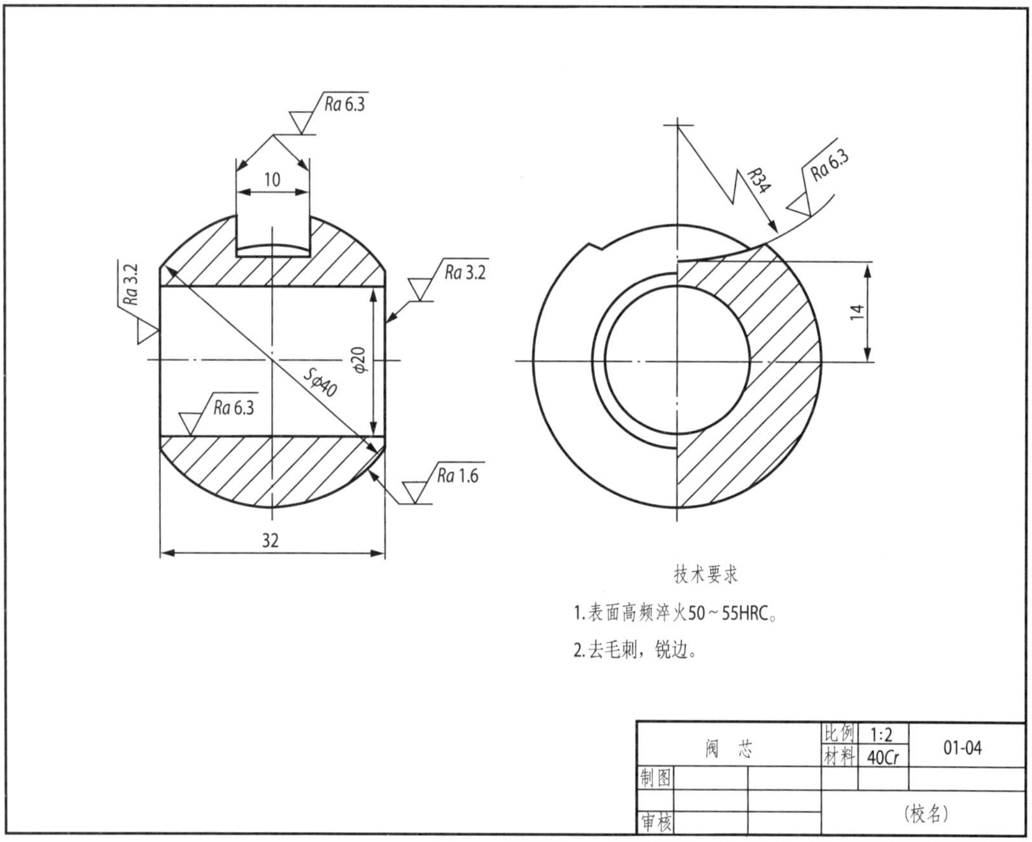

图 8-2 阀芯零件图

1. 一组视图

用一组视图（包括在第六章机件的常用表达方法中所讲述的视图、剖视图、断面图、局部放大图等）完整、清晰地表达零件的内外结构形状。该阀芯用主、左视图表达，主视图采用全剖视，左视图采用半剖视。

2. 完整的尺寸

零件图中应正确、完整、清晰、合理地标注零件在制造和检验时所需要的全部尺寸。如图 8-2 阀芯的主视图中标注的尺寸 Sϕ40 和 32 确定了阀芯的轮廓形状，中间的通孔为ϕ20，上部凹槽的形状和位置通过主视图中尺寸 10 和左视图中尺寸 R34、14 来确定。

3. 技术要求

用规定的符号、代号、标记和简要的文字表达出对零件制造和检验时所应达到的各项技术指标和要求。如图 8-2 中注出的表面粗糙度 Ra 6.3 μm、3.2 μm、1.6 μm，以及表面高频淬火 50～55 HRC（应进行这种表面淬火的热处理，并达到这样的硬度）和去毛刺、锐边的说明等。

4. 标题栏

在标题栏中一般应填写单位名称、图名（零件的名称）、材料、重量、比例、图号以及设计、审批人员的签名与日期等。

8.1.3 绘制零件图的过程

绘制零件图的过程包括结构形状分析、选择表达方案、标注尺寸、注写技术要求、填写标题栏。

8.2 零件表达方案的选择

不同的零件其结构形状也不同，选择表达方案时，应优先考虑看图方便。其次，要根据它的结构特点，在完整、清晰地表达各部分结构形状的前提下，力求画图简洁。选择一个较好的表达方案，一般应从主视图、其他视图和表达方法的选择几个方面进行选择。

8.2.1 主视图的选择

主视图是一组视图的核心，选择主视图时，要确定零件的安放位置和投射方向。

1. 确定零件的安放位置

应使主视图尽可能反映零件的主要加工位置或在机器中的工作位置。

加工位置是指按零件在主要加工工序中的装夹位置。选取主视图时，主视图与加工位置一致是为了制造者看图方便。如轴、套、轮盘等零件的主要加工工序是在车床或磨床上进行的，因此，这类零件的主视图应将其轴线水平放置。如图 8-3 所示的泵轴，是使主视图反映加工位置而将轴线水平安放的。

工作位置是指零件在机器或部件中工作时的位置，如支座、箱壳等零件，它们的结构形状比较复杂，加工工序较多，加工时的装夹位置经常变化，所以在画图时的零件安放位置是按使主视图反映工作位置确定的，这样使零件图便于与装配图直接对照。如图 8-9 所示的轴承架就是这样安放后画图的。

2. 确定主视图的投射方向

当零件的安放位置确定以后，再按主视图能较好地反映零件的加工位置或工作位置，并以能较明显地反映该零件各部分结构形状和它们之间相对位置的一面作为主视图，从而选定主视图的投射方向。如图 8-9 所示的轴承架选取方向 A 作为主视图的投射方向，由此画出的主视图如图 8-10 所示。

8.2.2 其他视图和表达方法的选择

主视图确定以后，要分析该零件在主视图上还有哪些尚未表达清楚的结构，对这些结构应选用其他视图，并采用各种方法表达出来，使每个视图都有表达的重点，几个视图互相补充而不重复。在选择视图时，优先选用基本视图以及在基本视图上作适当的剖视，在充分表达清楚零件结构形状的前提下，尽量减少视图数量，力求制图和读图简便。

8.2.3 典型零件的视图表达方案选择示例

零件的结构形状多种多样，但大体可分为回转体和非回转体两类。

1. 回转体类零件

回转体类零件一般指轴、套、盘、盖等。这类零件的结构特点是各组成部分多为同轴线的回转体，通常以加工位置将轴线水平横放的主视图表达零件的主体结构，轴、套类零件可按需再用局部剖视或其他辅助视图表达局部结构形状；盘、盖类零件常用两个基本视图表达，主视图用全剖视表达内部结构，另一视图表达外形轮廓和其他组成部分。轴、套零件如图 8-3 所示的泵轴，除主视图采用了局部剖视外，又补充了断面图和局部放大图，用来表达键槽、销孔和退刀槽等局部结构。图 8-4 所示耳轴是轴类零件，主视图按加工位置将轴线水平放置、用局部剖视图表达两个螺纹孔内部结构，用左、右视图表达耳轴左端面外形轮廓及其上孔的分布情况，用旋转剖 *A*—*A* 表达耳轴内部孔的形状和大小。

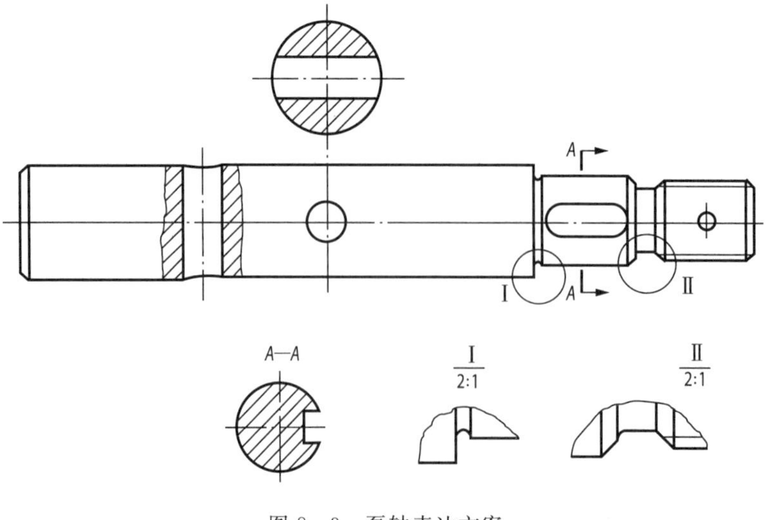

图 8-3　泵轴表达方案

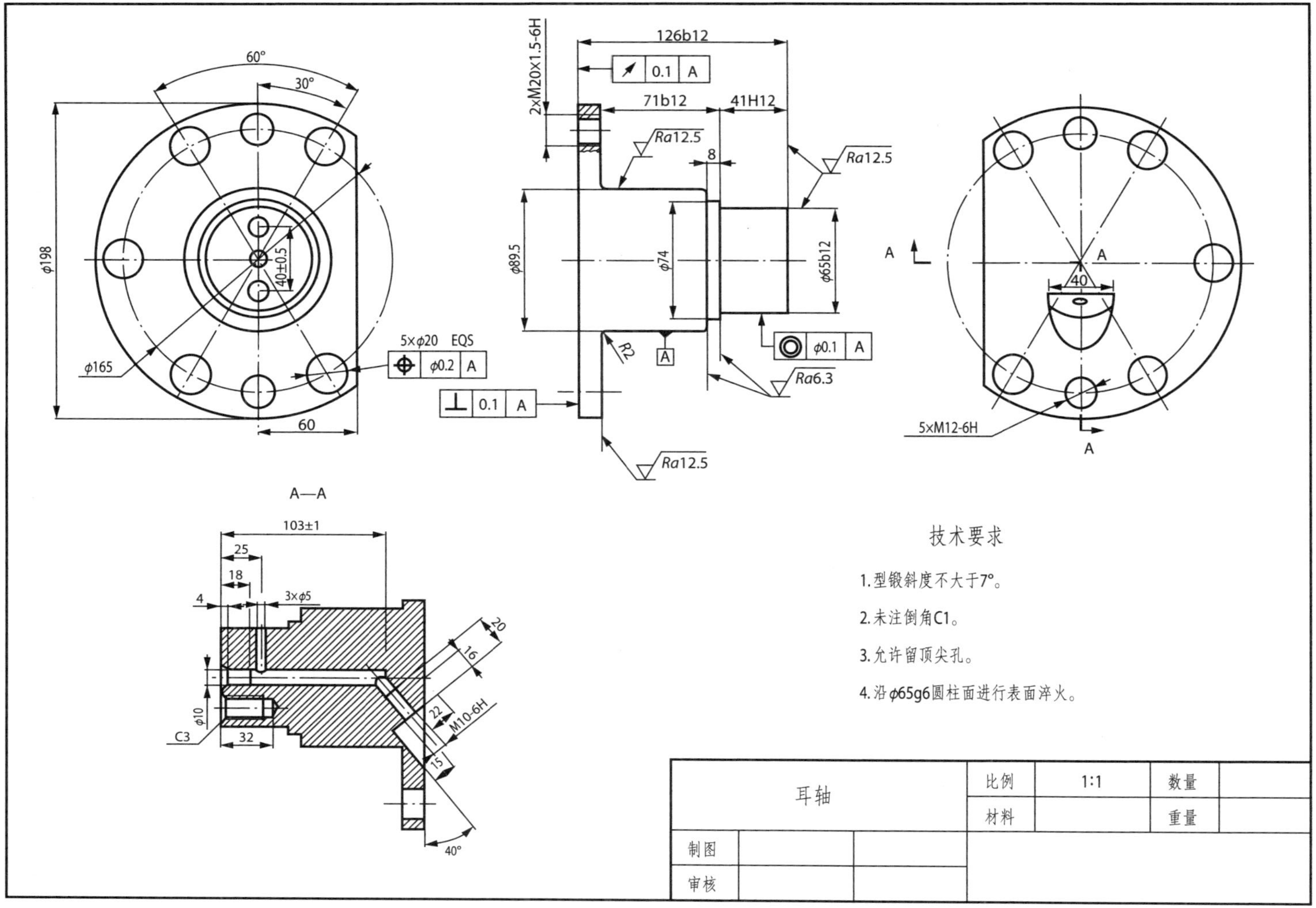
60°
30°
ϕ198
ϕ165
40±0.5
5×ϕ20 EQS
ϕ0.2 A
0.1 A
60
126b12
0.1 A
2×M20×1.5-6H
71b12
41H12
Ra12.5
8
Ra12.5
ϕ89.5
ϕ74
ϕ65b12
R2
A
ϕ0.1 A
Ra6.3
Ra12.5
A
A
40
5×M12-6H
A
A—A
103±1
25
18
4
3×ϕ5
20
16
22
M10-6H
15
40°
ϕ10
C3
32
技术要求
1. 型锻斜度不大于7°。
2. 未注倒角C1。
3. 允许留顶尖孔。
4. 沿ϕ65g6圆柱面进行表面淬火。
耳轴
比例
1:1
数量
材料
重量
制图
审核

图8-4　耳轴表达方案

8－5 所示法兰盘是盘盖零件，其主体部分也是由回转体组成，主视图按加工位置将轴线水平横放画出，用全剖视图表达内部结构，左视图表达外形轮廓、均布的阶梯孔和前上角切割掉的圆弧形凹槽等。图 8－6 所示皮带轮也是盘盖零件，主视图也是按加工位置将轴线水平横放画出，用半剖视图表达内部结构，左视图表达外形轮廓、均布的螺纹孔且采用简化画法。

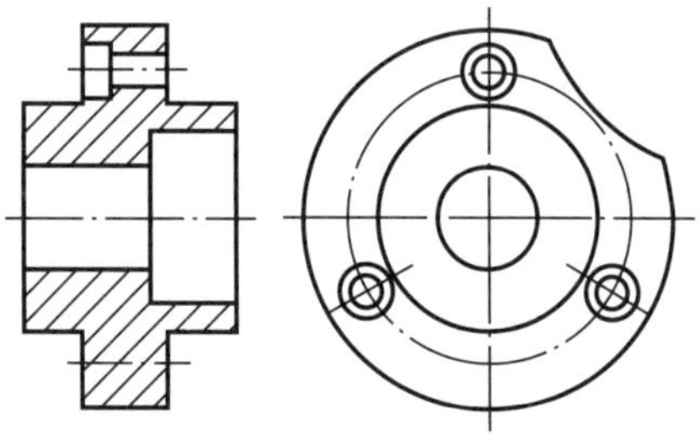

图 8－5　法兰盘表达方案

2. 非回转体类零件

非回转体类零件一般指叉、架、箱体等。这类零件形状都比较复杂，加工位置多变，通常以自然或工作位置安放，选定投射方向，将能比较明显反映形状特征和相对位置的一面作为主视图。一般要 2 至 3 个或更多的基本视图，并按需要选用合适的辅助视图，以适当的表达方法来表达其复杂的内外结构形状。

如图 8－7（a）所示的踏脚座，采用主视图、俯视图和右视图的表达方案，可以表达清楚踏脚座的结构形状。但是如果采用图 8－7（b）所示的另一种表达方案，除主视图、俯视图外，再用 A 向局部视图表达安装板左端面的形状，用移出断面表达肋板的断面形状。这个表达方案显然比用右视图的表达方案［图 8－7（a）］更为简练、清晰。

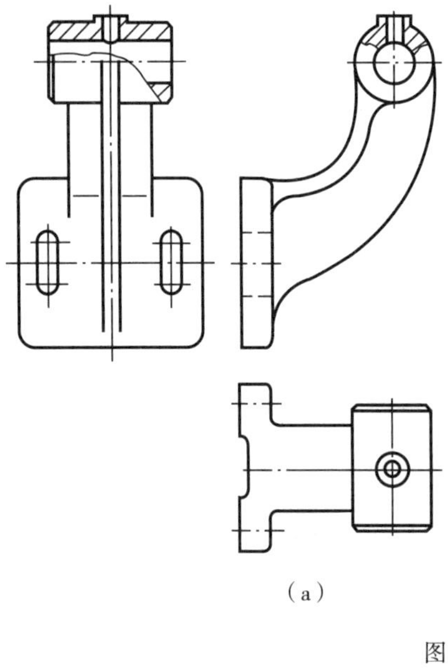

（a）

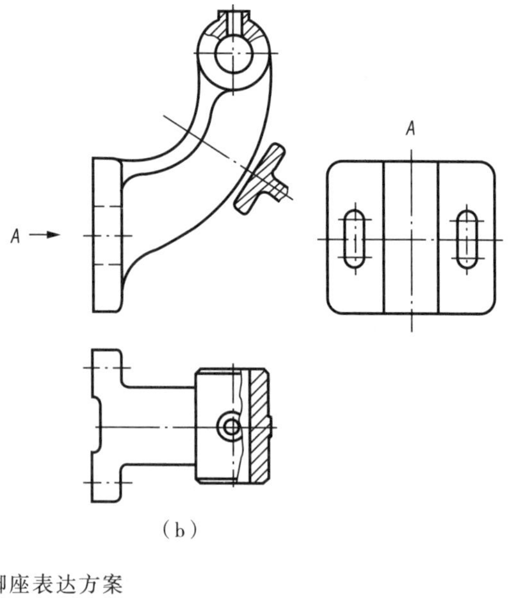

（b）

图 8－7　踏脚座表达方案

图 8－8 所示为箱体主视图按工作位置放置画出，采用主视图、俯视图和左视图的表达方案，主视图和俯视图表达箱体外形轮廓及其上螺纹孔和通孔分布情况，左视图采用局部剖视图表达箱体结构的组成情况。

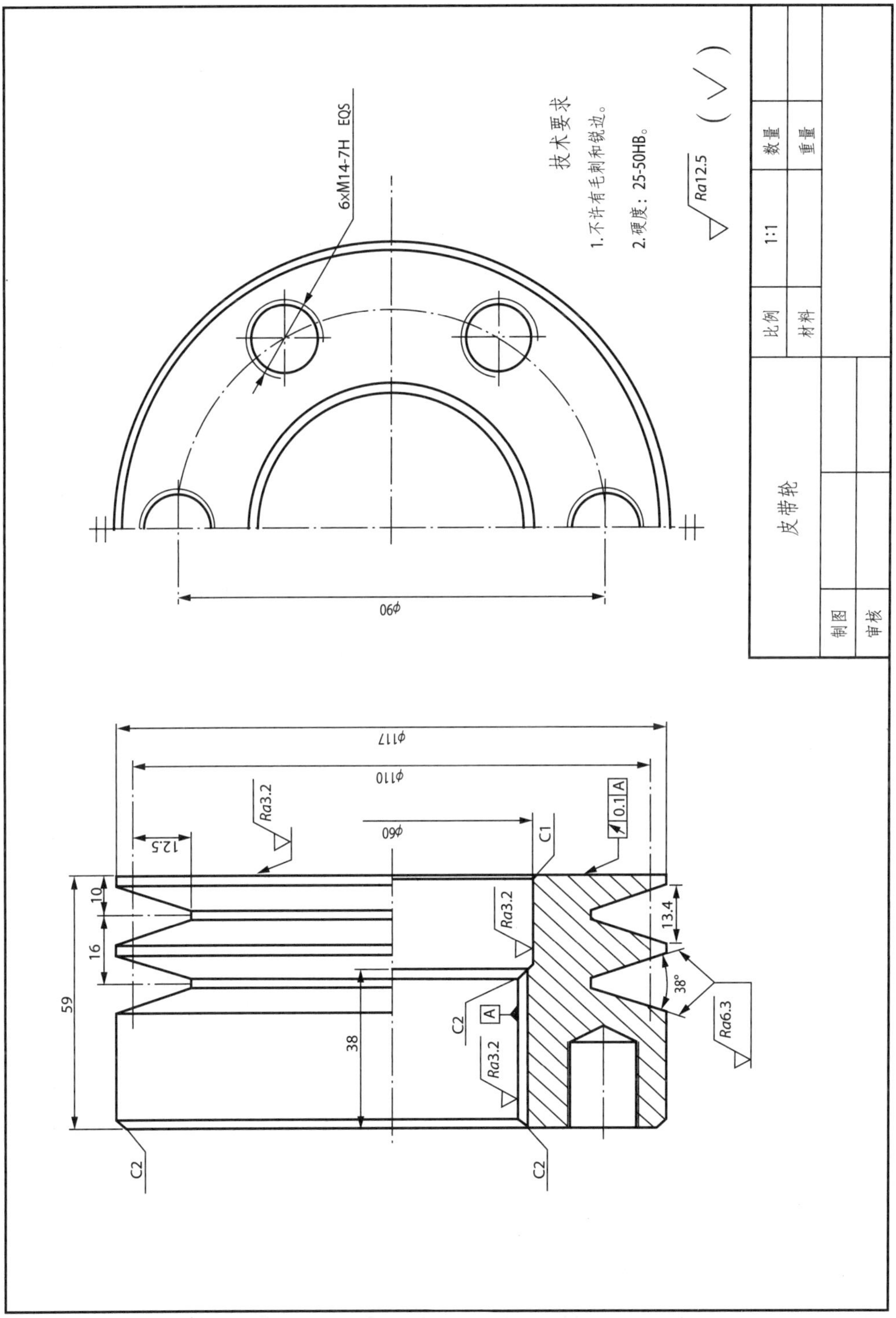
6xM14-7H EQS
技术要求
1.不许有毛刺和锐边。
2.硬度：25-50HB。
Ra12.5
φ90
φ117
φ110
φ60
12.5
Ra3.2
C1
0.1 A
10
16
59
13.4
38°
Ra6.3
38
C2
A
C2
C2
皮带轮
比例
1:1
数量
材料
重量
制图
审核

图8-6 皮带轮表达方案

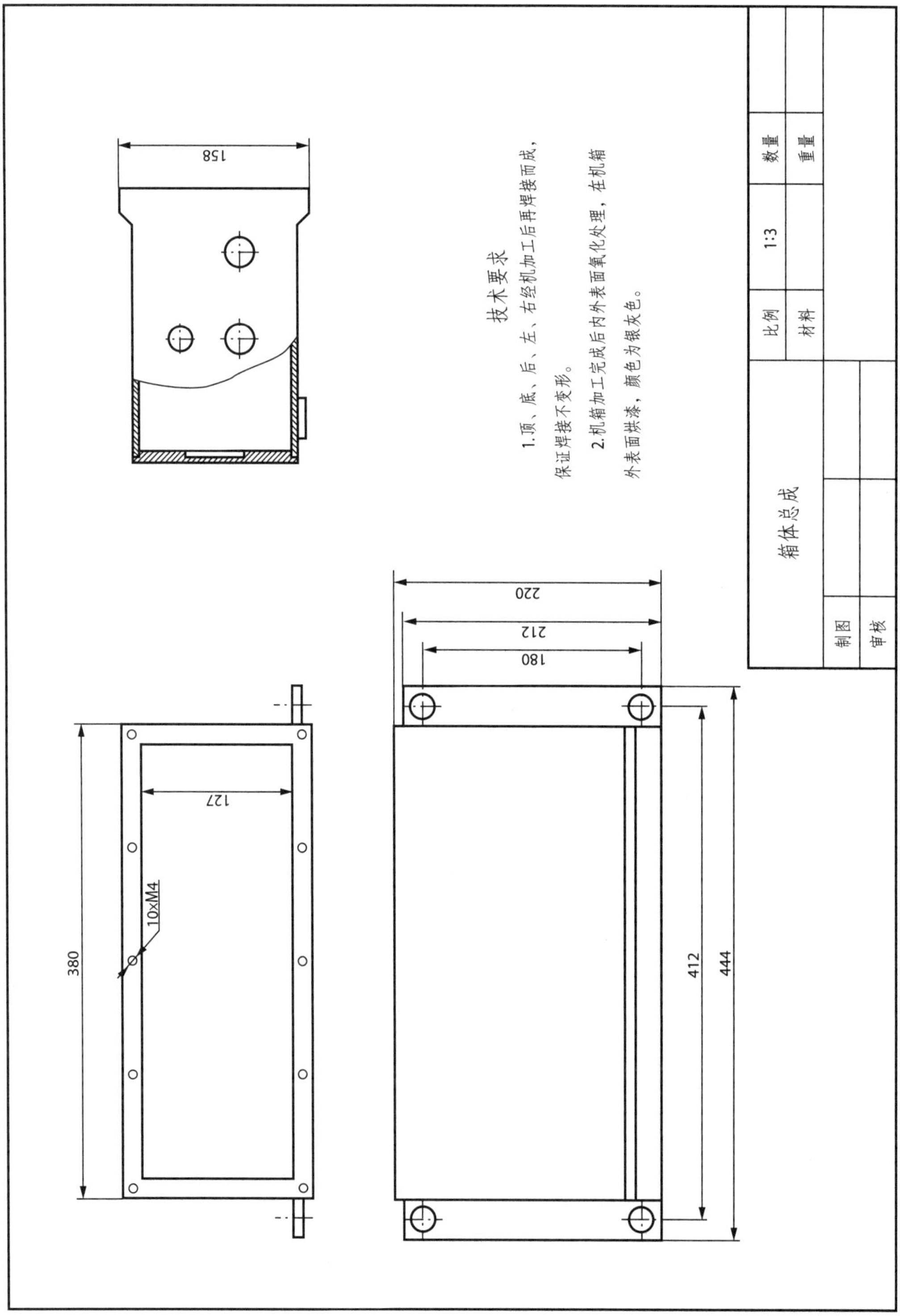
158
技术要求
1.顶、底、后、左、右经机加工后再焊接而成，保证焊接不变形。
2.机箱加工完成后内外表面氧化处理，在机箱外表面烘漆，颜色为银灰色。
220
212
180
127
380
10×M4
412
444
箱体总成
比例
1:3
数量
材料
重量
制图
审核

图8-8 箱体表达方案

图 8 - 9 是一个轴承架的轴测图。该轴承架由三部分构成：上部是轴承（圆筒），孔内安装回转轴，其顶部有凸台，凸台中间的螺孔用于安装油杯，以润滑运动轴；轴承一端与安装板连接，安装板下部有两个对称的通孔；圆筒与安装板之间是加强结构强度的三角形肋板。

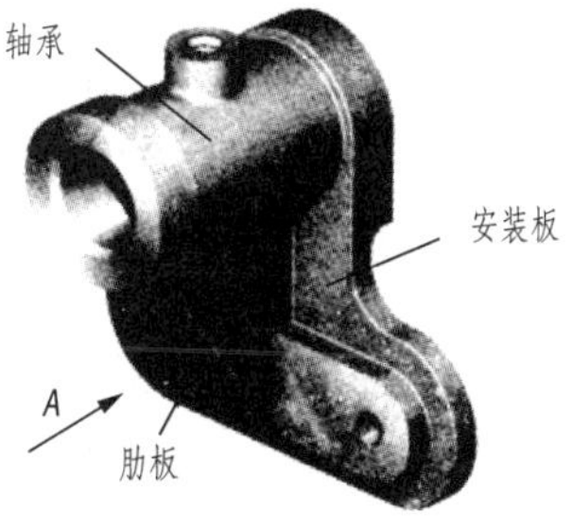

图 8 - 9 轴承架的轴测图

零件的表达就是选择一组恰当的视图将零件的结构形状表达清楚。由于零件的结构形状有简有繁，因此表达其形状所需的视图就有多有少，同一个零件可以有不同的表达方案。如图 8 - 10 所示，方案 I 用了四个视图（主、左视图，A 向局部视图和 B—B 断面图）；方案 II 用了五个视图和一个移出断面；方案 III 仅用了三个视图和两个重合断面。

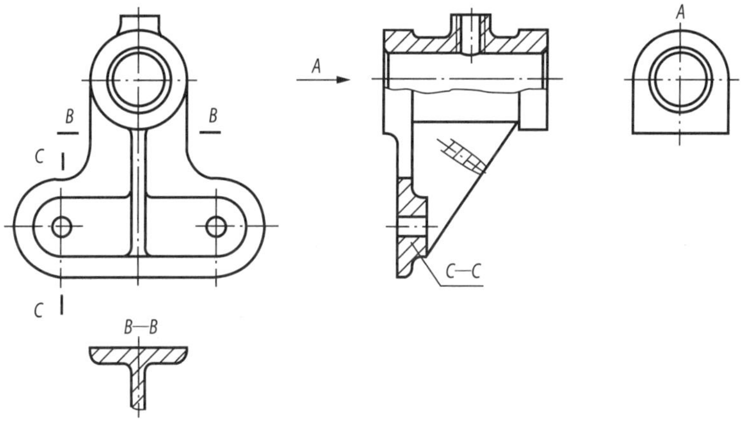

（a）方案I

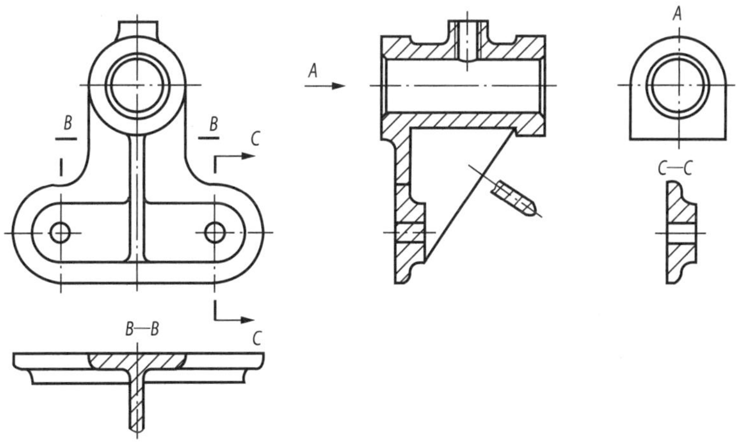

（b）方案II

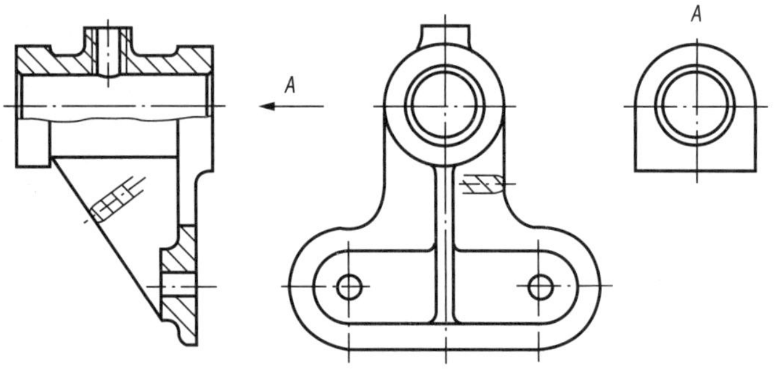

（c）方案Ⅲ

图 8-10　轴承架表达方案

以上三种表达方案都已将轴承架的结构形状表达清楚，但三种方案在选择主视图和采用的视图数量、表示方法等方面都不尽相同而各有特点。下面从两方面来分析比较这三种表达方案。

（1）主视图的比较　三种方案的主视图都符合零件的主要加工位置或工作位置。方案Ⅰ、Ⅱ的主视图投射方向相同，主要反映安装板的形状特征及其与轴承、肋板的关系；方案Ⅲ的主视图突出表示轴承以及凸台、螺孔的结构形状。对于轴承架来说，轴承是它的主要结构，在主视图上直接显示轴承的结构比反映安装板的形状更为重要。所以方案Ⅲ的主视图选择比较合理。

（2）其他视图的比较　主视图确定以后，应考虑需要再画出哪几个视图才能完整、清晰地表达轴承架的结构形状。三个方案都采用 *A* 向视图表示轴承另一端凸缘的不同外形，也都采用了两个基本视图——主视图和左视图。为了表示安装板和肋板的断面形状，方案 *I* 补充了一个 *B*—*B* 断面图，方案Ⅱ添加了一个 *B*—*B* 全剖视图，又增加一个 *C*—*C* 断面图。比较两个方案，方案Ⅱ采用 *B*—*B* 剖视图表示安装板和肋板的断面形状，显然不如方案Ⅰ采用 *B*—*B* 断面图简明；对于安装板上的两个圆孔，方案Ⅰ在左视图中采用局部剖视表达，而方案Ⅱ则多画了一个 *C*—*C* 断面图。所以方案Ⅰ比方案Ⅱ显得简明。但方案Ⅲ对于安装板和肋板以及安装板上圆孔的表达更为简练，因为通过主视图和左视图已将安装板和肋板的外形表示清楚了，只要用重合断面表示它们的轮廓形状和厚度即可。

综上所述，方案Ⅲ由于抓住了选择主视图这一关键，用较少的视图正确、完整、清晰地表达了轴承架的结构形状，所以它是三种方案中的最佳表达方案。

图 8-11 所示支架主视图是按工作位置放置选择的，表达了支架外部轮廓形状，俯视图采用局部剖表达内部机构形状，*A*—*A* 全剖视图表达内部结构形状，*C* 向局部视图表达右后端面外部形状。

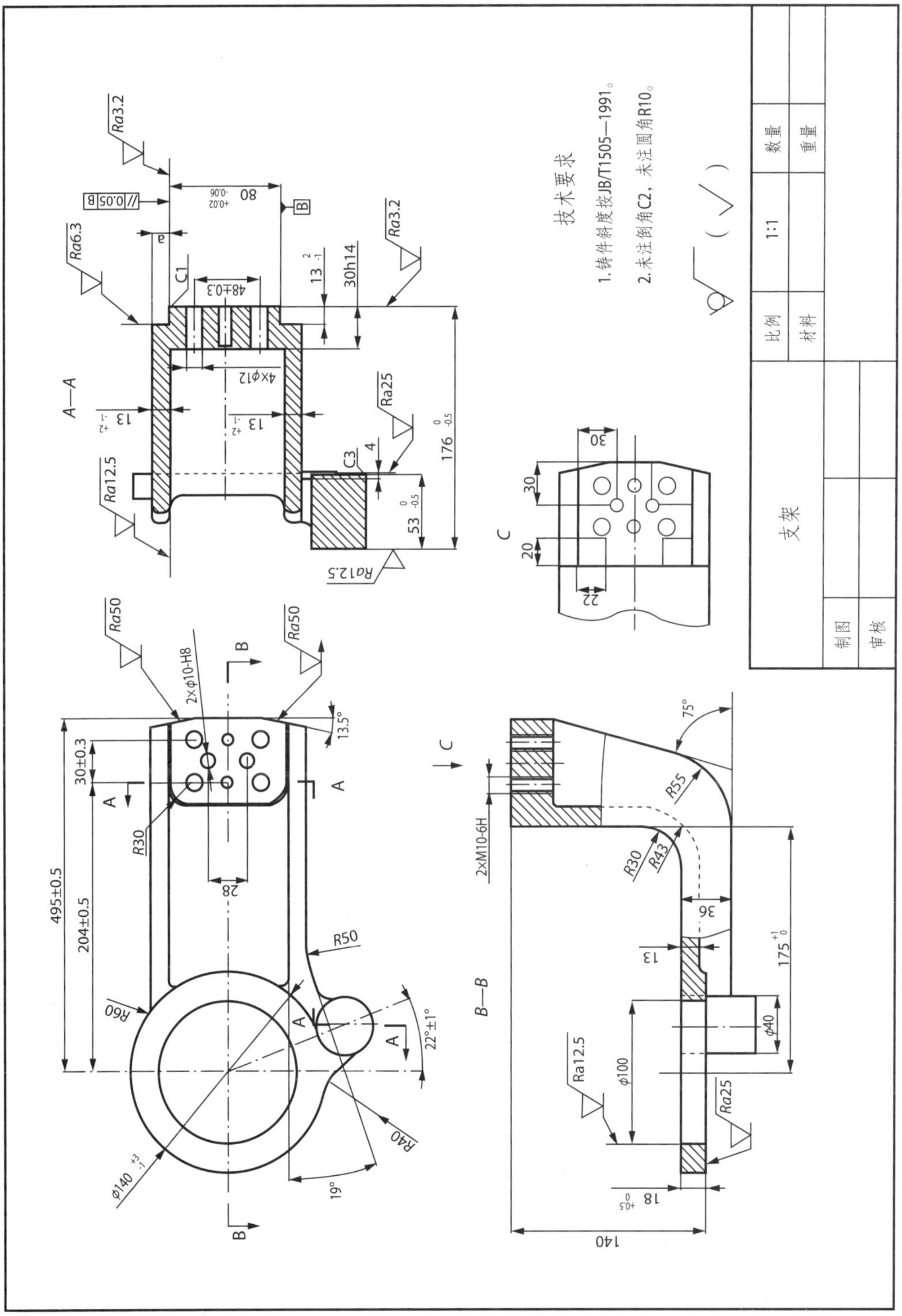
A—A
B—B
C
技术要求
1.铸件斜度按JB/T1505—1991。
2.未注倒角C2，未注圆角R10。
支架
比例
1:1
数量
材料
重量
制图
审核
495±0.5
204±0.5
30±0.3
2×φ10-H8
R30
R60
R50
R40
28
13.5°
22°±1°
19°
2×M10-6H
R55
R43
75°
36
13
φ40
φ100
140
48±0.3
4×φ12
30h14
C1
C3
Ra3.2
Ra6.3
Ra12.5
Ra25
Ra50
20
22
30

图8-11 支架表达方案

8.3 零件图的尺寸标注

8.3.1 零件图尺寸标注的要求

在零件图上标注尺寸，除满足完整、正确、清晰的要求外，还要求标注合理，即所注尺寸能满足设计和加工要求，使零件有满意的工作性能又便于加工、测量和检验。

由于零件的尺寸标注涉及许多设计、加工工艺和专业知识，而且还需要一定的实践经验，所以这里仅对尺寸合理标注进行初步介绍。

8.3.2 尺寸基准的选择

要做到合理标注尺寸，首先必须选择好尺寸基准。尺寸基准是指零件在设计、制造和检验时，计量尺寸的起点。在零件上选择尺寸基准时，必须根据零件在机器或部件中的作用、装配关系和零件的加工、测量方法等情况来确定，既要考虑设计要求，又要考虑加工工艺的要求。从设计和工艺的不同角度来确定基准，一般把基准分成设计基准和工艺基准两大类。

1. 设计基准

在设计时，确定零件在机器或部件中位置的一些面、线或点。图 8－12 中底面 B 为设计基准，以保证轴承孔到底面的高度，对称面 C 也是设计基准，以保证两孔之间的距离及其对轴孔的对称关系。

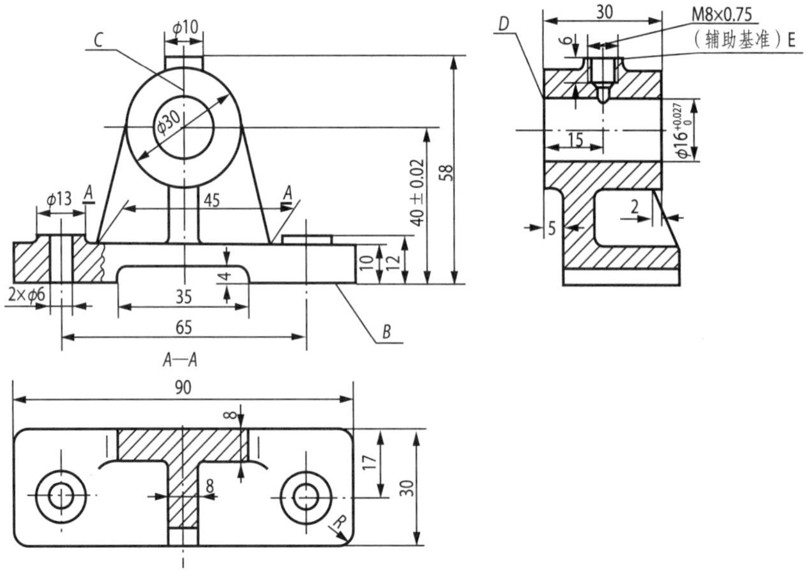

图 8－12 轴承座尺寸及尺寸基准分析

2. 工艺基准

在加工或测量时，确定零件位置的一些点、线或面。图 8 - 12 中端面 D 为工艺基准，以保证轴承孔的长度尺寸为 30 和加油螺孔的定位尺寸 15；端面 E 也是工艺基准，以便测量加油孔的深度 6。

选择尺寸基准的原则：

（1）要使所注尺寸合理，应尽可能使设计基准与工艺基准一致。这样既能满足设计要求，又便于加工和测量。

（2）当设计基准与工艺基准不一致时，一般将零件的重要设计尺寸，从设计基准出发来标注，以满足设计要求。一些不重要的设计尺寸，则可从工艺基准出发标注，以便于加工和测量。

每个零件都有长、宽、高三个方向，因此，每个方向至少有一个尺寸基准。根据基准的重要程度，又可以分为主要基准和辅助基准。决定零件主要尺寸的基准称为主要基准。根据设计、加工测量上的要求，一般还要附加一些基准，把附加的基准称为辅助基准，但辅助基准必须与主要基准保持直接的尺寸联系。

在具体考虑零件图的尺寸基准时，通常选取零件的主要加工面、对称平面、安装底面、端面、主要轴线等作为尺寸基准。如图 8 - 12 所示，轴承座底面 B 为高度方向的主要基准，左右对称面 C 为长度方向的主要基准，轴承端面 D 为宽度方向的主要基准。

8.3.3 合理标注尺寸的原则

1. 满足设计要求

（1）主要尺寸应由设计基准直接注出。主要尺寸是指零件上对机器（或部件）的使用性能和装配质量有直接影响的尺寸，这些尺寸必须在图样上直接注出。一般指以下几种尺寸：

① 直接影响机器传动精度的尺寸，如齿轮的中心距等；

② 直接影响机器性能的尺寸，如齿轮油泵主动轴的中心高等；

③ 零件相互配合的尺寸，如轴与孔的配合尺寸等；

④ 决定零件安装位置的尺寸，如螺栓孔的中心距、孔的分布圆直径等。

如图 8 - 13 所示，标注支座的尺寸时，支座上部轴孔（轴套装在其内）的尺寸 ϕ30H8，轴线到底面的距离（中心高）36，底板安装孔之间的距离 82 及 22 等都是主要尺寸，必须在零件图上直接标注。

（2）不要注成封闭尺寸链。在图样中每一个度量方向上，按一定的顺序依次连接起来的尺寸标注形式称为尺寸链，尺寸链中的每一部分称为环。若所有的环都标注尺寸，就形成了封闭尺寸链。这种尺寸标注会出现误差积累，而且可能恰好积累在某一重要的尺寸上，从而导致零件成为次品或废品。因此，实际标注尺寸时，应在尺寸链中选一个不重要的环不注尺寸，将其他各环尺寸误差积累到该环中，如图 8 - 14 所示。

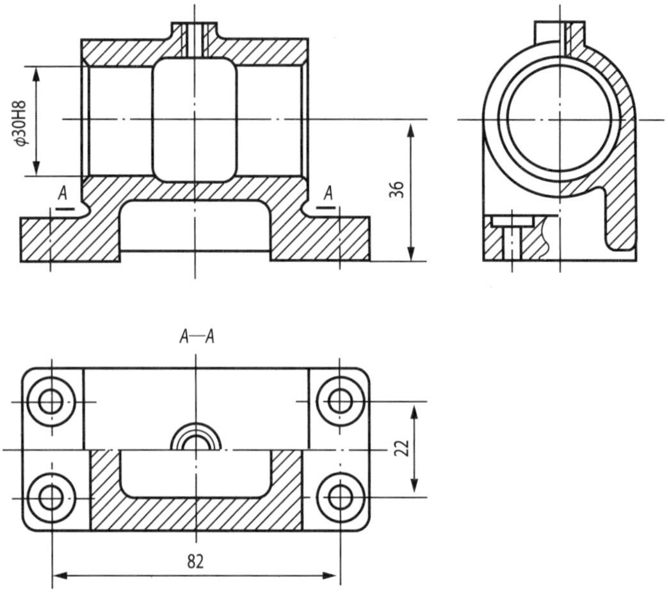

图 8-13　零件上的主要尺寸直接标注

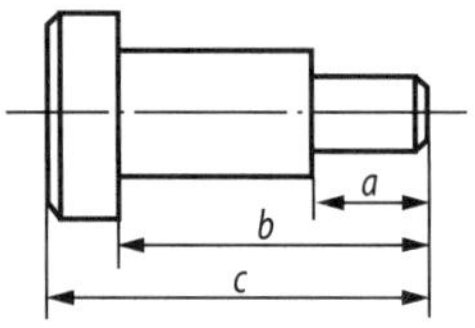

（a）坐标式

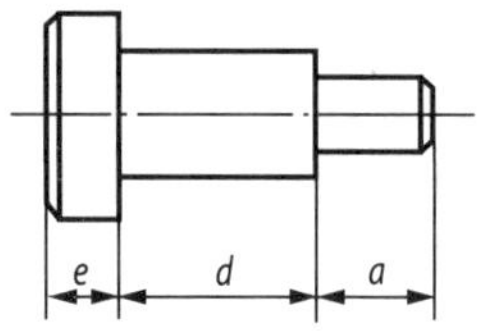

（b）链状式

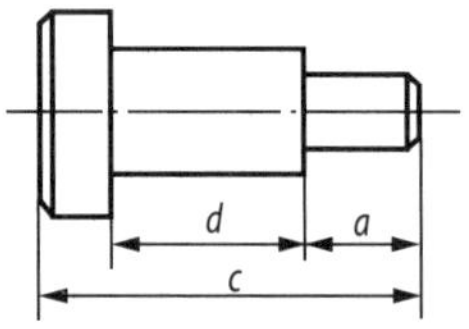

（c）综合式（广泛用）

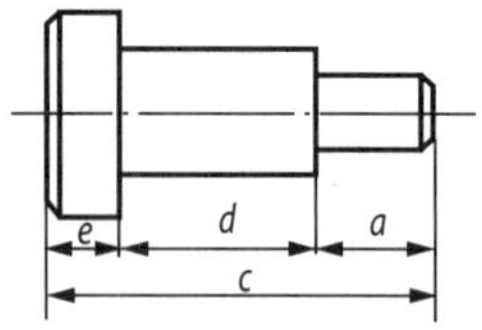

（d）封闭式（避免用）

图 8-14　尺寸标注形式

2. 满足工艺要求

(1) 按加工顺序标注尺寸。轴套类零件或阶梯孔按加工顺序标注尺寸，便于加工测量，如图 8-15 所示轴的尺寸标注。

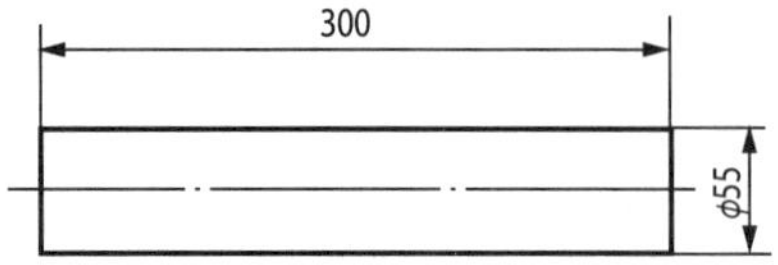

（a）车端面、打中心孔、车外圆

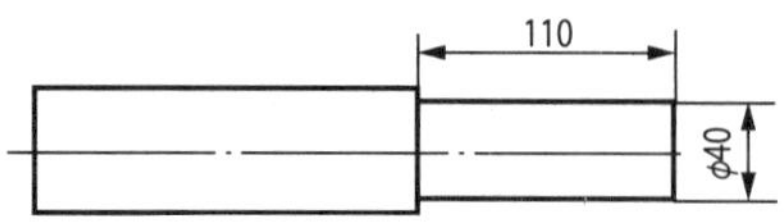

（b）车φ40轴颈

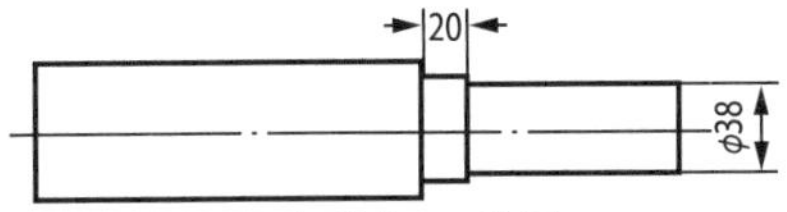

（c）精车ϕ38外圆

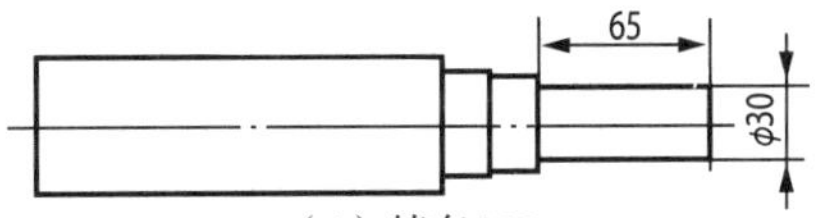

（d）精车ϕ30

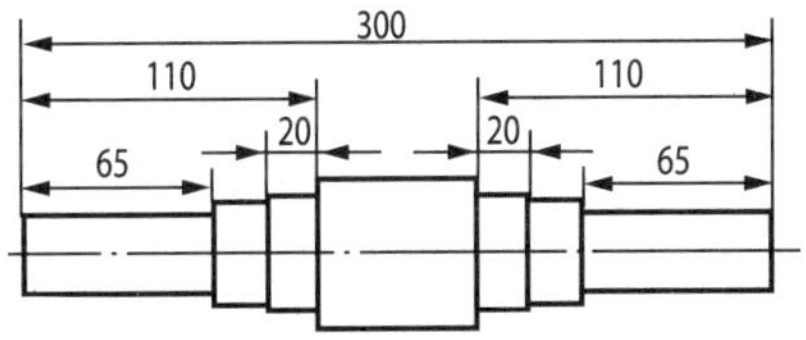

（e）掉头车另一端

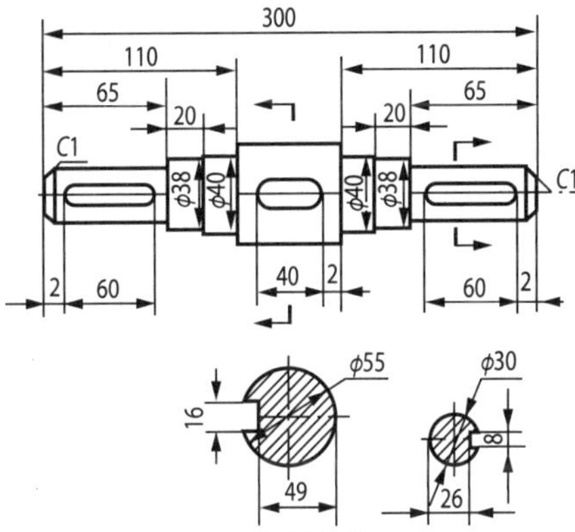

（f）铣键槽

图 8－15　轴的加工顺序

（2）同一种加工方法的尺寸应尽量集中标注。如图 8－15（f）所示，轴上的键槽尺寸在铣床上加工，长度尺寸标注在主视图上，而槽宽和槽深的尺寸集中标注在断面图上。

（3）标注尺寸应尽量考虑测量方便，如图 8－16 所示。

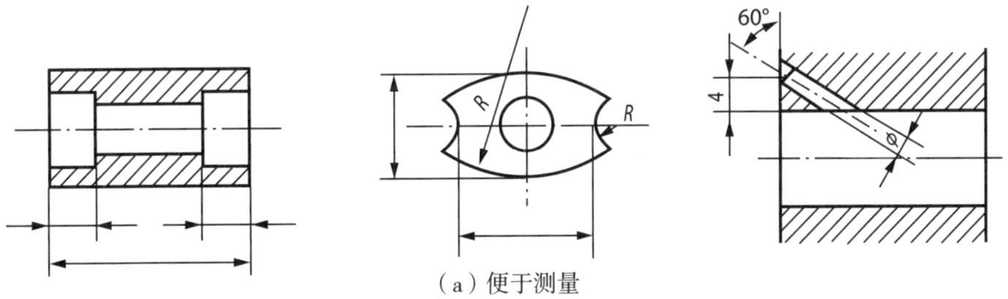

（a）便于测量

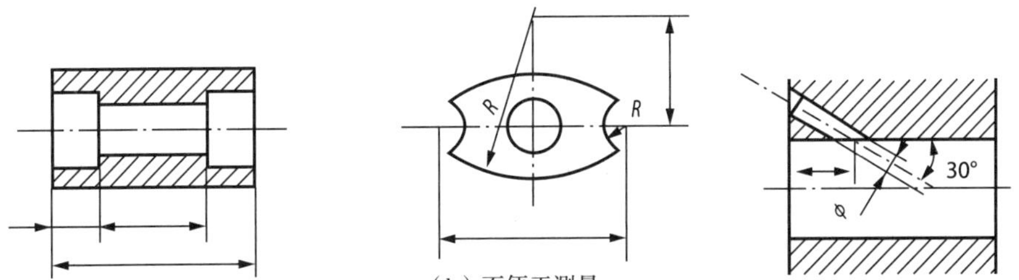

（b）不便于测量

图 8－16　尺寸测量方便

3. 常见结构要素的尺寸标注

尺寸标注中，对一些零件上常见结构的简化注法和习惯注法，国家标准做了相应的规定，标注时必须符合这些规定，并在实践中逐渐熟记。常见结构要素的尺寸标注见表 8-1。

表 8-1　常见结构要素的尺寸标注

零件结构类型		标注图例	说明
光孔	一般孔	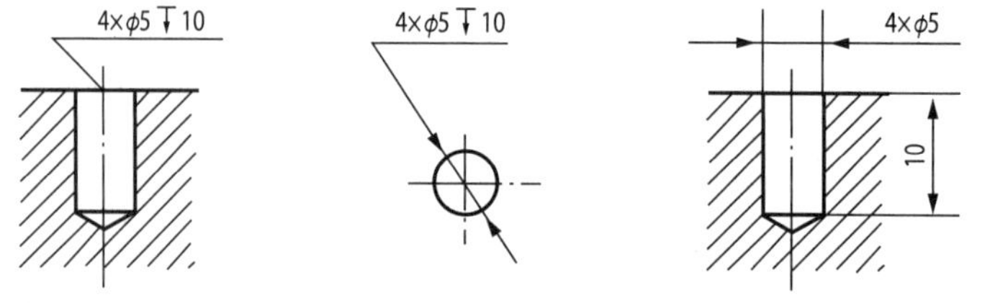	4×ϕ5 表示直径为 5、有规律分布的四个圆孔。孔深可以与孔径连注，也可分开注出
	精加工孔	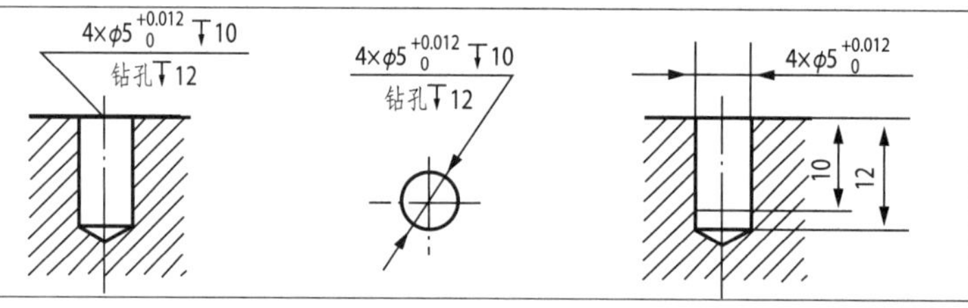	光孔深为 12，钻孔后需精加工至ϕ$5^{+0.0120}_{0}$，深度为 10
	锥销孔	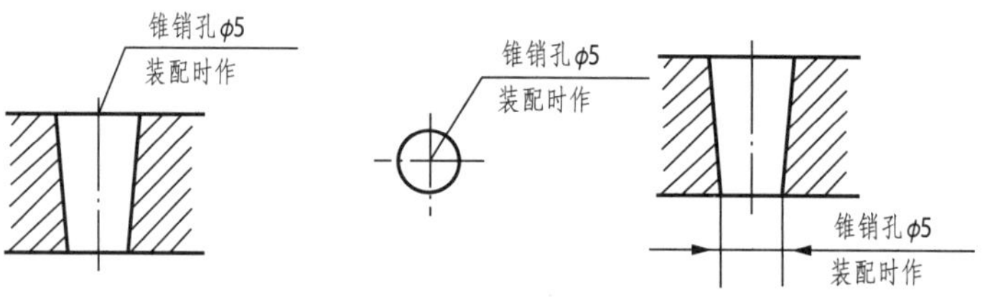	ϕ5 为与锥销孔相配的圆锥销小头直径。锥销孔通常是相邻两零件装配后一起加工的
沉孔	锥形沉孔	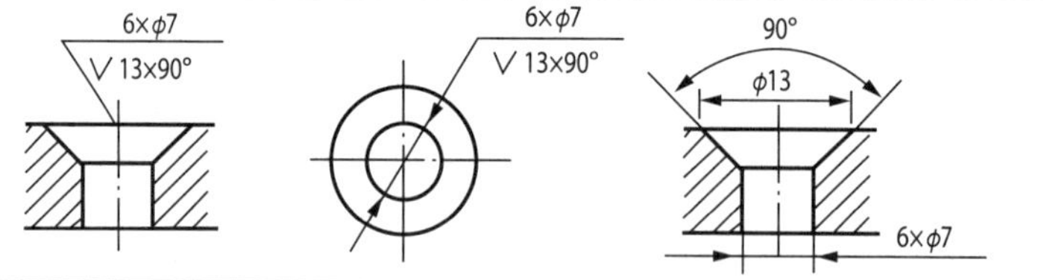	6×ϕ7 表示直径为 7，有规律分布的 6 个孔。锥形部分尺寸可以旁注，也可以直接注出
	柱形沉孔	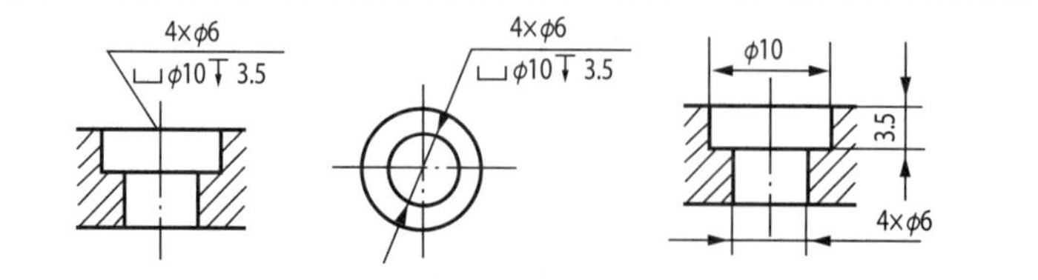	4×ϕ6 的意义同上，柱形沉孔的直径为 10，深度为 3.5，均需注出
	锪平孔	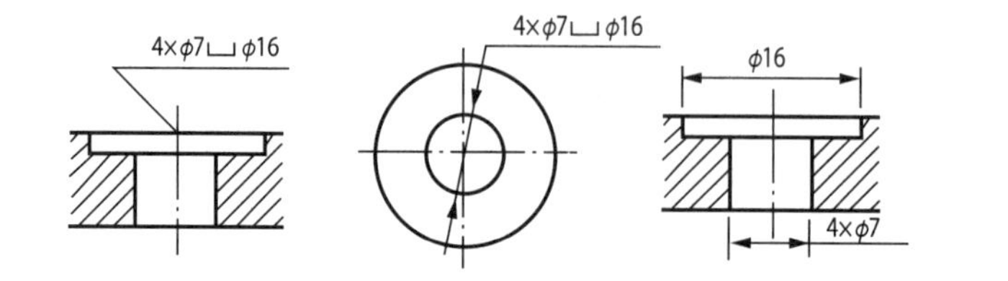	锪平面ϕ16 的深度不需标注，一般锪平到不出现毛面为止

（续表）

零件结构类型		标注图例	说明
螺孔	通孔	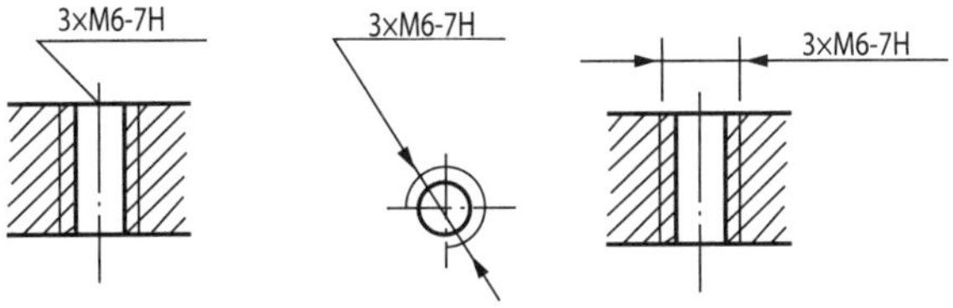	3×M6 表示大径为 6，有规律分布的三个螺孔，可以旁注，也可直接注出
	不通孔	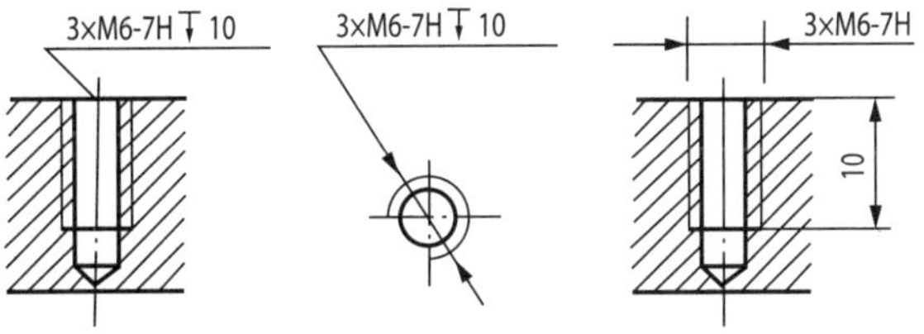	螺孔深度可与螺孔直径连注，也可分开注出
	不通孔	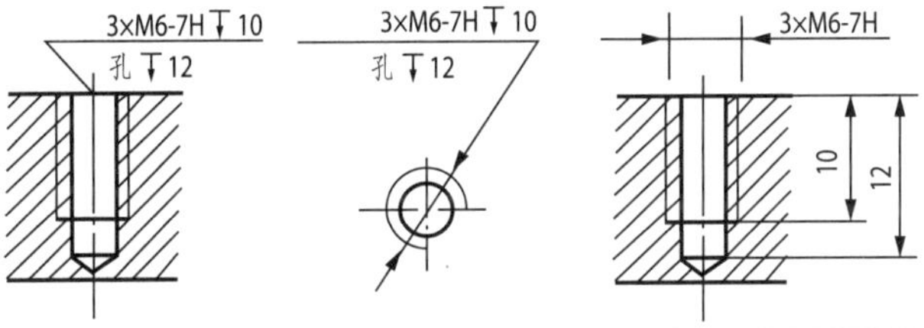	需要注出孔深时，应明确标注孔深尺寸
倒角		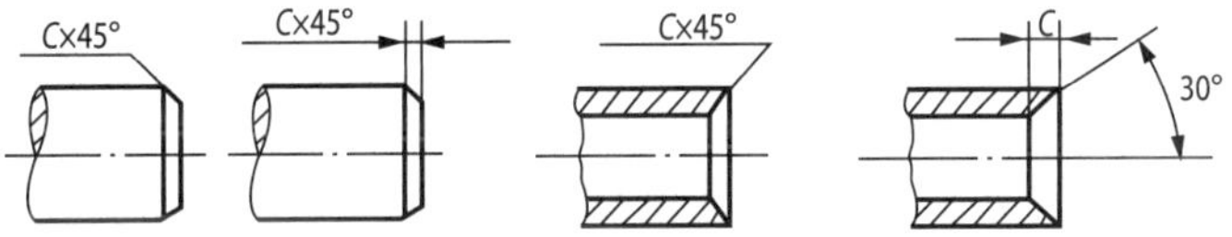	一般倒角为 45°，标注形式为“宽度×角度”
退刀槽		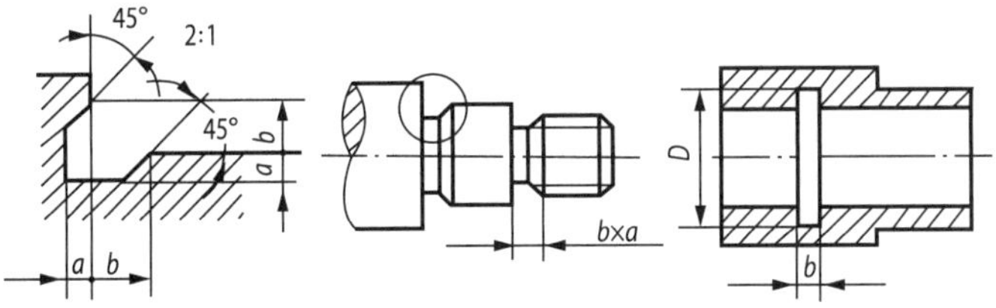	退刀槽可按“槽宽×直径”或“槽宽×槽深”形式标注
键槽	平键键槽	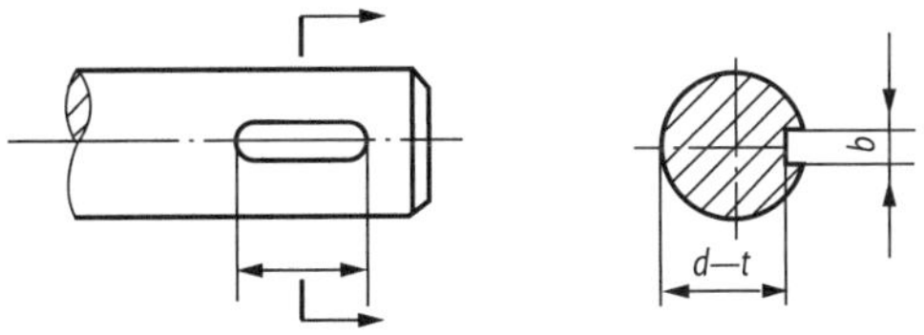	
	半圆键键槽	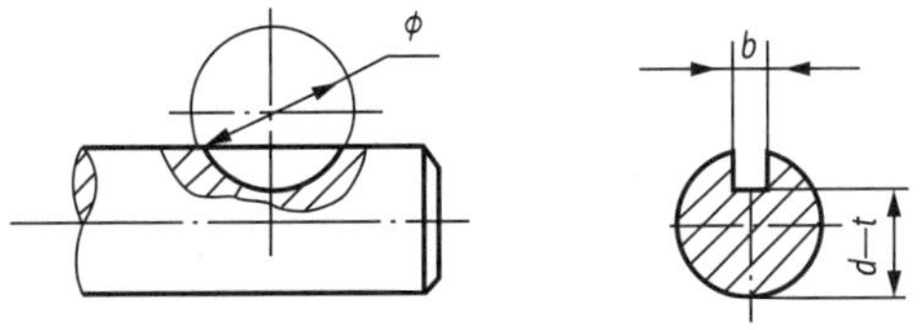	半圆键如图所示标注便于测量和选择铣刀直径

8.4 零件图的技术要求

零件图上除了有表达零件形状的图形和表达零件大小的尺寸外，还必须有制造该零件时应达到的一些技术要求。技术要求主要包括：表面粗糙度、尺寸公差、形状和位置公差，材料热处理和表面处理，零件的特殊加工要求、检验和试验说明等。

零件图上的技术要求如表面粗糙度、尺寸公差、形位公差应按国家标准规定的各种代（符）号标注在图形上，无法标注在图形上的内容，可用文字分条注写在图纸下方空白处。

8.4.1 表面结构要求

1. 概述

由于受实际加工过程中各种因素的影响，零件的实际表面都不是绝对平滑的。零件的实际表面受到表面粗糙度、表面波纹度、形状误差等综合影响。

表面粗糙度是在加工零件时，由于刀具在零件表面上留下的刀痕及切削分裂时表面金属的塑性变形所形成的具有较小间距（通常波距小于 1 mm）的峰谷所组成的微观几何形状特性。零件表面粗糙度是评定零件表面质量的一项技术指标，它对零件的配合性质、工作精度、耐磨性、耐腐蚀性、密封性和外观等都有影响。

表面波纹度是在零件的机械加工过程中，由于机床和工具系统的振动在零件表面形成的间距比粗糙度大得多（通常波距大于 1 mm，但小于 10 mm）的表面不平度。表面波纹度直接影响零件表面的机械性能，如零件的接触刚度、耐磨性和疲劳强度等。

形状误差主要由加工机床的几何精度、工件安装误差、热处理变形等因素造成的表面不平度，通常指波距大于 10 mm 的情形。

表面结构是原始轮廓（*P* 轮廓）、粗糙度轮廓（*R* 轮廓）和波纹度轮廓（*W* 轮廓）的叠加。

2. 表面结构的图形符号

《产品几何技术规范（GPS）技术产品文件中的表面结构的表示法》（GB/T 131—2006）中具体规定了表面结构的各项要求在图样上的表示法。表面结构的图形符号及意义如表 8-2 所示。

表 8-2 表面结构的图形符号及意义

图形符号	意义
	基本图形符号，表示表面可用任何方法获得。当不加注粗糙度参数值或有关说明，仅适用于简化代号标注
	扩展图形符号，表示表面是用去除材料的方法获得，如车、铣、钻、磨、剪切、抛光、腐蚀、电火花加工、气割等

（续表）

图形符号	意义
	扩展图形符号，表示表面是用不去除材料的方法获得，如铸、锻造、冲压、热轧、冷轧、粉末冶金等；或者是保持上道工序的状况或原供应状况
	完整图形符号，在上述三个符号的长边上均可加一横线，用于标注相关参数和说明
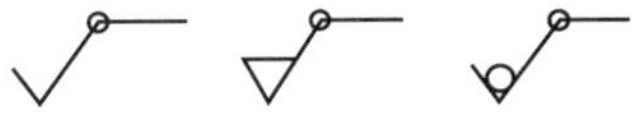	相同要求图形符号，上述三个符号的长边上均可加一小圆，表示所有表面具有相同的粗糙度

3. 评定表面结构的常用轮廓参数

轮廓参数是工程图样中常用的评定表面结构的参数，它包含了粗糙度轮廓参数（*R* 数）、波纹度轮廓参数（*W* 参数）和原始轮廓参数（*P* 参数）。国家标准规定了表面粗糙度的评定参数及其数值，供合理选用。此处主要介绍评定粗糙度轮廓参数中的两个高度参数 Ra 和 Rz。

（1）轮廓算术平均偏差 Ra

轮廓算术平均偏差 Ra 是最常用的评定参数，它是指在取样长度 l 范围内，被测轮廓上各点至基准线的距离 Z_i 的算术平均值，如图 8－17 所示，可用下式表示：

$$Ra=\frac{1}{l}\int_0^l |Z|\,\mathrm{d}x$$

或近似表示为

$$Ra=\frac{1}{n}\sum_{i=1}^{n}|Z_i|$$

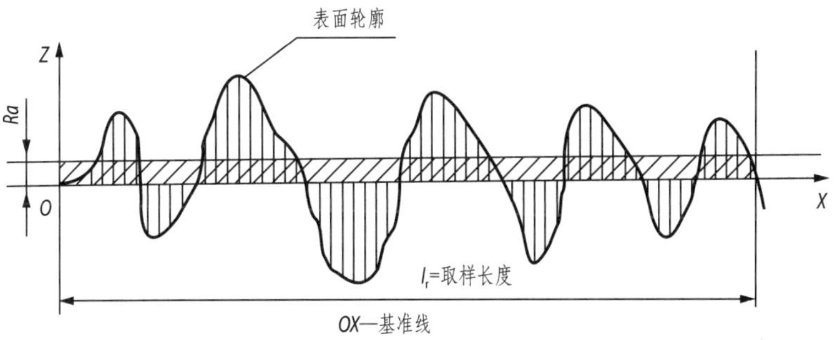

图 8－17　轮廓算术平均偏差 Ra 评定示意图

轮廓算术平均偏差 Ra 的数值见表 8－3，Ra 数值越小，零件表面越平整光滑，反之零件表面越粗糙。

表 8-3 轮廓算术平均差值 Ra 的数值 (μm)

第 1 系列	第 2 系列	第 1 系列	第 2 系列	第 1 系列	第 2 系列	第 1 系列	第 2 系列
	0.008						
	0.010						
0.012			0.125		1.25	12.5	
	0.016		0.160	1.6			16
	0.020	0.20			2.0		20
0.025			0.25		2.5	25	
	0.032		0.32	3.2			32
	0.040	0.40			4.0		40
0.050			0.50		5.0	50	
	0.063		0.63	6.3			63
	0.080	0.80			8.0		80
0.100			1.00		10.0	100	

（2）轮廓的最大高度 Rz

轮廓的最大高度 Rz 指在取样长度内最大轮廓峰高和最大轮廓谷深之和，它只能反映轮廓的最大高度，对某些表面不允许出现微观较深的加工痕迹（影响疲劳强度）有实用意义。

零件表面粗糙度，应根据零件的作用，选用恰当的加工方法，尽量降低生产成本。一般来说，凡零件上有配合要求或有相对运动的表面，表面粗糙度参数值要小。

4. *表面结构的代号标注示例*

轮廓算术平均偏差 Ra 值的标注示例及含义见表 8-4

表 8-4 轮廓算术平均偏差 Ra 的标注示例及含义

轮廓	含义
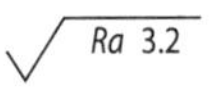	任何方法获得的表面，单向上限值，R 轮廓，Ra 上限值为 3.2 μm，“16%规则”（默认）
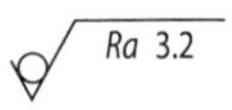	不去除材料加工方法获得的表面，单向上限值，R 轮廓，Ra 上限值为 3.2 μm，“16%规则”（默认）
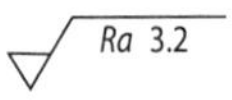	去除材料加工方法获得的表面，单向上限值，R 轮廓，Ra 上限值为 3.2 μm，“16%规则”（默认）
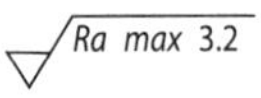	去除材料加工方法获得的表面，单向上限值，R 轮廓，Ra 最大值为 3.2 μm，“最大规则”
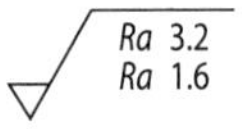	去除材料加工方法获得的表面，双向极限值，R 轮廓，Ra 的上限值为 3.2 μm，Ra 的下限值为 1.6 μm，“16%规则”（默认）

说明：

16%规则　在所有实测值中，大于给定的上限值（或小于下限值）的个数不超过总数的 16%，则认为该表面合格。该规则为默认规则，参数符号中没有“max”标记时，均默认为 16%规则。

最大规则　所有实测值均不大于给定的上限值（或小于下限值）时，该表面才认定为合格表面。此时，参数符号中应加“max”的标记。

5. 表面结构要求在图样上的标注方法

表面结构要求在图样上尽可能注在相应的尺寸及公差的同一视图上，且在没有特别说明的情况下，所标注的表面结构要求是对完工的表面的要求。

(1) 总的原则（GB/T 4458.4）为表面结构的注写和读取方向要与尺寸的注写和读取方向一致，如图 8－18 所示。

(2) 标注在轮廓线上或用指引线引出标注。表面结构要求尽可能注在确定该表面大小或位置的视图的轮廓线或其延长线上，如图 8－19 所示。必要时表面结构要求也可以用带箭头或黑点的指引线引出标注，如图 8－20 所示。

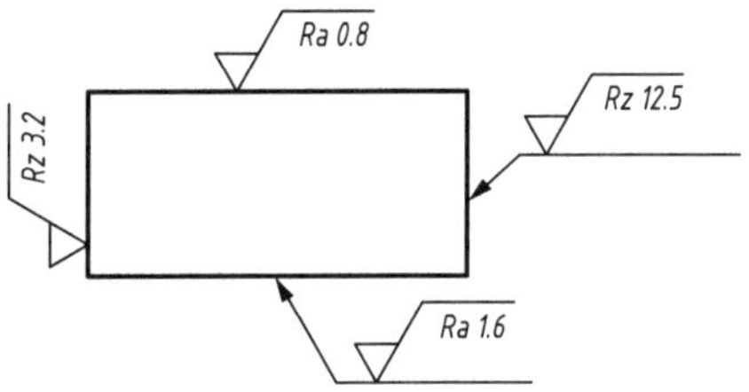

图 8－18 表面结构要求的注写方向

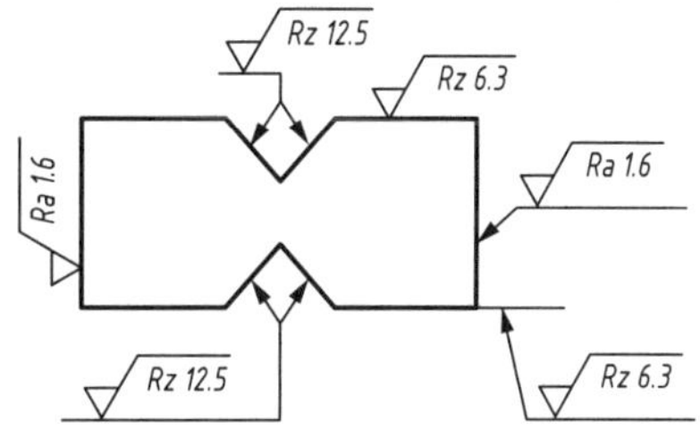

图 8－19 表面结构要求在轮廓线及延长线上的标注

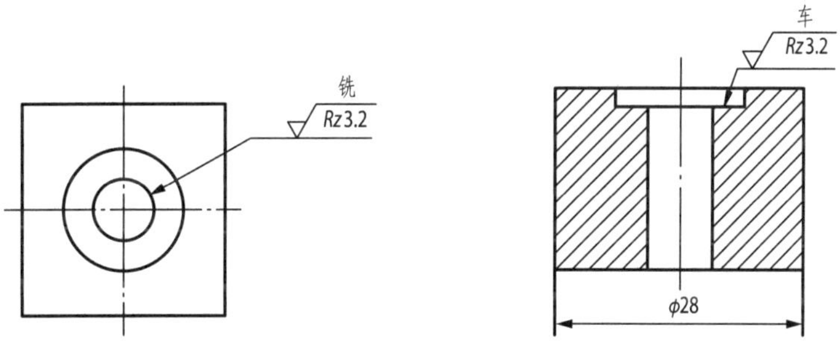

图 8－20 用指引线引出标注表面结构要求

(3) 标注在特征尺寸的尺寸线上。在不致引起误解时，表面结构要求可以标注在特征尺寸的尺寸线上，如图 8－21 所示。

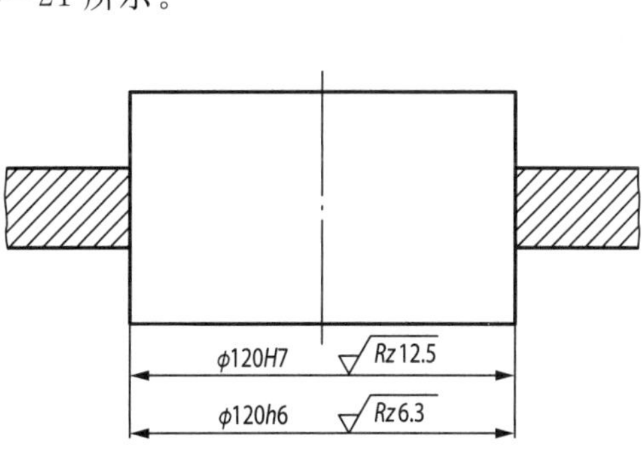

图 8－21 表面结构要求标注在尺寸线上

标注在几何公差框格上方。表面结构要求可以标注在几何公差框格上方，如图 8 - 22 所示。

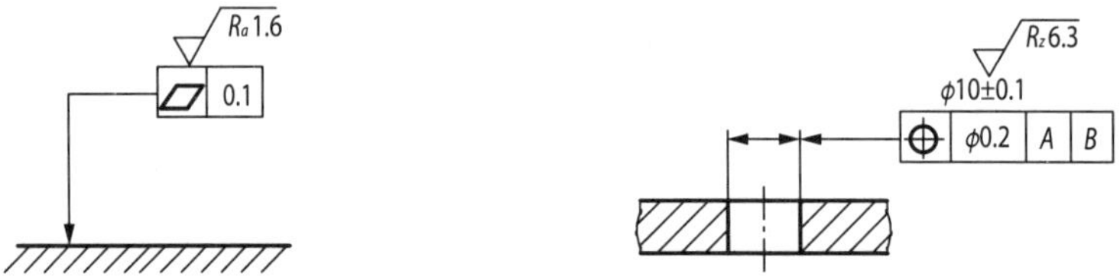

（a）　　　　（b）

图 8 - 22　表面结构要求标注在几何公差框格

（5）表面结构在图样中的简化注法如表 8 - 5 所示。

表 8 - 5　表面结构在图样中的简化注法

<table>
<tr><th>标注示例</th><th>说明</th></tr>
<tr><td>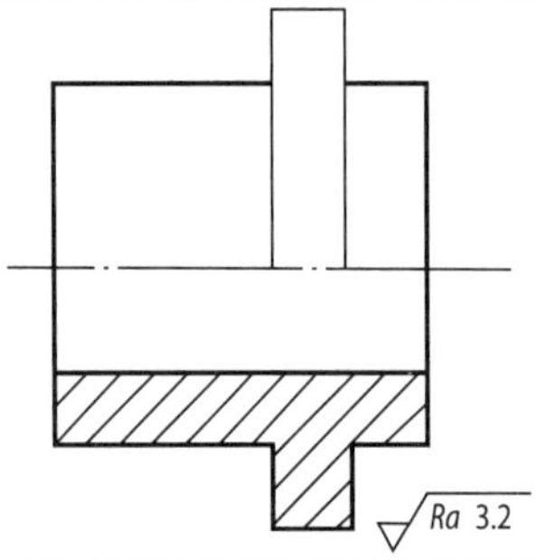</td><td>对于全部参数相同的工件，其表面结构要求可统一标注在标题栏附近</td></tr>
<tr><td>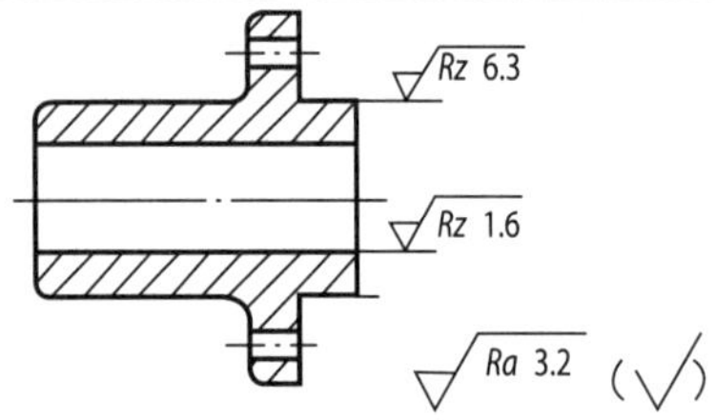</td><td rowspan="2">当工件的多数表面具有相同的结构表面要求时，结构表面要求可统一标注在标题栏附近，其符号后面有两种处理方式：
1. 圆括号内仅给出无其他标注的基本符号；
2. 圆括号内给出不同表面结构要求</td></tr>
<tr><td>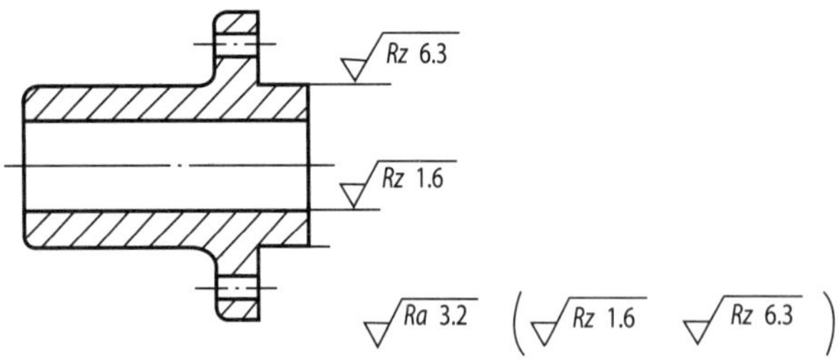</td></tr>
<tr><td>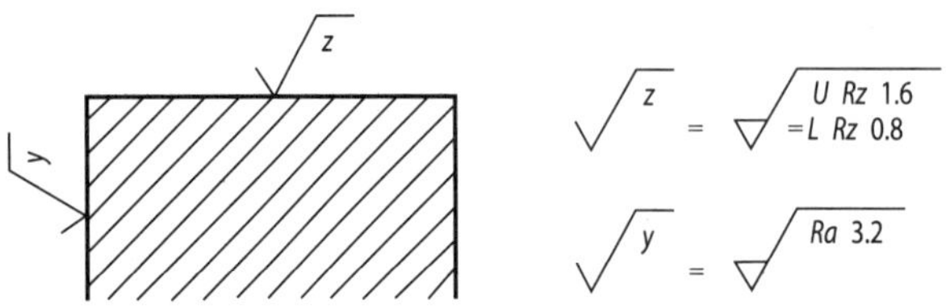</td><td>当多个表面具有相同的表面结构要求或图纸空间有限时，可用带字母的完整符号标注在图中，并以等式的形式在图形或标题栏附近标注</td></tr>
</table>

（6）两种和多种工艺获得的同一表面的表面结构要求的注法，如图 8－23 所示。

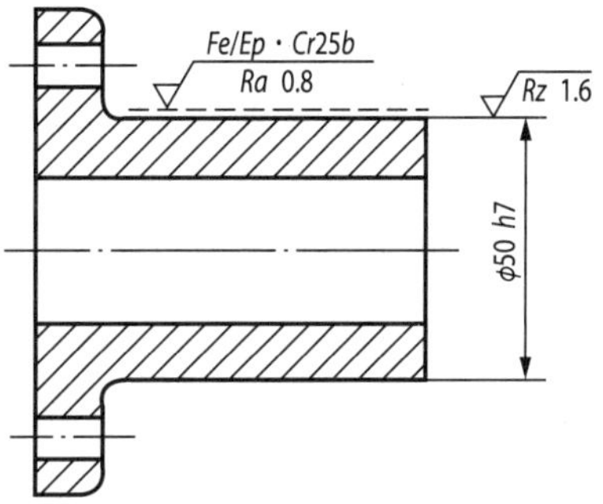

图 8－23 同时给出镀覆前后的表面结构要求的注法

8.4.2 极限与配合、几何公差简介

极限与配合、几何公差是工程图样的一项重要的技术要求，也是检验产品质量的重要技术指标。为了保证零件的设计要求，以及加工制造的合理性、经济性，零件图上应按国家标准《极限与配合》（GB/T 1800.1—2009、GB/T 1800.2—2009）和《几何公差》（GB/T 1182—2008）标注相关要求。

1. 极限与配合的基本概念

① 零件的互换性

从一批相同的零件中任取一件，不经选配，就能立即装到机器上去，并能保证使用要求，这种情况说明这批零件具有互换性。现代化的机械工业要求机器零件具有互换性，这样，既能满足各生产部门广泛的协作要求，又能进行高效率的专业化生产。

零件的互换性是制定极限与配合标准依据的原则。

② 尺寸与公差

有关尺寸公差的术语和定义，以图 8－24 圆柱尺寸为例做简要说明。

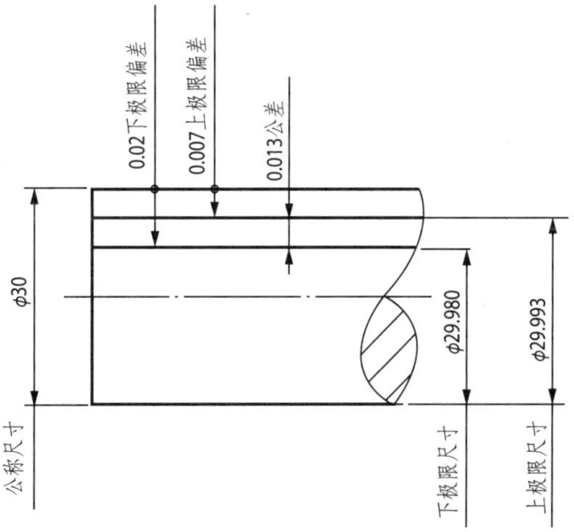

图 8－24 公称尺寸与极限尺寸

（1）公称尺寸 D（d）　由图样范围确定的理想形状要素的尺寸，如图 8－24 所示的 $\phi 30$。

（2）实际尺寸　零件制成后，通过测量所得的尺寸。

（3）极限尺寸　允许零件实际尺寸变化的两个极限值，其中较大的一个尺寸称为上极限尺寸，较小的一个称为下极限尺寸。

（4）尺寸偏差（简称偏差）　某尺寸减去基本尺寸所得的代数差。尺寸偏差有上极限偏差、下极限偏差和实际偏差。

上极限偏差＝上极限尺寸－公称尺寸

下极限偏差＝下极限尺寸－公称尺寸

如图 8－24 所示，轴的上极限偏差＝29.993－30＝－0.007；

下极限偏差＝29.980－30＝－0.020。

国家标准规定用代号 ES 和 es 分别表示孔和轴的上极限偏差；用 EI 和 ei 分别表示孔和轴的下极限偏差。实际尺寸减去公称尺寸的代数差称为实际偏差。

（5）尺寸公差（简称公差）　允许的尺寸变动量。

即：公差＝上极限尺寸－下极限尺寸

或：公差＝上极限偏差－下极限偏差

如图 8－24 所示的轴，公差＝29.993－29.980＝0.013；或公差＝［－0.007－（－0.020）］＝0.013。

（6）尺寸公差带（简称公差带）　公差带表示公差范围和相对零线位置的一个区域。

图 8－25（a）表示了一对互相结合的孔和轴的公称尺寸、极限尺寸、偏差、公差的相互关系。为简化起见，一般只画出孔和轴的上、下极限偏差围成的方框简图，称为公差带图，如图 8－25（b）所示。在公差带图中，零线是表示公称尺寸的一条直线。

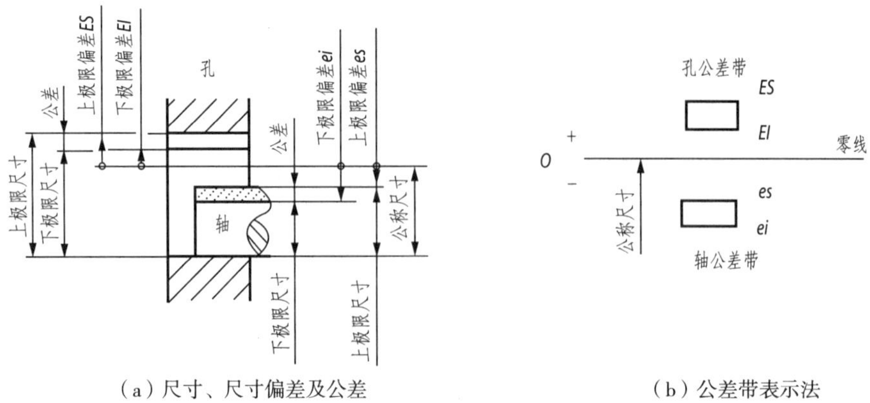

（a）尺寸、尺寸偏差及公差　　（b）公差带表示法

图 8－25　尺寸、尺寸偏差及公差带

2. 标准公差和基本偏差

为便于生产，实现零件的互换性及满足不同的使用要求，国家标准《极限与配合》规

定了公差带由标准公差和基本偏差两个要素组成。标准公差确定公差带的大小，而基本偏差确定公差带的位置，见图 8-26。

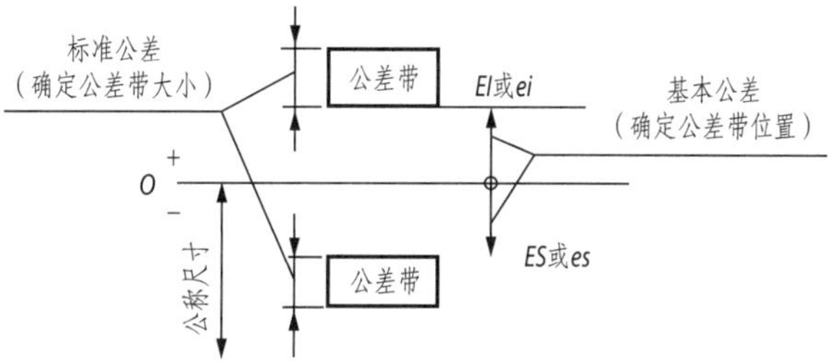

图 8-26 公差带大小及位置

（1）标准公差（IT）

标准公差的数值由基本尺寸和公差等级来决定。其中公差等级确定尺寸精确程度。标准公差分为 20 级，即 IT01，IT0，IT1，…，IT18。其尺寸精确程度从 IT01 到 IT18 依次降低。标准公差的具体数值见附页。

（2）基本偏差

基本偏差是指在标准的极限与配合制中，确定公差带相对零线位置的那个极限偏差。它可以是上极限偏差或下极限偏差，一般指靠近零线的那个偏差。当公差带在零线的上方时，其偏差为下极限偏差；反之，则为上极限偏差。基本偏差的代号用拉丁字母表示，大写的为孔，小写的为轴，各 28 个。

基本偏差系列如图 8-27 所示。从基本偏差系列图中可以看出：孔的基本偏差 $A \sim H$ 为下极限偏差，$J \sim ZC$ 为上极限偏差；轴的基本偏差 $a \sim h$ 为上极限偏差，$j \sim zc$ 为下极限偏差；JS 和 js 的公差带对称分布于零线两边，孔和轴的上、下极限偏差分别都是 $+IT/2$、$-IT/2$。基本偏差系列图只表示公差带的位置，不表示公差的大小，因此，公差带一端开口，开口的另一端由标准公差限定。

根据尺寸公差的定义，基本偏差和标准公差有以下的计算式：

$$ES = EI + IT \text{ 或 } EI = ES - IT$$

$$es = ei + IT \text{ 或 } ei = es - IT$$

孔和轴的公差带代号由基本偏差代号与公差等级代号组成。

例如：$\phi 50H8$

其中：$H8$——孔的公差带代号；H——孔的基本偏差代号；8——公差等级代号。

又例如：$\phi 50f7$

其中：$f7$——轴的公差带代号；f——轴的基本偏差代号；7——公差等级代号。

3. 配合

基本尺寸相同的、相互结合的孔和轴公差带之间的关系，称为配合。根据使用要求的不同，孔和轴之间的配合有松有紧，因而国标规定，配合分三类，即间隙配合、过盈配合、过渡配合（图 8-28）。

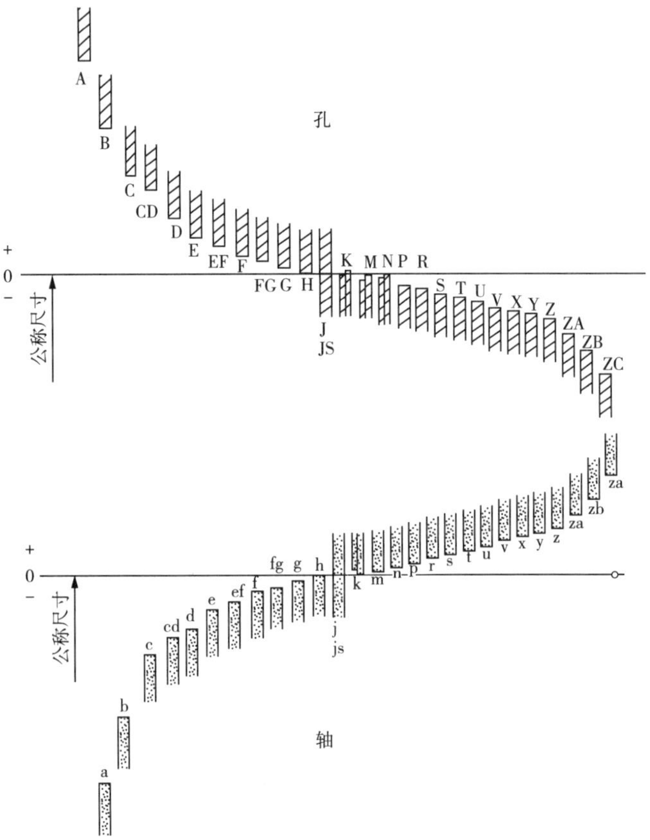

图 8-27　基本偏差系列

(1) 配合种类

① 间隙配合　孔与轴装配时有间隙（包括最小间隙等于零）的配合。如图 8-28（a）所示，孔的公差带在轴的公差带之上。

② 过渡配合　孔与轴装配时可能有间隙或过盈的配合。如图 8-28（b）所示，孔的公差带与轴的公差带互相交叠。

③ 过盈配合　孔与轴装配时有过盈（包括最小过盈等于零）的配合。如图 8-28（c）所示，孔的公差带在轴的公差带之下。

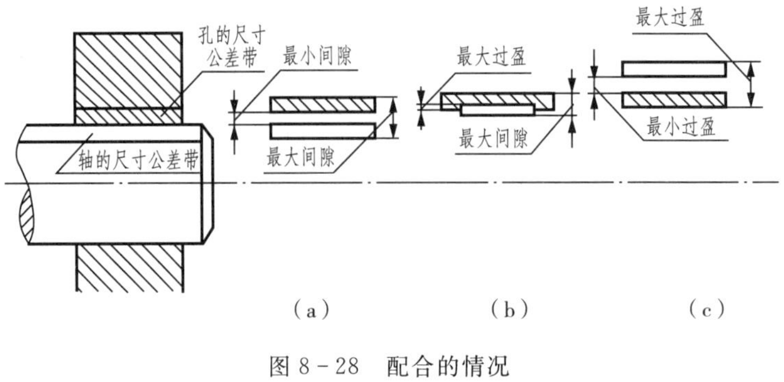

图 8-28　配合的情况

（2）配合制

国家标准规定了28种基本偏差和20个等级的标准公差后，对给定公称尺寸的孔或轴就可以形成大量的公差带。任取一对孔、轴的公差带都能形成一定性质的配合，如果任意选配，情况变化极多。这样，不便于零件的设计与制造。为此，国家标准规定了配合制。配合制是指同一极限制的孔和轴组成配合的一种制度，它分为基孔制配合和基轴制配合。

① 基孔制配合——是指基本偏差为一定的孔的公差带与不同基本偏差的轴的公差带形成各种配合的一种制度，如图8-29所示。基孔制的孔称为基准孔，其基本偏差代号为H，其下偏差为零。

② 基轴制配合——是指基本偏差为一定的轴的公差带与不同基本偏差的孔的公差带形成各种配合的一种制度。如图8-30所示。基轴制的轴称为基准轴，其基本偏差代号为h，其上偏差为零。

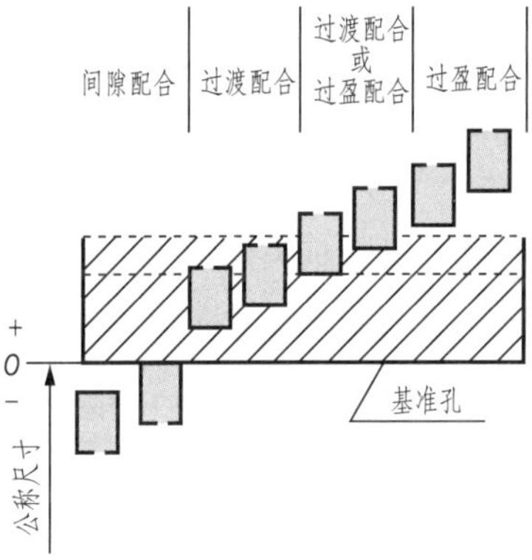

图8-29 基孔制配合

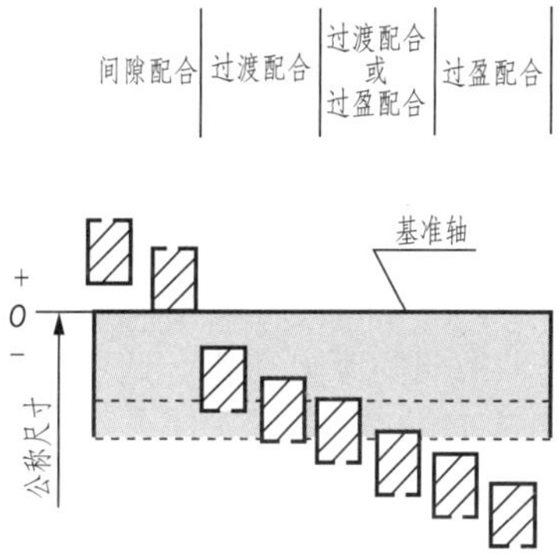

图8-30 基轴制配合

③ 配合代号

配合代号由孔和轴的公差带代号组成，写成分数形式，分子为孔的公差带代号，分母为轴的公差带代号。通常分子中含H的为基孔制配合，通常分母中含h的为基轴制配合。

例如$\phi 25H7/g6$的含义是指该配合的公称尺寸为$\phi 25$、基孔制的间隙配合，基准孔的公差带为$H7$（基本偏差为H，公差等级为7级），轴的公差带为$g6$（基本偏差为g，公差等级为6级）。

例如$\phi 25N7/h6$的含义是指该配合的公称尺寸为$\phi 25$、基轴制的过渡配合，基准轴的公差带为$h6$（基本偏差为h，公差等级为6级），孔的公差带为$N7$（基本偏差为N，公差等级为7级）。

而如$\phi 25H6/h6$，根据国家标准优先选用基孔制的原则，应考虑为基孔制配合。

4. 公差与配合在图样上的标注

（1）在装配图上标注公差与配合，采用组合式注法，如图8-31（a）所示。

（2）在零件图上的标注方法

在零件图上标注公差的方法有三种形式：只注公差带代号，如图8-31（b）所示；只注极限偏差数值，如图 8－31（c）所示；注出公差带代号及极限偏差数值，如图 8－31（d）所示。

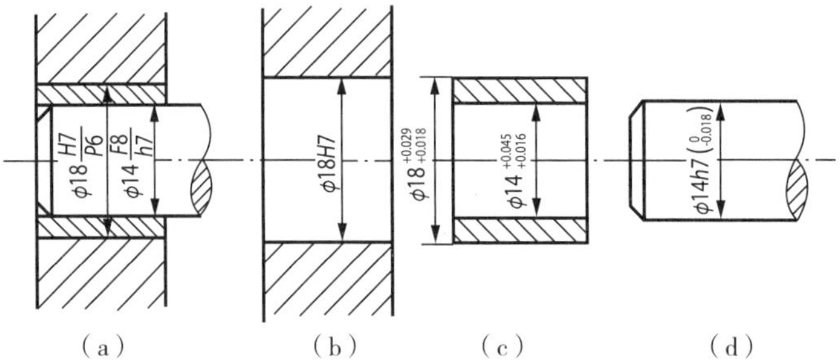

图 8－31　在图样上公差与配合的标注方法

5. 几何公差简介

零件加工后，不仅存在尺寸误差，而且会产生几何形状及相互位置的误差。图 8－32（a）所示的圆柱体，即使在尺寸合格时，也有可能出现一端大，另一端小或中间细两端粗等情况，其截面也有可能不圆，这属于形状方面的误差。再如图 8－32（b）所示的阶梯轴，加工后可能出现各轴段不同轴线的情况，这属于位置方面的误差。所以，形状公差是指实际形状对理想形状的允许变动量，方向公差是指实际方向对理想相对方向的变动量，位置公差是指实际位置对理想位置的允许变动量，跳动公差是指工件的表面对于理想轴线在径向间或轴向间的距离变化，这些公差组成了几何公差。

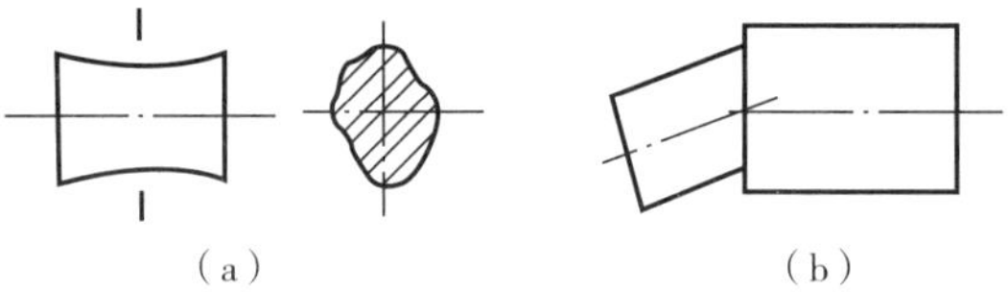

图 8－32　形状和位置误差

（1）几何公差的代号

国家标准 GB/T 1182—2018 规定了工件几何公差标注的基本要求和方法。在实际生产中，当无法用代号标注几何公差时，允许在技术要求中用文字说明。

表 8－6 给出了几何公差的分类、特征项目及符号。

表 8－6　几何公差的几何特征及符号

公差	特征项目	符号	有或无基准要求
形状公差	直线度	—	无
	平面度	⏥	无
	圆度	○	无
	圆柱度	⌭	无
	线轮廓度	⌒	无
	面轮廓度	⌓	无

（续表）

公差	特征项目	符号	有或无基准要求
方向公差	平行度	//	有
	垂直度	⊥	有
	倾斜度	∠	有
	线轮廓度	⌒	有
	面轮廓度	⌓	有
位置公差	位置度	⌖	有或无
	同轴（同心）度	◎	有
	对称度	⌯	有
	线轮廓度	⌒	有
	面轮廓度	⌓	有
跳动公差	圆跳动	↗	有
	全跳动	⌰	有

（2）几何公差的标注

图 8－33 为几何公差框格及基准代号，涂黑的或空白的基准三角形含义相同。

图 8－34 所示是一气门阀杆的几何公差标注示例。

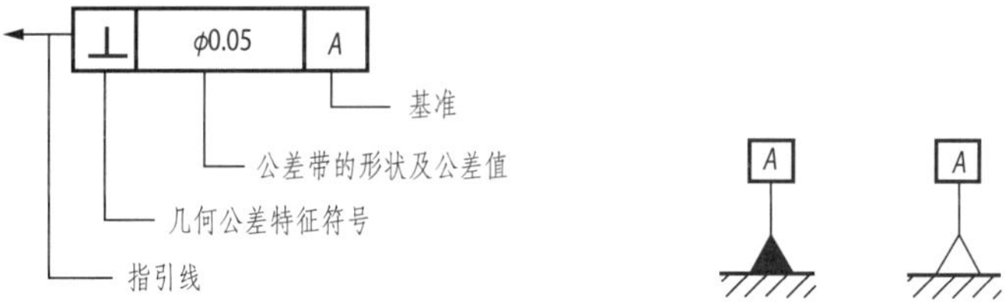

（a）几何公差框格　　（b）基准符合

图 8－33　几何公差框格及基准符号

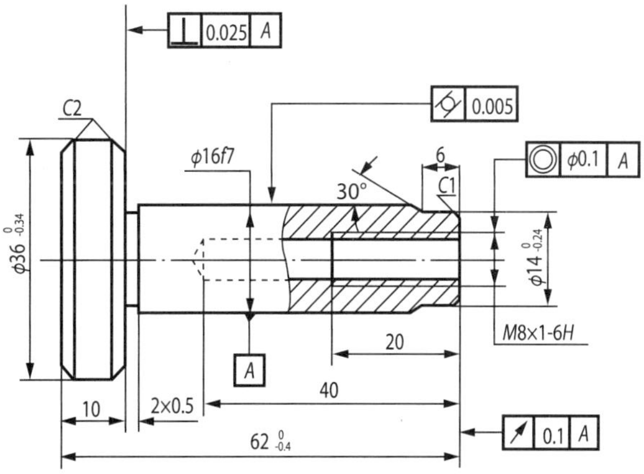

图 8－34　几何公差标注示例

本章小结

掌握好零件图的绘制，需注意两个关系，并抓住三个要点。

1. 两个关系

一是零件和部件的关系。只有充分了解零件在部件中的作用，才能正确合理地设计和绘制零件图。二是绘图和设计、工艺的关系。绘制的零件形状必须符合功能要求并便于制造和装配。

2. 三个要点

(1) 合理构型

由功能要求和整体相关关系确定零件的主体结构形状，由工艺要求及美学效果和材料等确定局部和外观构型。处于部件内部的零件构型主要考虑功能要求和便于制造，处于部件外表的零件构型则必须考虑美观。

(2) 选择最佳的表达方案

首先，主视图的选择是最重要的，一般选零件的工作位置且最能表达其特征的投射方向为主视图，而回转体类零件，其主视图应选加工位置。斜体零件可正置，以便于绘图。其次，在完整、正确、清晰的前提下，图形应力求简明，且数目尽可能少。但图形的多少并不是评价表达方案优劣的一个绝对标志，例如为了减少视图数目，而在一个视图上过多地采用局部剖视以致造成零乱，还不如多几个简明的图形好。

(3) 合理标注尺寸

必须具备一定的实际经验才能将尺寸标注得完全合理和切实可行。在本节学习中，只要求了解合理标注尺寸的一般原则，掌握一些常见典型结构的尺寸标注方法。对于技术要求主要应在理解基本概念和国标规定的前提下，重点掌握正确标注。

掌握表面粗糙度代（符）号的含义及标注方法；掌握零件图和装配图中极限与配合的公差代号的正确标注及查表方法；了解形位公差的框格标注形式，并初步学会标注。这三项技术要求是三个不同的概念，它们之间有较密切的关系。如对尺寸公差要求较高的表面，一般要求表面粗糙度参数值也较小，形位公差也要求较高，但并不能绝对地看待，要根据零件的功能具体处理，如手摇把零件表面粗糙度要求较高（表面光滑），但尺寸公差和形位公差要求却不高。因此，要将三项技术要求选择得恰到好处，必须在实践中积累经验，仅靠书本知识是不够的。

第9章 装 配 图

9.1 装配图的内容

装配图的作用主要体现在以下几个环节：

（1）设计环节。设计机器时，先绘制出反映机器或部件工作原理、结构特征和各零部件之间的装配、连接关系的装配图，才能进一步拆画、设计出零件图。

（2）制造环节。装配图是制定装配工艺规程、进行生产和检验的技术依据。

（3）安装调试，使用和维修环节。装配图是了解机器结构和性能的重要技术文件。

9.1.1 装配图的内容

图 9-1 是球阀装配图，从该装配图可以看出，一张完整的装配图应包括以下四个方面内容：

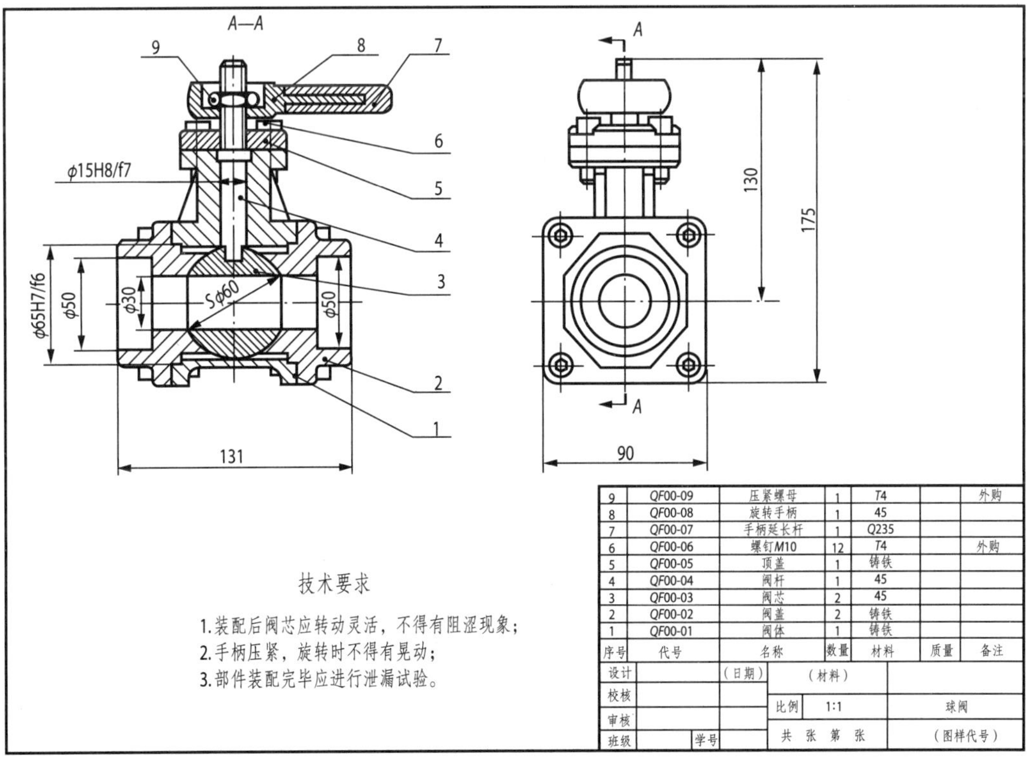

图 9-1 球阀装配图

1. 一组图形

选择一组图形，采用适当的表达方式（视图、剖视、断面、局部放大以及装配图特有的表达方法），将机器（或部件）的工作原理、零件的装配关系、连接和传动方式及主要零件的结构特征表达清楚。图 9-1 中，采用了全剖的主视图反映内部结构及各零件的连接关系，左视图反映外部形状。

2. 必要的尺寸

装配图应标注机器（或部件）的规格（性能）、外形、安装、配合及其他在设计中经计算确定的重要尺寸。

3. 技术要求

用文字或符号说明机器（或部件）在装配、检验、调试、运输、安装及使用、维修等方面所需达到的要求。

4. 零部件序号、明细栏和标题栏

在装配图中，应对不同的零部件进行编号，在对应的明细栏中依次填写序号、名称、数量、备注等内容，标题栏填写的内容包括机器（或部件）的名称、规格、比例、图号及设计、制图、审核人员签名等。

9.1.2 常用表达方法

1. 规定画法

（1）接触面、配合面的画法。相邻两零件接触面或配合面画一条线，非接触面、非配合面（基本尺寸不同）画两条线。如图 9-2 所示，螺栓连接中，上、下两板的接合面只画一条线，螺栓杆与板上的通孔不接触，必须画两条线。

（2）剖面线的画法。在剖视图中，相邻两零件的剖面线方向应相反。当有三个或三个以上零件被剖时，必然有两个或多个剖面线方向相同的零件，此时应以改变剖面线间隔的疏密度来加以区分，如图 9-1 所示。但必须特别注意：同一个零件在不同视图中剖面线的方向、间隔必须保持一致。

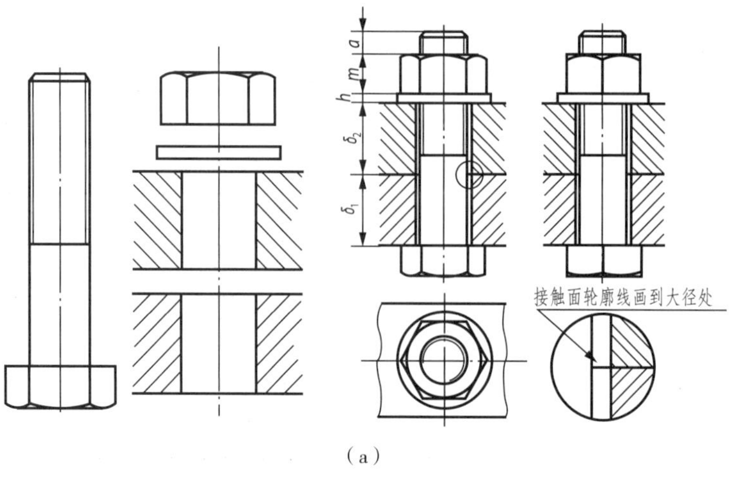

(a)

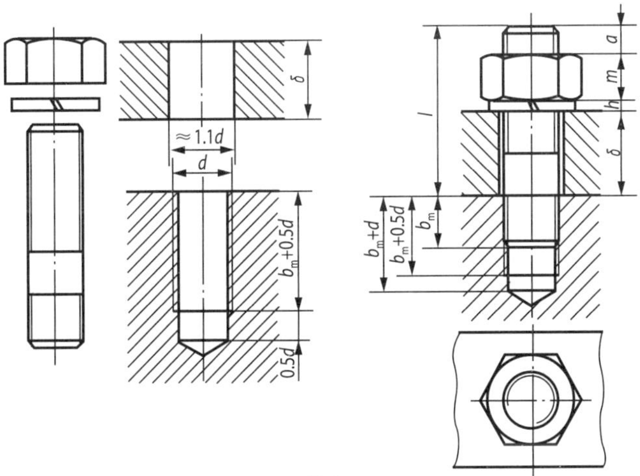

（b）

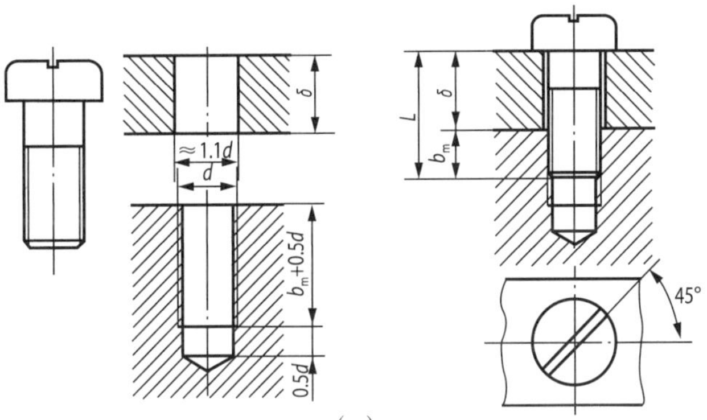

（c）

图 9 - 2　螺栓、螺柱、螺钉比例画法

（3）其他。对于紧固件及轴、球、手柄、键、连杆、钩子等实心零件，若剖切平面通过其对称平面或轴线时，这些零件均按不剖绘制，如需表达键槽、销孔等结构，轴和齿轮之间的键连接关系，可用局部剖视来表示。如图 9 - 3、图 9 - 4、图 9 - 5 所示。

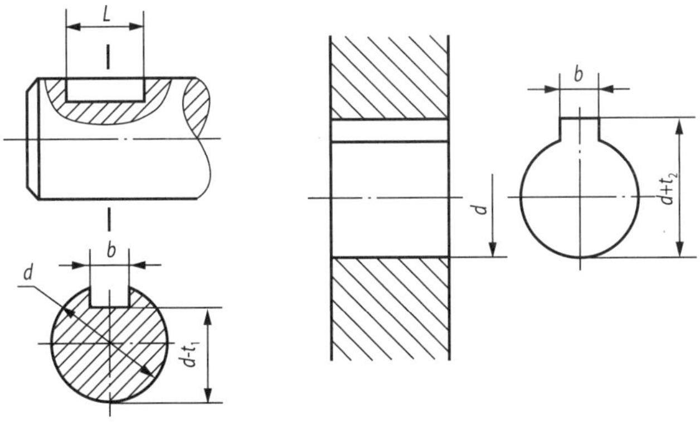

图 9 - 3　键槽的表示方法与尺寸标注

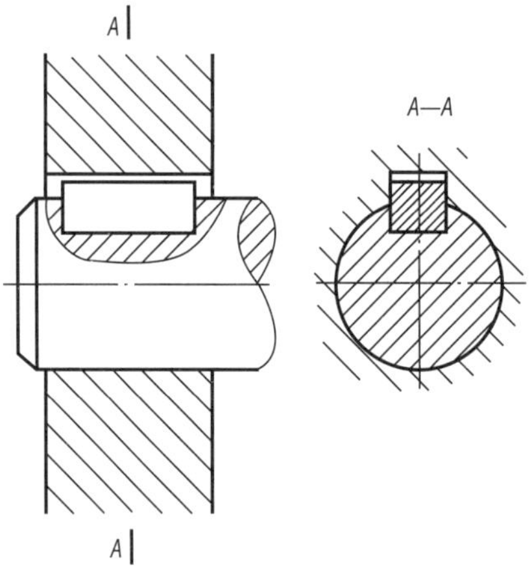

图 9-4　普通平键的连接画法

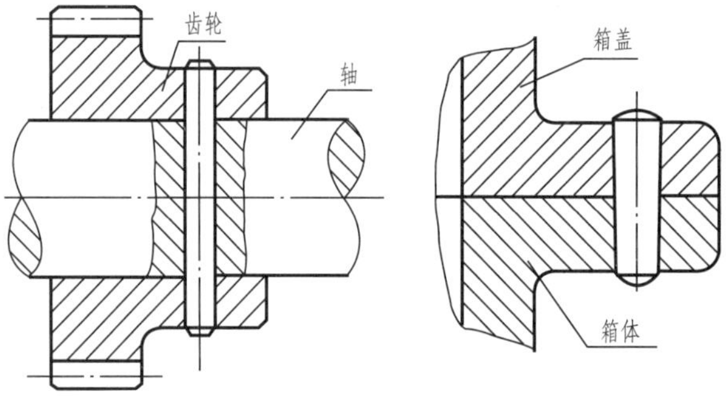

图 9-5　销连接的画法

2. 特殊画法

(1) 拆卸画法。在装配图中，如果想要表达的部分被一个或几个零件遮住，而这些零件在其他视图中已表达清楚，则可以假想将这些零件拆去，只画出所要表达部分的视图。采用拆卸画法时，视图上方要注明："拆去××"等字样。

(2) 沿结合面剖切画法。为了表达装配体内部结构，可采用沿结合面剖切，此时结合面上不画剖面线，但被切断的连接件横断面要画剖面线。如图 9-7 所示溢流液压泵的装配图中，左视图就是沿着泵盖 7 和垫片 9 的结合面剖切后画出的局部剖视图。

(3) 假想画法。为了表达运动零件的运动范围和极限位置或者是与本部件有关但又不属于本部件的相邻零、部件，可以用细双点画线画出其轮廓。如图 9-6 机用虎钳装配图中，在主视图中用细双点画线表示活动钳身 4 的极限工作位置。

(4) 夸大画法。对薄片零件、细丝弹簧、小锥度、微小间隙等，若无法用实际尺寸或比例画出，可采用夸大画法。如图 9-7 液压泵装配图中垫片 9 的画法。

(5) 简化画法。在装配图中，零件的某些工艺结构，如圆角、倒角、退刀槽等允许省略不画，对于若干相同的零件组，如螺栓、螺钉连接等，可详细地画出一组或几组，其余用点画线表示其中心装配位置即可。如图 9-6 机用虎钳俯视图中螺钉 10 的画法。

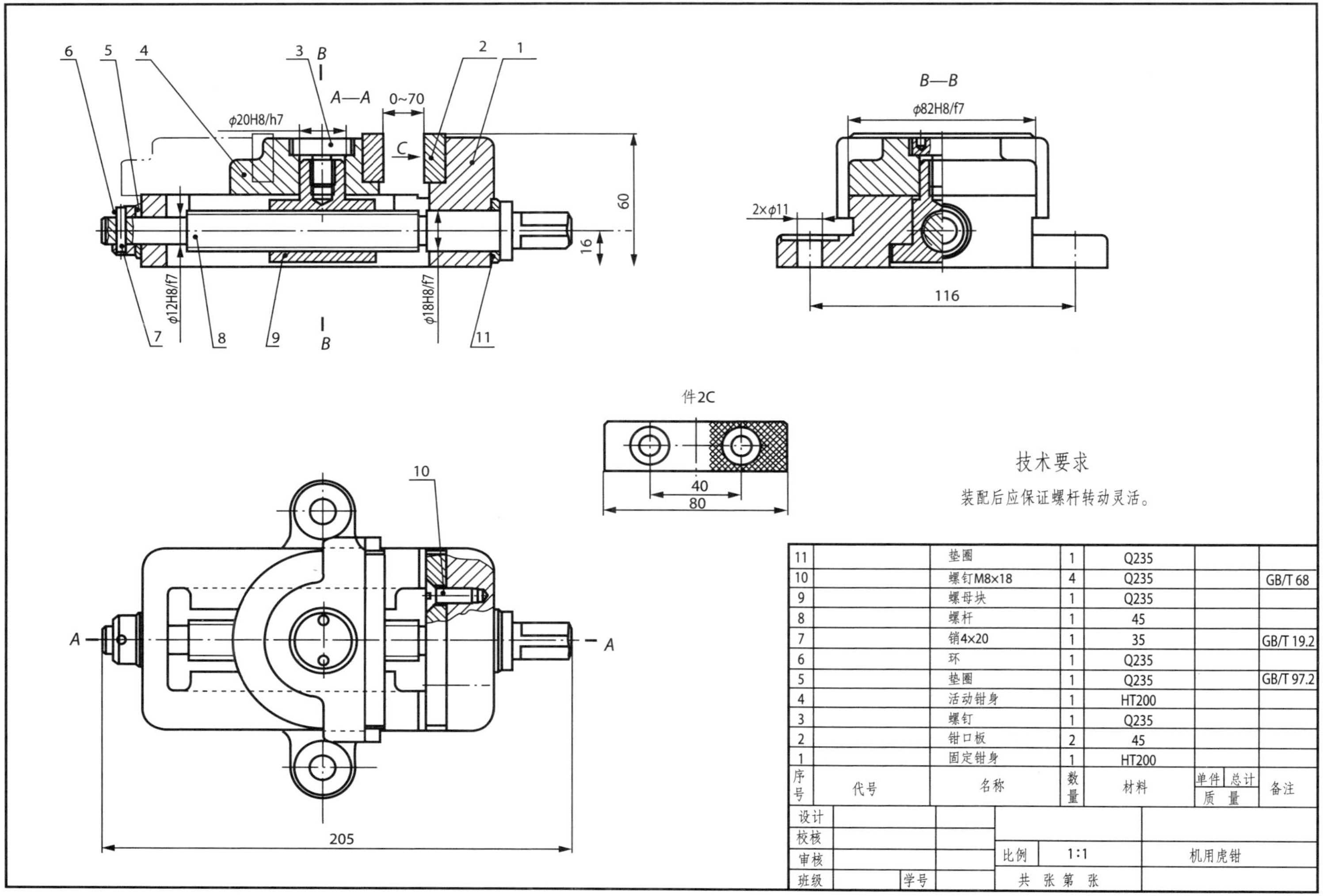

技术要求

装配后应保证螺杆转动灵活。

序号	代号	名称	数量	材料	单件 质量	总计 质量	备注
11		垫圈	1	Q235			
10		螺钉M8×18	4	Q235			GB/T 68
9		螺母块	1	Q235			
8		螺杆	1	45			
7		销4×20	1	35			GB/T 19.2
6		环	1	Q235			
5		垫圈	1	Q235			GB/T 97.2
4		活动钳身	1	HT200			
3		螺钉	1	Q235			
2		钳口板	2	45			
1		固定钳身	1	HT200			

设计				
校核				
审核		比例	1:1	机用虎钳
班级	学号	共 张 第 张		

图9-6 机用虎钳

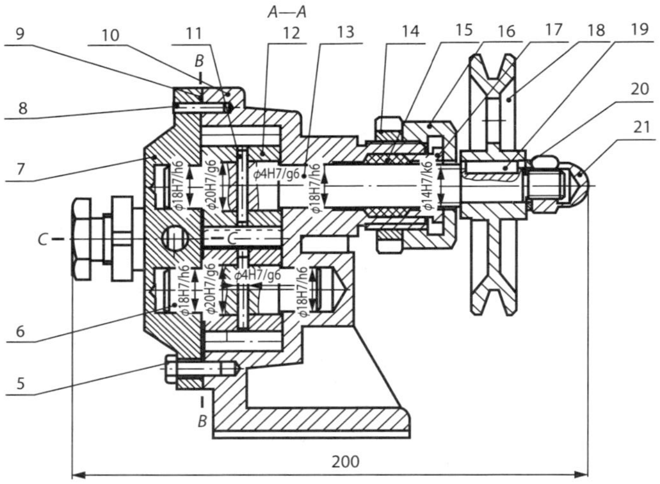

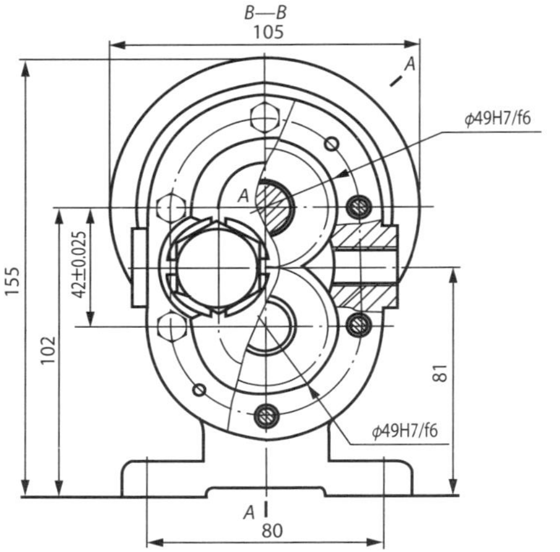

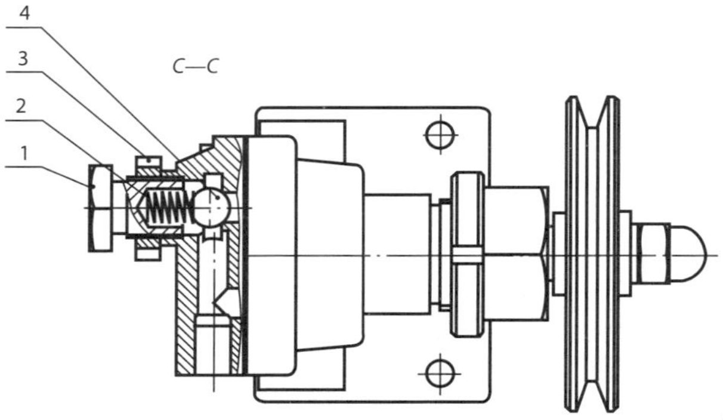

技术要求

1. 齿轮安装后，用手转动齿轮时，应灵活旋转；
2. 两齿轮轮齿的啮合面占齿长的3/4以上。

序号	代号	名称	数量	材料	单件质量	总计质量	备注
21		螺母M12	1	Q275			
20	GB/T 93—1987	弹簧垫圈	1	65Mn			
19	GB/T 1096—2003	键A5×20	1	55			
18		带轮	1	ZG45			
17		填料压盖	1	HT20-40			
16		压盖螺母M20×1.5	1	Q275			
15		填料	1	油毡圈			
14	GB/T 810—1988	锁紧螺母M36×1.5	1	Q275			
13		主动轴	1	45			
12		齿轮	2	45			m=3.5 z=12
11	GB/T 119—2000	圆锥销A4×30	2	35			
10		泵体	1	HT18-36			
9		垫片	1	耐油纸			δ 0.5 1
8	GB/T 119—2000	圆柱销B4×30	2	35			
7		泵盖	1	HT18-36			
6		从动轴	1	45			
5	GB/T 70.1—2000	螺钉M6×18	6	Q275			
4		钢球	1	55			
3	GB/T 810—1988	锁紧螺母M20×1.5	1	Q275			
2		弹簧	1	65Mn			
1		调节螺钉	1	35			

设计			
校核		比例 1:1	液压泵装配图
审核		共 张 第 张	
班级	学号		

图9-7 液压泵的装配图

9.1.3 装配图的尺寸标注

装配图与零件图的作用不同，不是制造零件的直接依据，因此，不需要标注出零件的全部尺寸，一般仅标注下列几类尺寸。

1. 性能（规格）尺寸

表示装配体工作性能或产品规格的尺寸，是设计和选用产品的依据。如图 9-1 球阀装配图中阀芯 3 的孔径ϕ30。

2. 装配尺寸

用于保证机器（或部件）装配性能的尺寸，包括零件间有配合要求的尺寸以及零件间的相对位置尺寸，如图 9-1 球阀装配图中，尺寸ϕ65H7/f6、ϕ15H8/f7。

3. 安装尺寸

表示零、部件安装在机器上或机器安装在基座或其他工作位置时所需的尺寸。如图 9-1球阀装配图中，尺寸ϕ50、Sϕ60。

4. 外形尺寸

表示装配体总长、总宽、总高的外形轮廓尺寸，它为包装、运输和安装使用提供所需占有空间大小的尺寸。如图 9-1 球阀装配图中尺寸 131、90、175。

5. 其他重要尺寸

根据装配体的结构特点和需要，必须标注的尺寸，如运动件的极限位置尺寸、零件间的主要定位尺寸、设计计算尺寸等。如图 9-1 球阀装配图中，尺寸 130。

以上五类尺寸，并非每张装配图上都需要全部标注，有时同一个尺寸，可同时具备多种尺寸功能，所以装配图上的尺寸标注要根据装配体的具体情况来确定。

9.1.4 装配图的技术要求

用文字或符号准确简明地说明机器或部件的装配、检验、调试和使用等技术指标。

9.2 读装配图

读装配图就是根据装配图的图形、尺寸、符号和文字搞清楚机器和部件的性能、工作原理、装配关系和各零件的主要结构、作用以及拆装顺序等。

装配图读图的一般方法和步骤如下：

1. 概括了解

识读装配图时，首先通过标题栏了解部件的名称、用途。从明细栏了解组成该部件的零件名称、数量、材料以及标准件的规格、数量，并在视图中找出相应的零件及所在位置。通过对视图的浏览，了解装配图的表达情况及装配体的复杂程度。从绘图比例和外形尺寸了解部件的大小。

2. 分析视图

了解视图的数量、名称、投射方向、剖切方法，各视图的表达意图和它们之间的关系。

3. 了解工作原理和装配关系

在概括了解的基础上，从机器或部件的传动路线或装配关系入手，弄清各零件间相互配合的要求，以及零件间的定位、连接方式、密封等问题，搞清楚运动零件与非运动零件的相互运动关系，这样就可以对机器或部件的工作原理和装配关系有一个深入的了解。

4. 分析零件主要结构形状和用途

前面的分析是综合的，为了更深入、细致地了解部件，还应进一步分析了解零件的主要结构和用途。常用的分析方法有：

（1）利用剖面线的方向和间距来分析。国家标准规定同一零件的剖面线在各个视图上的方向和间距应保持一致。

（2）利用规定画法来分析。如实心零件在装配图中沿轴线剖开时，不画剖面线。据此能很快地将实心轴、手柄、螺纹连接件、键、销等零件区分出来。

（3）利用零件序号，对照明细栏来分析。

5. 归纳总结

一般按以下几个主要问题进行归纳总结：

（1）装配体的功能是什么？怎样实现？在工作状态下，装配体中各零件起什么作用？运动零件是如何协调运动的？

（2）装配体的装配关系、连接方式是怎样的？有无润滑、密封及实现方式如何？

（3）装配体的拆卸及装配顺序如何？

（4）装配体如何使用？使用时有哪些注意事项？

（5）装配图中各视图的表达重点、意图何在？所标注的尺寸属于哪一类？

上述读装配图的方法和步骤仅是一个概括的说明，实际读图时几个步骤往往是平行或交叉进行的。因此，读图时应根据具体情况灵活运用。

第10章　计算机绘图基础

10.1　软件简介

由于传统手工制图的成图周期长、劳动强度大、修改困难、不便保存和运输等原因，自20世纪60年代以来，计算机技术的发展使人们能够用数字化的信息表达现实世界，制图技术发生了根本性革命。Autodesk Inventor 是美国 Autodesk 公司推出的一款可视化三维实体建模软件，是一款全面的设计工具，涵盖了产品的草图设计、零件设计、零件装配、分析计算、视图表达、模具设计、工程图设计等全过程，还包括了专业的运动仿真、结构性分析、应力分析、三维布线、三维布管等功能。它用于帮助用户创建和验证完整的数字样机以减少物理样机的投入，用户在数字样机设计流程中获得极大的优势，并且能在更短的时间内生产出更好的产品，以更快的速度将更多的创新产品推向市场。

设计师在进行机械产品设计的过程中常会遇到一些棘手的问题，例如，操作界面复杂，难以在短期内上手，这样就需要大量的培训和接触才能熟悉该软件；产品文件类型多样，无法有效传达数据和进行思想交流；青睐数字样机的优势，但担心数据在出图过程中丢失等。

10.1.1　Inventor2020 简介

Inventor2020 具有强大的三维造型能力和良好的设计表达能力，与其他主流三维 CAD 软件相比，它具有以下明显特点。

1. 简单易懂的操作界面

Autodesk Inventor 采用了 Autodesk 产品通用的功能区（Ribbon）界面（图10－1），这种界面与 Microsoft Office 最新的风格一致。此界面根据功能的不同划分成若干功能区，方便用户操作。对于使用 Autodesk 其他产品（如 AutoCAD2020）的用户，能够使其在短期内熟悉 Inventor 的应用环境并快速上手，真正达到“知一而晓百”。

图10－1　Inventor 标准 Ribbon 用户界面

2. 智能简便的操作方式

新的用户界面，使用户可以直接参与模型交互及修改模型，同时还可以实时查看更改。生成的交互是动态的、可视的、可预测的。用户可以将注意力集中到图形区域内显示的几何图元上，而无须关注与功能区、浏览器和对话框等用户界面要素的交互。

3. 简化模具设计

Autodesk Inventor 产品线中包含自动化模具设计工具，用户可以直接利用 Inventor 中注塑件的三维模型，借助 Autodesk Moldflow 塑料流动工具，优化模具设计并减少模具试修次数。

4. 加强设计沟通协作

Inventor 与 Autodesk 数据管理应用的紧密集成有利于高效地交流设计数据，让设计团队与制造团队能够尽早开展协作。各个团队都可以利用免费的 Autodesk Design Review 软件来管理和跟踪数字样机中的所有组件，从而更好地重复利用关键的设计数据和管理物料清单（BOM），加强与其团队及合作伙伴之间的协作。

5. 支持多种数据格式

Inventor 能够导入、导出多种数据格式，如 IGES、Parasolid、CIS、STEP 等，方便用户交流，对于来自其他主流 CAD 软件的文件也能够读取自如。尤其随着工业设计软件 Alias 的加入，Inventor 能够关联性地继承 Alias 三维模型数据。

6. 强大的二维工程图处理技术

AutoCAD 作为一款优秀的二维设计软件已经成为业界的标准，而 Inventor 与 AutoCAD 同属 Autodesk 整体解决方案阵容的产品。作为“近亲”，Inventor 与 AutoCAD 的很多优势使得很多来自 AutoCAD 的二维数据能够毫无损失地移植到 3D 环境下。

10. 1. 2 Inventor 的安装与卸载

1. 安装 Inventor 之前要注意的事项

使用本地计算机管理员权限安装 Inventor，如果登录的是受限账户，则可用鼠标右键单击“Setup. exe”图标，以管理员身份运行。

在 Windows Vista 上安装时应禁用“用户账户控制”功能，在 Windows Vista 上安装时，应关闭“用户账户控制”功能或降低等级为“不要通知”。

确保有足够的硬件支持。对于复杂的模型、复杂的模具部件及大型部件（通常包含 1000 多个零件），建议最低内存为 20GB，同时应该确定有足够的磁盘空间。以 Autodesk Inventor2020 为例，最小磁盘预留空间为 100GB，建议磁盘空间在 250GB 以上。

在安装 Autodesk Inventor 2020 之前请先更新操作系统，如果没有更新则会自动提示用户更新。安装所有的安全更新后请重启系统。请勿在安装或卸载该软件时更新操作系统。

强烈建议先关闭所有的 Autodesk 应用程序，再安装、维护或卸载该软件。

安装 Inventor 时应尽量关闭防火墙和杀毒软件。如果安装的操作系统是 Windows7，则应降低或者关闭 UAC 安全的设置。

2. 安装 Autodesk Inventor2020 的步骤

（1）插入安装光盘，打开“Setup. exe”文件弹出 Inventor 安装的欢迎界面，在右上角选择语言，如图 10 - 2 所示。

图 10－2　Inventor 安装的欢迎界面

（2）单击“安装”按钮，在打开的窗口中单击“下一步”按钮，进入“产品信息”界面。

（3）单击“下一步”按钮，进入选择产品安装路径界面，如图 10－3 所示。

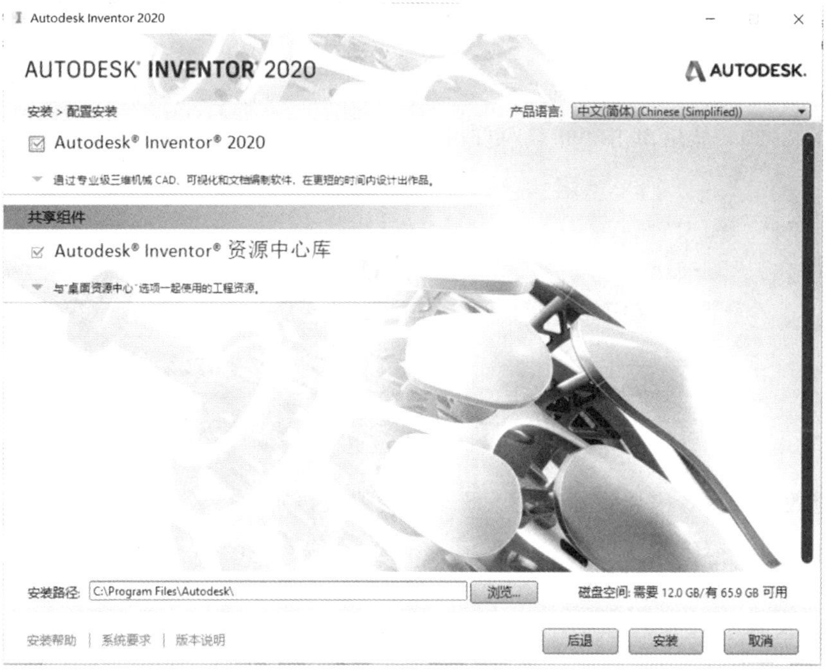

图 10－3　选择产品安装路径界面

（4）选择好路径后单击“安装”按钮并选择产品，如图 10－4 所示，等待自动安装，最后单击“完成”按钮。

图 10－4　选择要安装的产品界面

3. 更改或卸载安装

Inventor 提供了 3 种维护方式：卸载、更改和修复。

（1）关闭所有打开的程序。

（2）选择“开始”→“控制面板”→“程序和功能”命令，再选择 Autodesk Inventor Professional 2020，然后单击“卸载/更改按钮，如图 10－5 所示。

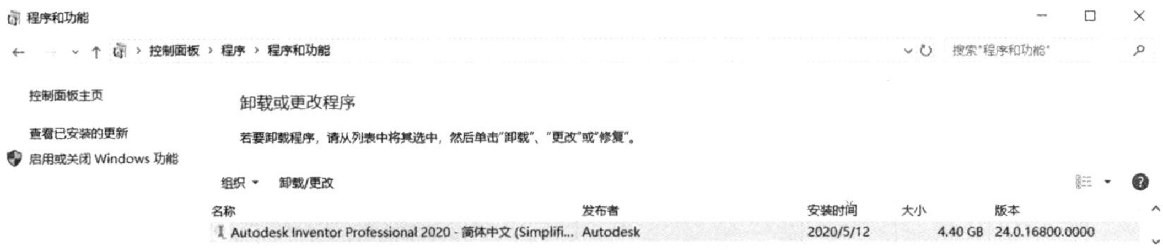

图 10－5　卸载或更改程序

（3）修改完成后，需要重新启动系统来启用修改设置。

10.1.3　Inventor 的基本使用环境

1. 用户界面

图 10－6 所示 Autodesk 为 Inventor2020 默认的用户界面，主要包括图形窗口、功能区、快速访问工具栏、通信中心、浏览器、状态栏、文件选项卡和关联菜单等。

图10-6　Autodesk Inventor2020默认的用户界面

2. 应用程序菜单

单击位于 Inventor 窗口左上角的“I”按钮，会弹出应用程序菜单，如图 10－7 所示。它整合了经典菜单界面下的“文件”菜单中的所有命令，同时提供搜索命令和应用程序选项。

图 10－7　选择模板

应用程序菜单的具体内容如下。

（1）新建文档

选择“新建”命令即弹出“新建文件”对话框（图 10－8），单击对应的模板即创建基于此模板的文件，也可以单击其扩展子菜单直接选定模板来创建文件。当前模板的单位与安装时选定的单位一致。用户可以通过替换“Templates”目录下的模板更改模块设置。

也可以将鼠标指针悬于“新建”选项上或者单击其后的 ▶ 按钮，在弹出的列表中直接选择模板，如图 10-7 所示。

当 Inventor 中没有文档打开时，可以在“新建文件”对话框中指定项目文件或者新建项目文件，用于管理当前文件。

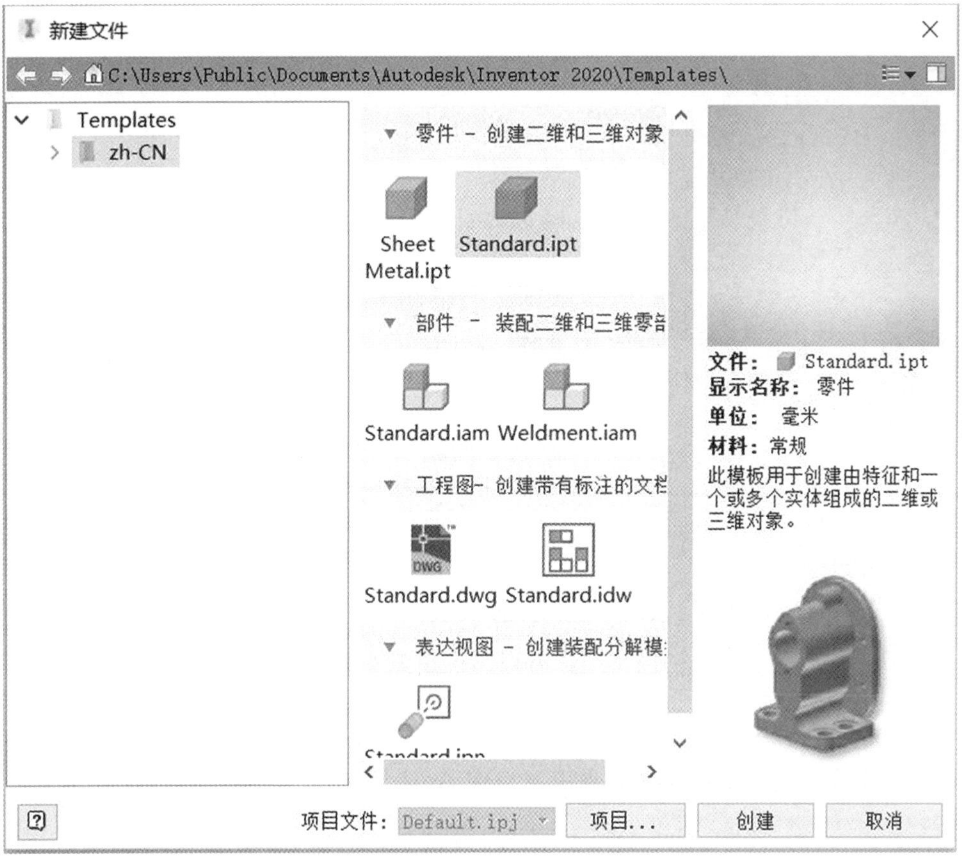

图 10-8　“新建文件”对话框

（2）打开文档

选择“打开”命令会弹出“打开”对话框将鼠标指针悬停在“打开”选项上或者单击其后的 ▶ 按钮，会显示“打开”“打开 DWG”“从资源中心打开”“导入 DWG”“打开样例”选项。

“打开”对话框与“新建文件”对话框可以互相切换，并且可以在无文档的情况下修改当前项目或者新建项目文件。

（3）保存/另存为文档/导出

将激活文档以指定格式保存到指定位置。如果第一次创建，则在保存时会弹出“另存为”对话框，如图 10-9 所示。“另存为”命令用来以不同文件名、默认格式保存。“保存副本”则将激活文档按“保存副本”对话框指定格式另存为新文档，原文档继续保持打开状态。Inventor 支持多种格式的输出，如 IGES、STEP、SAT、Parasolid 等。

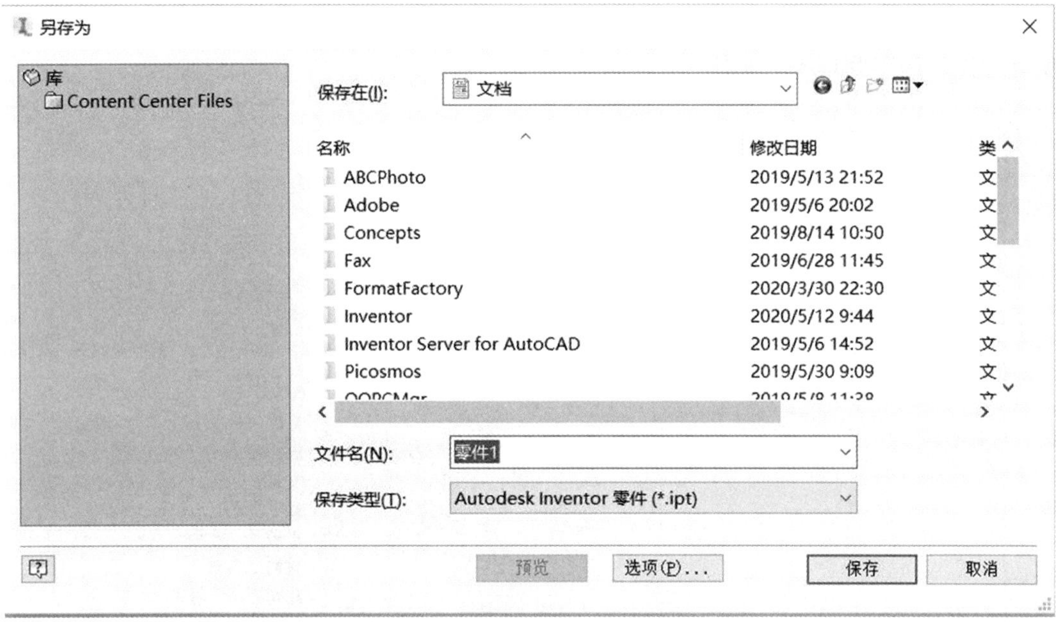

图 10－9 “另存为”对话框

另外，Inventor 还集成了如下一些功能：

以当前文档为原型创建模板，即将文档另存到系统 Templates 文件夹下或用户自定义模板文件夹下。

利用打包（Pack and Go）工具将 Autodesk Inventor 文件及其引用的所有文件打包到一个位置。所有从选定项目或文件夹引用选定 Autodesk Inventor 文件的文件也可以包含在包中。

（4）管理

使用“管理”命令可以创建或编辑项目文件，浏览 iFeature 目录，查找、跟踪和维护当前文档及相关数据，更新旧的文档使之移植到当前版本，更新任务中所有过期的文件等。

（5）iProperty

使用“iProperty”命令可以跟踪和管理文件，创建报告，以及自动更新部件 BOM 表、工程图明细栏、标题栏和其他信息，如图 10－10 所示。

（6）设置应用程序选项

单击“选项”按钮会弹出“应用程序选项”对话框，如图 10－11 所示。在该对话框中，用户可以对 Inventor 的零件环境、iFeature、部件环境、工程图、文件、颜色、显示等属性进行自定义设置，同时可以将“应用程序选项”设置导出到 XML 文件中，从而使其便于在各计算机之间使用，并易于移植到下一个 Autodesk Inventor 版本中，此外，CAD 管理器还可以使用这些设置为所有用户或特定组部署一组用户配置。

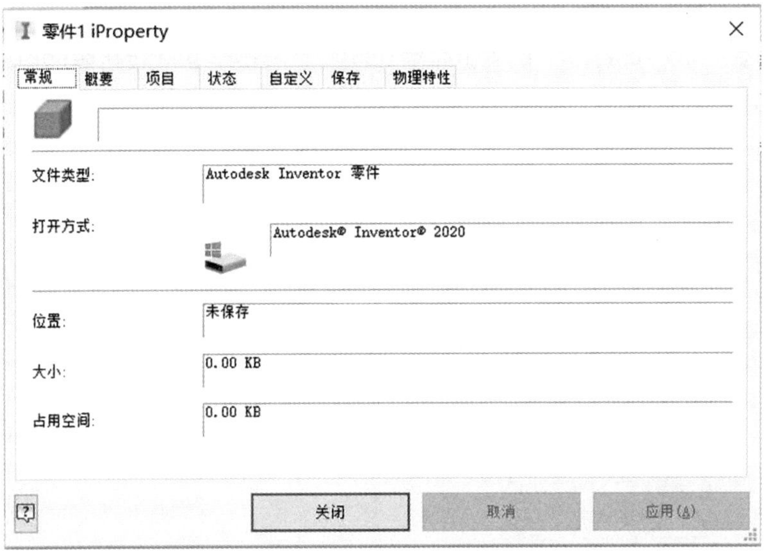

图 10－10　零件 iProperty 对话框

图 10－11　“应用程序选项”对话框

（7）搜索

使用“搜索”命令可对位于快速访问工具栏、应用程序菜单和功能区中的所有命令进行实时搜索。“搜索”字段显示在应用程序菜单顶部，可以使用任何支持的语言输入搜索词。搜索结果可以包含菜单命令、基本工具提示和命令提示文本字符串。

（8）预览最近访问的文档

通过“最近使用的文档”列表查看最近使用的文件，如图 10 - 12 所示。在默认情况下，文件显示在“最近使用的文档”列表中，并且最新使用的文件显示在顶部。

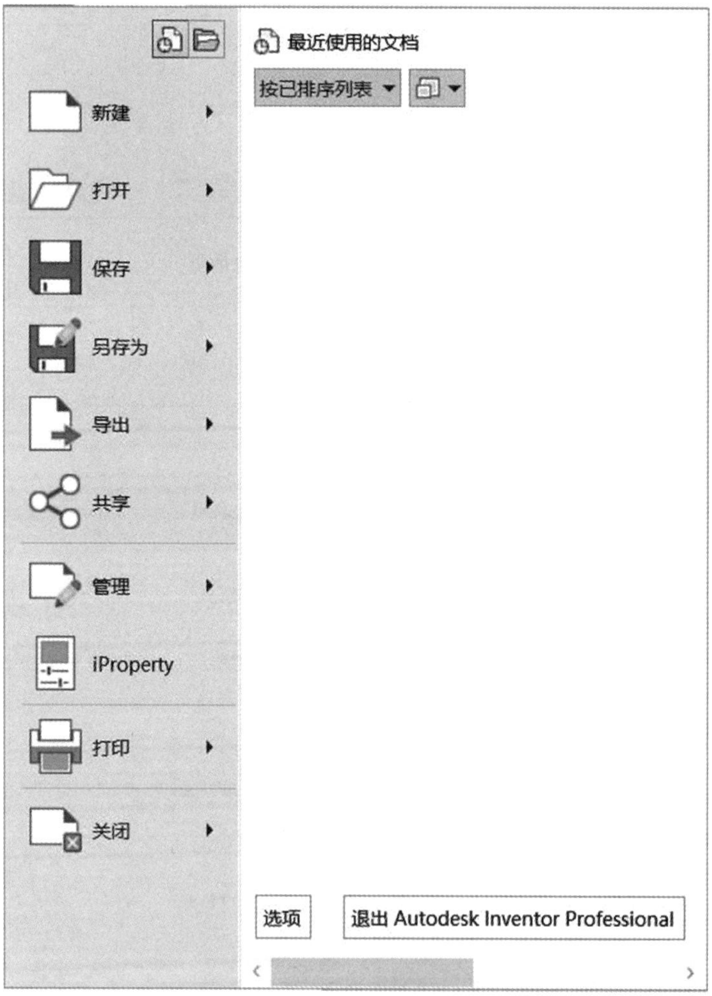

图 10 - 12　最近使用的文档

鼠标指针悬停在列表中的一个文件名上时，会显示此文件的以下信息：

文件的预览缩略视图。

存储文件的路径。

上次修改文件的日期。

3. 功能区

除继续支持传统的菜单和工具栏界面之外，Autodesk Inventor2020 默认采用功能区界面，以便于用户使用各种命令，如图 10－13 所示。功能区将与当前任务相关的命令按功能组成面板，并集中到一个选项卡。这种用户界面和元素被大多数 Autodesk 产品（如 AutoCAD、ReⅤit、Alias 等）接受，方便 Autodesk 用户向其他 Autodesk 产品移植文档。

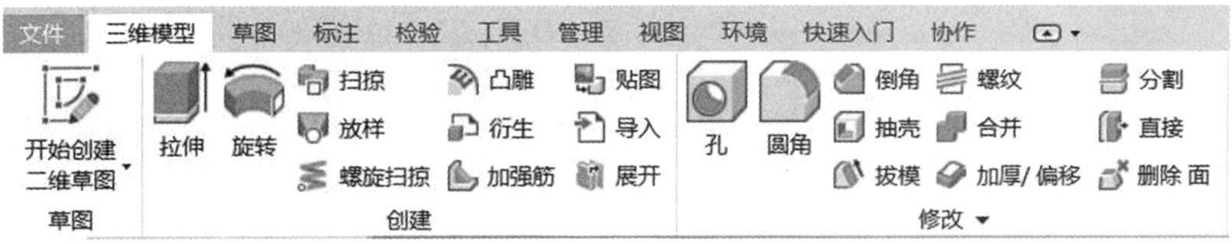

图 10－13　功能区

功能区具有以下特点。

直接访问命令：轻松访问常用的命令。研究表明，增加目标命令的大小可使用户访问命令的时间锐减（费茨法则）。

可自定义“用户面板”：在功能区的每个选项卡中，可以创建一个自定义面板，可以在其中添加要从该选项卡中使用的命令。

基于任务的组织方式：功能区的布局、选项卡和面板内的命令组是根据用户任务和对客户命令使用模式的分析而优化设计的。

Autodesk 产品外观一致：Autodesk 产品家族中的 AutoCAD、Autodesk Design Review、Autodesk Inventor、Revit、3Ds Max 等采用了风格相似的界面。某一产品的用户只要熟悉一种产品就可以触类旁通。

上下文选项卡：使用唯一的颜色标识专用于当前工作环境的选项卡，方便用户进行选择。

应用程序的无缝环境：目的或任务催生了 Autodesk Inventor 内的虚拟环境，这些虚拟环境帮助用户了解环境目的及如何访问可用工具，并提供反馈来强化操作。每个环境的组件在放置和组织方面都是一致的，包括用于进入和退出的访问点。

视觉提示（例如，用颜色分类的上下文选项卡）强化了激活环境。

更少的可展开菜单和下拉菜单：减少了可展开菜单和下拉菜单中的命令数，以此减少单击次数。用户还可以选择向展开菜单中添加命令。

快速访问工具栏：其默认位于功能区上，是可以在所有环境中进行访问的自定义命令组，如图 10－14 所示。

图 10－14　快速访问工具栏

在功能区中的命令上单击鼠标右键，在弹出的快捷菜单中选择“添加到快速访问工具栏”命令，可将该命令添加到快速访问工具栏中，如图 10－15 所示。若要删除命令，只需在快速访问工具栏上用鼠标右键单击该命令，在弹出的快捷菜单中选择“从快速访问工具栏中删除”命令即可，如图 10 - 16 所示。

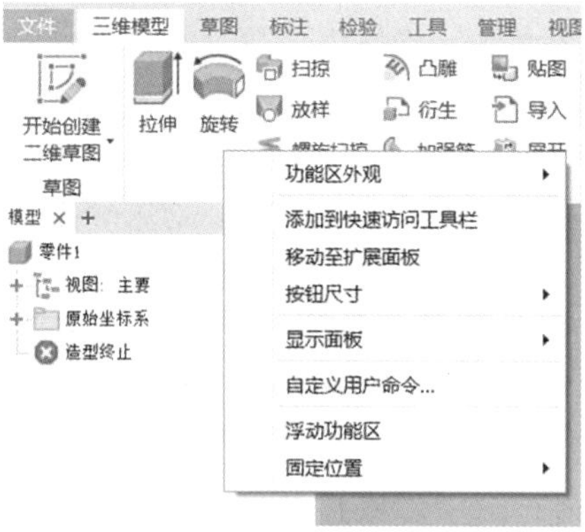

图 10 - 15　添加命令到快速访问工具栏

图 10 - 16　从快速访问工具栏中删除命令

扩展型工具提示：Autodesk Inventor 功能区中的许多命令都具有增强（扩展）的工具提示，最初显示命令的名称及对命令的简短描述，如果继续悬停鼠标指针，则工具提示会展开更多信息。此时按“F1”键可调用对应的帮助信息，如图 10 - 17 所示。

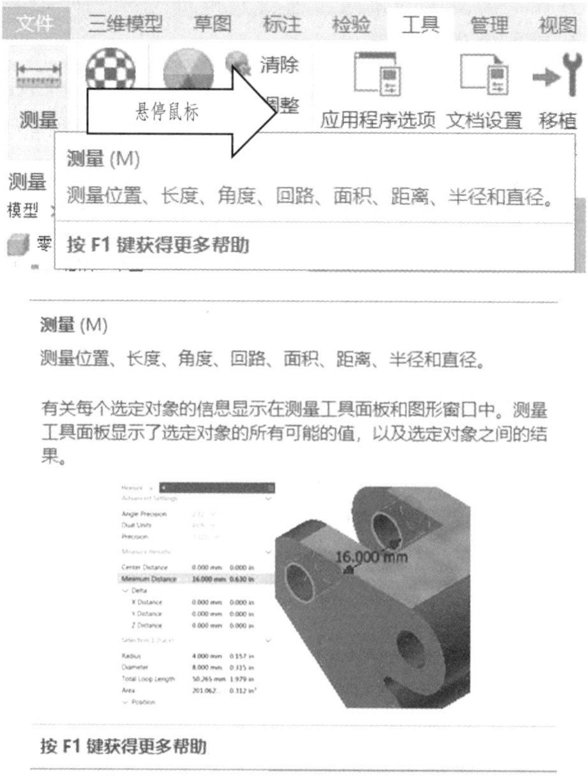

图 10 - 17　扩展型工具提示

可以在“应用程序选项”对话框中控制工具提示的显示。在“常规”选项卡中可进行“工具提示外观”的设置。

4. 鼠标的使用

鼠标是计算机外围设备中十分重要的硬件之一，用户与 Inventor 进行交互操作时几乎 80%利用了鼠标。如何使用鼠标直接影响产品设计的效率。使用三键鼠标可以完成各种功能，包括选择和编辑对象、移动视角、单击鼠标右键打开快捷菜单、按住鼠标滑动快捷功能、旋转视角、物体缩放等。具体使用方法如下。

单击鼠标左键（MB1）用于选择对象，双击鼠标左键用于编辑对象。例如，用鼠标左键单击某一特征会弹出对应的特征对话框，可以进行参数再编辑。

单击鼠标右键（MB3）用于弹出选择对象的关联菜单。

按下滚轮（MB2）用于平移用户界面内的三维数据模型。

在按下“F4”键的同时按住鼠标左键并拖动鼠标，则可以动态观察当前视图。鼠标放置轴心指示器的位置不同，其效果也不同，如图 10－18 所示。

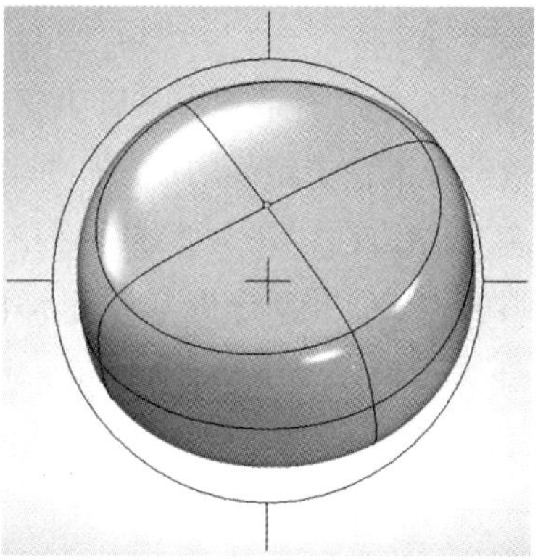

图 10－18　动态观察

滚动鼠标中键（MB2）用于缩放当前视图。

5. 观察命令

在图形窗口的视图或者工程师记事本的视图中可以通过观察命令操纵零件、部件或工程图。在执行其他操作时，可以使用观察命令操纵视图。例如，在进行圆角操作时旋转零件，以便于选择隐藏的边。常用的观察命令位于导航栏和“导航”组中，如图 10－19 所示。

导航栏“导航组”

图 10－19　常用的观察命令

常用的观察命令如下。

平移：沿着与屏幕平行的任意方向移动图形窗口视图。当“平移”图标被激活时，在用户图形区域会显示手掌平移光标。将光标置于起始位置，然后单击并拖动鼠标，可将用户界面的内容拖动到光标所在的新位置。

实时缩放：使用此命令可以实时缩放零件和部件。

缩放窗口：光标变为十字形，用来定义视图边框，在边框内的元素将充满图形窗口。

全部缩放：激活“全部缩放”命令会使所有可见对象（零件、部件或图纸等）显示在图形区域内。

缩放选中实体：在零件或部件中，缩放所选的边、特征、线或其他元素以充满图形窗口。可以在单击“缩放”之前或之后选择元素。该命令不能在工程图中使用。

受约束的动态观察：在模型空间中围绕轴旋转模型，相当于在纬度和经度上围绕模型移动视线。

主视图：将前视图重置为默认设置。当在部件文件的上下文选项卡中编辑零件时，在顶级部件文件中定义的前视图将作为主导前视图。

观察方向：在零件或部件中，缩放并旋转模型使所选元素与屏幕保持平行，或者使所选的边或线相对于屏幕保持水平。该命令不能在工程图中使用。

平行模式：模型上的所有点都沿平行线投影到屏幕上的显示模式。

透视模式：模型以三点透视方式显示的模式，与人眼观察到的真实世界中的对象陈列方式非常相似。

上一个：当前视图采用上一个视图的方向和缩放值。在默认情况下，“上一视图”命令位于“视图”选项卡的“导航”组中，可以单击导航栏右下角的下拉按钮，在弹出的“自定义”菜单中选择“上一视图”命令，将该命令添加到导航栏中。可以在零件、部件和工程图中使用“上一视图”命令。

下一个：使用“上一视图”命令后恢复到下一个视图。在默认情况下，“下一视图”命令位于“视图”选项卡的“导航”组中可以单击导航栏右下角的下拉按钮，在弹出的“自定义”菜单中选择“下一视图”命令，将该命令添加到导航栏中。可以在零件、部件和工程图中使用“下一视图”命令。

视觉样式：定义了模型面和边在视图中的显示方式，软件中有若干标准的视觉样式，可以满足多种造型需求。

阴影：可以增强模型的外观效果和清晰度。地面阴影、对象阴影和环境光阴影可以单独应用，也可以一起应用。例如，可以在处理复杂形状时使用环境光阴影和对象阴影，以显示出微小的细节，或者在呈现最终作品时使用地面阴影。应用所有阴影效果可以提供最真实的显示效果。

地平面：地平面是一种表达模式空间向上方向的方法，可以提供用于模型缩放的视觉提示。在使用视图控件旋转模型时，地平面与模型的关系保持不变。当从地平面下方查看模型时，地平面会被隐藏，直到照相机位于地平面之上才显示地平面。

地面反射：地面反射可以形成模型视图的深度和维度感，还可以显示出从当前照相机角度看不到的特征。

6. 导航工具

（1）ViewCube

ViewCube 是一种屏幕上的设备，与“常用视图”类似。在 R2009 及更高版本中，ViewCube 替代了“常用视图”。由于其简单易用，ViewCube 已经成为 Autodesk 产品家族中（如 AutoCAD、Alias、ReⅤit 等 CAD 软件）必备的“装备”之一。ViewCube 如图 10－20 所示。

图 10－20　ViewCube

与“常见视图”类似，单击立方体的角可以将模型捕捉到等轴测视图，而单击面可以将模型捕捉到平行视图。ViewCube 具有以下附加特征：

始终位于屏幕上的图形窗口的一角（可通过 ViewCube 选项指定显示屏幕位置）

在 ViewCube 上拖动鼠标可旋转当前三维模型，方便用户动态观察模型。

提供一些有标记的面，可以指示当前相对于模型世界的观察角度。

提供了可单击的角、边和面。

提供了“主视图”按钮，以返回至用户定义的基础视图。

能够将“前视图”和“俯视图”设定为用户定义的视图，而且也可以重定义其他平行视图及正等轴测视图。重新定义的视图可以被其他环境或应用程序（如工程图或 DWF）识别。

在平行视图中，提供了旋转箭头，使用户能够以 90°为增量，垂直于屏幕旋转照相机。

提供了使用户能够根据自己的配置调整立方体特征的选项。

（2）Steering Wheels

Steering Wheels 也是一种便捷的动态观察工具，它以屏幕托盘的形式表现出来，包含常见的导航控件及不常用的控件。在 Steering Wheels 被激活后，它会一直跟随鼠标指针，无须将鼠标指针移动到功能区的图标上，便可立即使用该托盘上的工具。像 ViewCube 一样，用户可以通过“视图”选项卡的“导航”组中的下拉菜单打开和关闭 Steering Wheels. 而且与 ViewCube 一样，Steering Wheels 包含根据个人喜好调整工具的选项。与 ViewCube 不同，Steering Wheels 默认处于关闭状态，需要在“视图”选项卡的“导航”组中选择“全导航控制盘”命令来激活它。

根据查看对象不同，Steering Wheels 分为 3 种表现形式：全导航控制盘、查看对象控制盘和巡视建筑控制盘，如表 10－1 所示。在默认情况下，将显示 Steering Wheels 的完整版本，但是用户可以指定 Steering Wheels 的其他完整尺寸版本和每个控制盘的小版本。若要尝试这些版本，则可在 Steering Wheels 工具上单击鼠标右键，然后从弹出的快捷菜单中选择一个版本。例如，选择“查看对象控制盘（小）”命令可以查看完整 Steering Wheels 的小版本。

Steering Wheels 提供了以下功能。

缩放：用于更改照相机到模型的距离，缩放方向可以与鼠标运动方向相反。

动态观察：围绕轴心点更改照相机位置。

平移：在屏幕内平移照相机。

中心：重定义动态观察中心点。

此外，Steering Wheels 还添加了一些 Autodesk Inventor 中以前没有的控件，或者在功能上有显著变化和改进的控件。

漫游：在透视模式下能够浏览模型，很像在建筑的走廊中穿行。

表 10-1 Steering Wheels 的 3 种表现形式

<table>
<tr><th>类型</th><th>全导航控制盘</th><th>查看对象控制盘</th><th>巡视建筑控制盘</th></tr>
<tr><td>大托盘</td><td>
</td><td>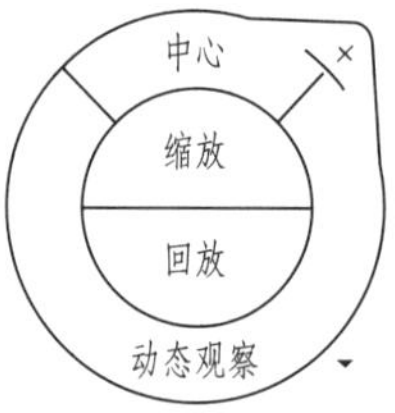
</td><td>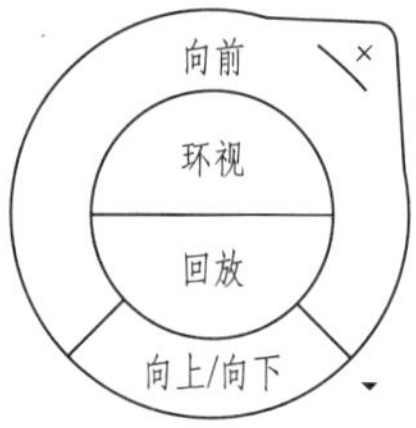
</td></tr>
<tr><td>小托盘</td><td></td><td></td><td></td></tr>
</table>

环视：在透视模式下能够更改观察角度而无须更改照相机的位置，如同围绕某一个固定点向任意方向转动照相机一般。

向上/向下：能够向上或向下平移照相机，定义的方向垂直于 ViewCube 的顶面。

回放：能够通过一系列缩略图以图形方式快速选择前面的任意视图或透视模式。

7. 全屏显示模式

在“视图”选项卡的“窗口”组中选择“全屏显示”命令，可以进入全屏显示模式。该模式可最大化应用程序并隐藏图形窗口中的所有用户界面元素。功能区在自动隐藏模式下处于收拢状态。全屏显示模式非常适用于设计检查和演示。

8. 快捷键

与仅通过菜单选项或鼠标按键来使用工具相比，一些设计师更喜欢使用快捷键，认为可以提高工作效率。通常，可以为透明命令（如缩放、平移）和文件实用程序功能（如打印等）指定自定义快捷键。Autodesk Inventor 中预定义的快捷键如表 10-2 所示。

表 10-2 Autodesk Inventor 中预定义的快捷键

快捷键	命令/操作	快捷键	命令/操作
Tab	降级	Shift+Tab	升级
F1	帮助	F4	旋转
F6	等轴测视图	F10	草图可见性

（续表）

快捷键	命令/操作	快捷键	命令/操作
Alt+8	宏	F7	切片观察
Shift+F5	下一页	Alt+F11	Visual Basic 编辑器
F2	平移	F3	缩放
F5	上一视图	Shift+F3	窗口缩放

将鼠标指针移至工具按钮上或命令中的选项名称旁时，提示中就会显示快捷键，用户也可以创建自定义快捷键。

用户虽然无法重新指定预定义的快捷键，但可以创建自定义快捷键或修改其他的默认快捷键。具体操作步骤为：在“工具”选项卡的“选项”组中选择“自定义”命令，在弹出的“自定义”对话框中选择“键盘”选项卡，用户可以开发自己的快捷键方案及为命令自定义快捷键，如图 10－21 所示。当要用于快捷键的组合键已指定给默认的快捷键时，用户通常可删除原来的快捷键并重新指定给用户选择的命令。

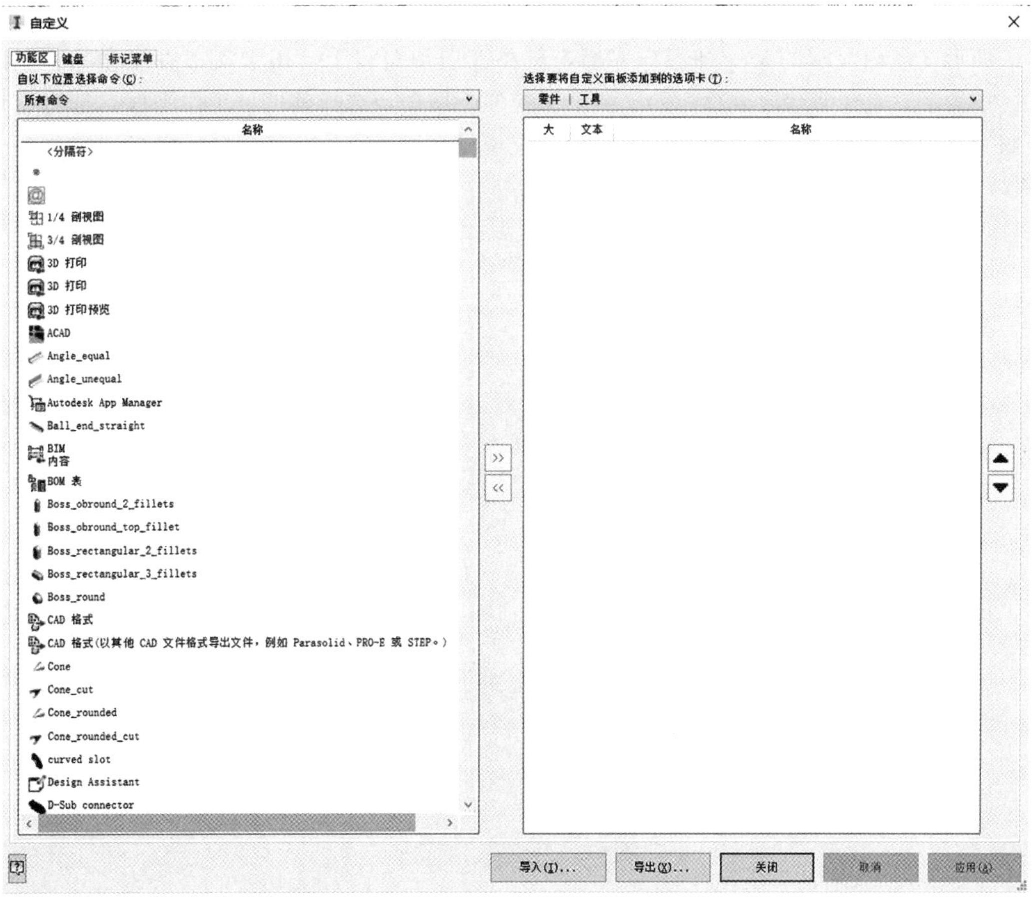

图 10－21　“自定义”对话框

除此之外，Inventor 可以通过“Alt”键或“F10”键快速调用命令。当按下这两个键时，命令的快捷键会自动显示出来，如图 10－22 所示，用户只需依次使用对应的快捷键即可执行对应的命令，无须操作鼠标。

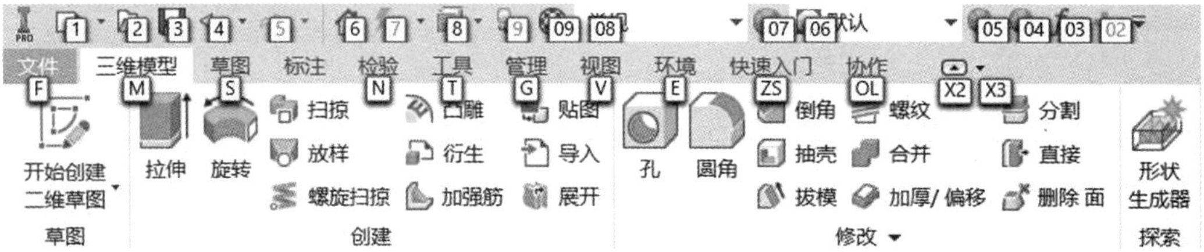

图 10－22　快捷键

9. 直接操纵

直接操纵是一种新的用户界面，它使用户可以直接参与模型交互及修改模型，同时还可以实时查看更改。生成的交互是动态的、可视的、可预测的。用户可以将注意力集中到图形区域内显示的几何图元上，而无须关注与功能区、浏览器和对话框等用户界面要素的交互。

图形区域内显示的是一种用户界面，悬浮在图形窗口上，用于支持直接操纵，如图 10－23所示。它通常包含观察方向、测量、拉伸、撤销、选择其他、工作平面、选择相切及新建草图等菜单。小工具栏使用户可以与三维模型进行直接、可预测的交互。

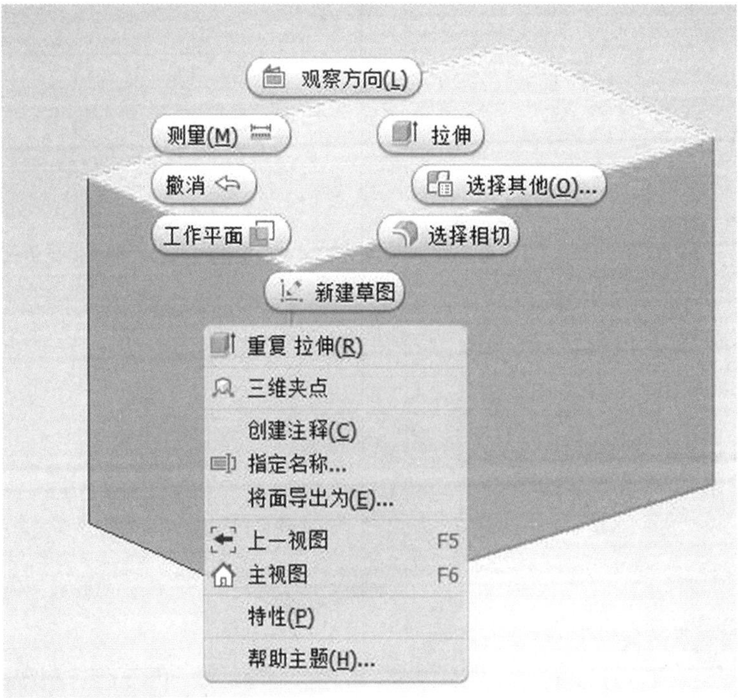

图 10－23　图形区域

10. 信息中心

信息中心是 Autodesk 产品独有的界面，它便于用户搜索信息、显示关注的网址、帮助用户实时获得网络支持和服务等，如图 10－24 所示。

图 10－24　信息中心

11. Inventor 环境总览

Inventor 中的环境相当于一种工作场合，不同的工作场合会用到不同的工具，Inventor 中的环境也是由目的/任务决定的。了解每种环境的用处及如何访问其可用工具，有利于提高工作效率。

Autodesk Inventor 中提供了以下基本环境：

（1）零件。

（2）钣金零件。

（3）装配视图。

（4）焊接件部件。

（5）工程图。

（6）表达视图。

此外，在零件、部件和工程图基本环境中，可以访问二维和三维草图环境，这些基本环境也被称为文档或文件类型。在 Autodesk Inventor 中可用的其他环境类型，如草图、构造和特定环境（如 Studio）等都不是特定文档或文件类型。

另外，在零件、部件和工程图环境中，特定环境可用于执行特定任务，这些任务往往与特定的功能模块绑定在一起。

每个特定环境和二维、三维草图都提供“退出”/“完成”（环境）命令（在功能区的右侧），使用户能够重新进入常规工作环境。使用“返回”命令可退出正在进行的编辑，并快速返回需要的环境。目标环境取决于用户正在何种造型环境下工作。

10.1.4　Autodesk 的数字样机技术

Autodesk Inventor 是提供用于生产、验证和记录完整数字原型的一组综合的三维机械 CAD 工具。Inventor 模型是三维数字样机。原型可帮助用户分析产品或零件在构建之前如何在真实条件下工作。制造商可以凭借较少的物理样机和更具创新性的产品加快进入市场的步伐。

Inventor 提供了用于创建零件和部件的直观三维设计环境。工程师可将主要精力放在设计功能上，以促进智能零部件（如钢结构件、旋转机械、三维布管管路、电缆和导线束）的自动创建。

Inventor 中紧密集成的运动仿真和应力分析都简单易用，它们使工程师可以优化和验证数字样机。

从验证的三维数字样机生成制造文档，可以在制造前减少错误，使关联的工程变简单。Inventor 可以直接从三维模型中快速、正确地输出可立即用于生产的工程图。

Inventor 与 Autodesk 数据管理应用程序紧密集成在一起，这样便使得数字设计数据可以高效、安全地交换，并且促使设计工作组和制造工作组之间更早地开始协同合作。不同工作组可使用 Autodesk Design ReView 软件来管理和跟踪数字样机的所有零部件。该软件以全数字方式检查、测量、标记和跟踪设计更改。用户可以更好地重复使用关键设计数据、管理 BOM 表，并与其他团队和合作伙伴协作。

10.2 计算机绘图实例

随着 CAD 技术的应用，二维绘图已逐渐过渡到三维设计，很多主流 CAD 软件都包含了参数化建模功能，从而可以更完整地定义和描述设计及制造信息。在产品设计和开发过程中，零部件的标准化、通用化和系统化是提高产品设计质量，缩短产品设计开发周期，减少产品市场反应时间的有效途径之一，而基于三维 CAD 系统的参数化设计更能满足机械设计的需要。

10.2.1 参数化设计思想

在使用三维软件进行设计时，首先要了解产品的结构，明晰并构思好产品各个部件间的装配和位置关系，充分了解产品的设计意图；然后利用软件提供的强大设计功能及编辑工具，把设计意图反映到产品的设计中。

对产品进行研发设计的工作并非一蹴而就，而是一波三折的，因为处于研发阶段的产品，其各项特征都具有不确定性，需要根据其他研发人员或者客户的反馈对设计的产品进行反复论证、重新设计或修改，从而不断改进和完善。因此，从某种意义上讲，设计的过程就是反复修改的过程。参数化设计的目的就是按照产品的设计意图进行灵活修改，所以它的易于修改性是至关重要的，这也是参数化设计的优势之一。可以想象，如果没有采用这种技术，那么重新修改会是一个什么样的过程，尤其是当产品的特征超过一定数目时，重新创建将是一个巨大的工程。

10.2.2 参数化建模技术的实现方法

参数化建模技术用“顺序方法”对约束求解，达到全数据相关、全尺寸约束、用尺寸驱动设计结果的修改的目的。此方法适合结构方案比较稳定的设计对象，有可能用一组不是很庞大的参数集约束所有零部件的尺寸关系。这种参数的求解比较简单，与设计对象的控制尺寸有显式对应关系，设计的结果将实现这些参数下的尺寸驱动，机械设计中常用的标准件就是这一类型中的典型。参数化设计过程不允许欠约束状态。

1. 系统参数与尺寸约束

Inventor 具有完善的系统参数自动提取功能，它能在设计草图时，将输入的尺寸约束作为特征参数保存起来，并且在此后的设计中进行可视化修改，从而达到最直接的系统参数驱动建模的目的。用系统参数驱动建模的关键在于，如何将从实物中提取的参数转化到 Inventor 中，用来控制三维模型的特征参数。尺寸驱动是参数驱动的基础，尺寸约束是实现尺寸驱动的前提。Inventor 的尺寸约束特点是将形状和尺寸联合起来考虑，通过尺寸约束实现对几何形状的控制。设计时必须以完整的尺寸参考为出发点（全约束），不能漏注尺寸或多注尺寸。尺寸驱动是在二维草图中实现的。若草图中的图形相对于坐标轴的位置关系都确定，那么，当图形完全约束后，其尺寸和位置关系能协同变化，系统将直接把尺寸约束转化为系统参数。

2. 特征和表达式驱动图形

Inventor 的建模技术是一种基于特征的建模技术，其模块中提供各种标准设计特征，各个标准设计特征突出关键特征尺寸与定位尺寸，能很好地传达设计意图，并且易于调用和编辑，也能创建特征集，并对特征进行管理。特征参数与表达式之间能相互依赖，互相传递数据，提高了表达式设计的层次，使实际信息可以用工程特征来定义。不同部件中的表达式也可通过链接来协同工作，即一个部件中的某一表达式可通过链接其他部件中的另一表达式建立某种联系，当被引用部件中的表达式更新时，与它链接的部件中的相应表达式也关联更新。

3. 利用参数表驱动模型

Inventor 提供参数表以从零件中获得模型的参数数据，也可以在参数表中通过链接外部 Excel 文件实现参数外部的修改和编辑。尤其在 Autodesk 中包含了 iLogic 这个强大的工具之后，随着 iLogic 与参数的整合，Inventor 引入了更为复杂的逻辑控制，增强了 Inventor 的参数化建模技术，在程序上方便了用户的设计工作。

10.2.3　Inventor 的一般参数化过程

为了对 Inventor 有初步的认识，这里借助一个简单的设计过程来加深对 Inventor 的印象。这个例子是一个简单的轴，如图 10－25 所示常用于机床工具设计中。这里将从轴的模型创建、工程图创建、装配关联使用几个方面来展示 Inventor 的部分功能特点。

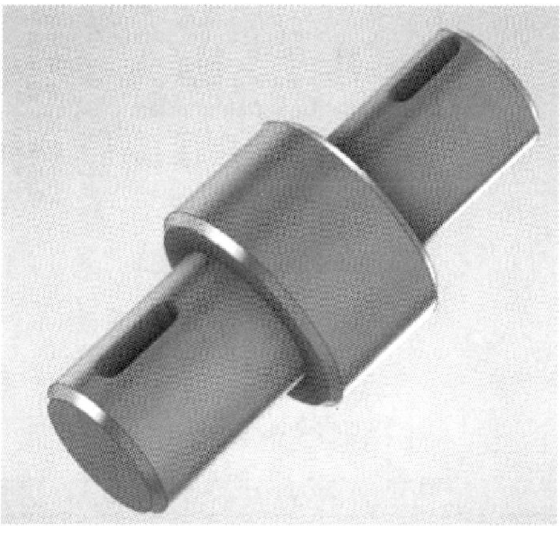

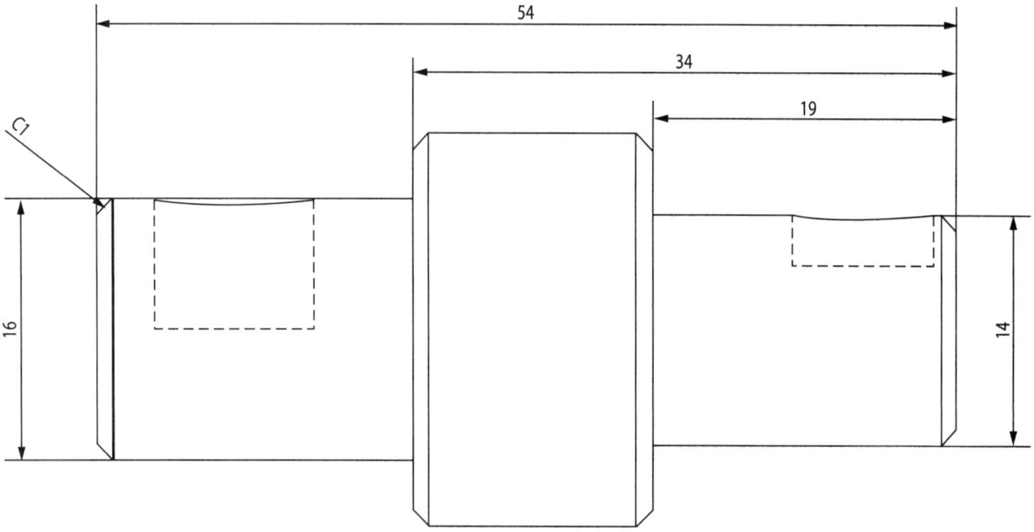

图 10-25　轴零件实例及其工程图

1. 启动 Inventor

选择“开始”→“所有程序”→“Autodesk→“Autodesk Inventor2020”→“Autodesk Inventor Professional2020”命令来启动 Inventor。

2. 新建零件文档

在“快速入门”选项卡的“启动”组中选择“新建”命令，再在弹出的“新建文件”对话框中选择“Standard. ipt”模板，如图 10-26 所示。

图 10-26　新建零件文档

3. 创建草图

在“模型”浏览器中选择“XY 平面”选项，在“三维模型”选项卡的“草图”组中选择“开始创建二维草图”命令，或直接在用户图形窗口中单击直接操纵的工具栏，如图 10－27 所示。

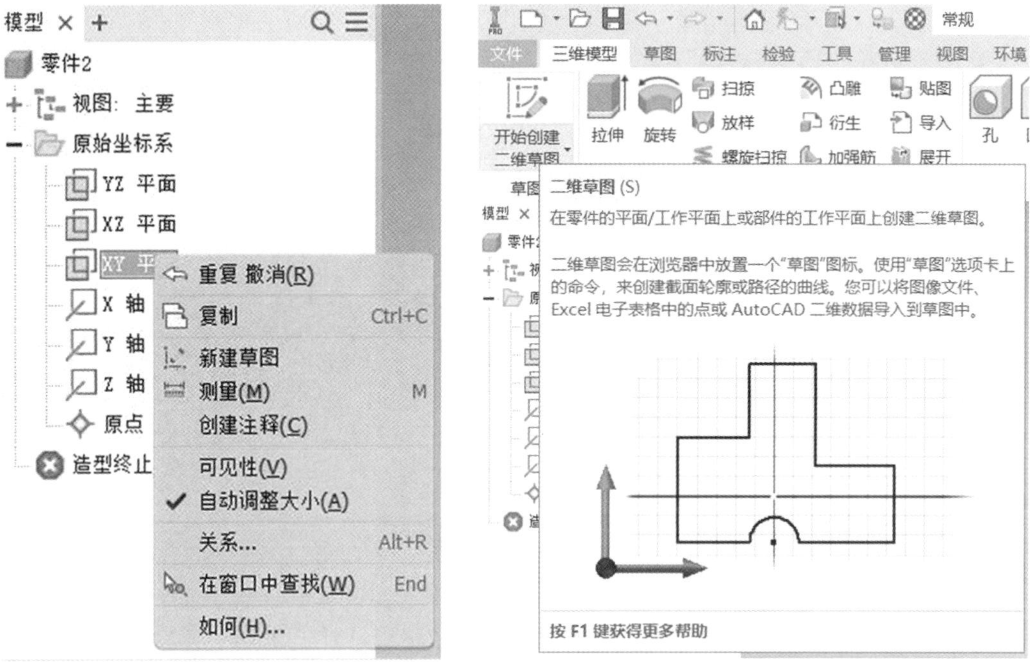

图 10－27　创建草图

4. 创建草图轮廓

在二维草图面板中单击“直线”按钮，接着用草图直线绘制截面轮廓，结果如图 10－28 所示。在绘制过程中，要注意查看 Inventor 的几何约束反馈标记，确保在正确的图线之间的平行、垂直和点重合的条件下，按下拾取键确认直线端点的位置。图线的长度尺寸在这个工程中不必考虑。按模型要求，添加必要的几何约束和尺寸约束。

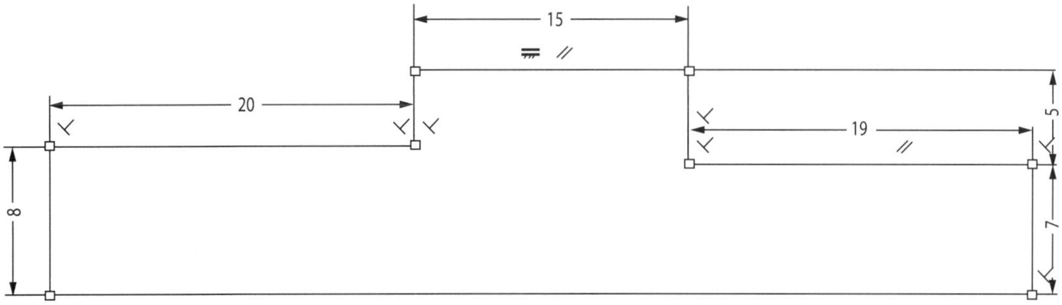

图 10－28　草图轮廓

5. 创建旋转特征

结束创建草图，在功能区的“三维模型”选项卡的“创建”组中选择“旋转”命令，弹出“旋转”对话框。因为这个例子中只有一个草图，所以旋转特征会自动识别截面轮廓，选择旋转轴，选择输出为“实体”，范围为“全部”。单击“确定”按钮即完成此轴主体部分的创建，如图 10－29 所示。

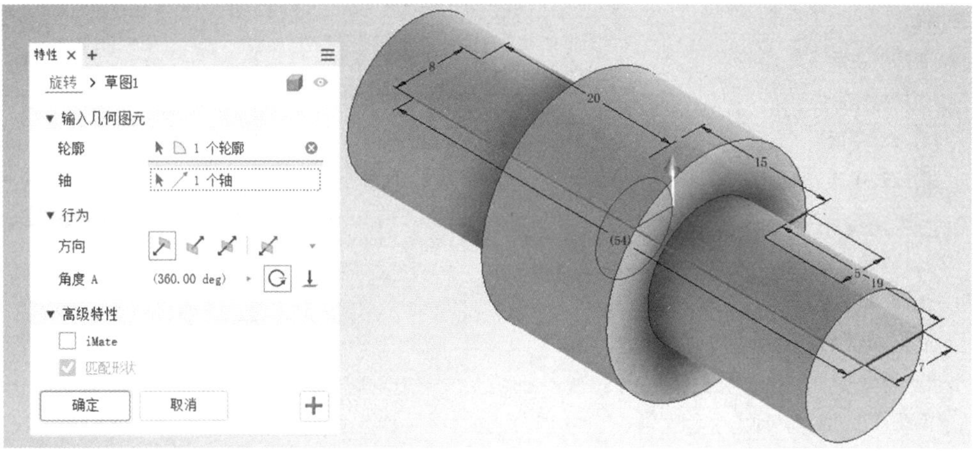

图 10－29　创建旋转特征

6. 创建参考平面

在功能区的“三维模型”选项卡的“定位特征”组中选择“平面”命令，然后在模型浏览器中选中“XY 平面”，在用户图形区拖动鼠标，在文本框中输入偏离距离 4 mm，单击“确定”按钮，如图 10－30 所示，完成参考平面的创建。

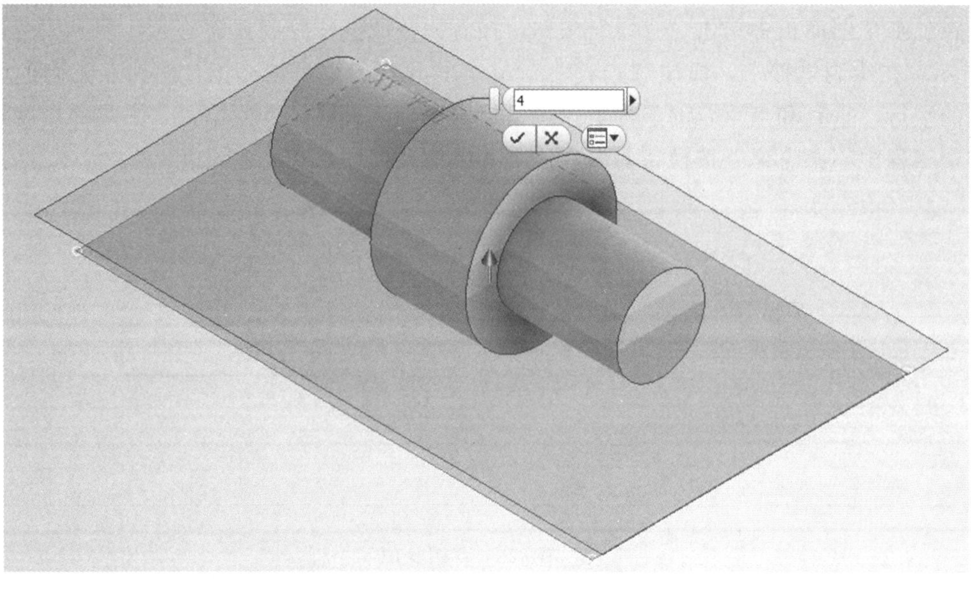

图 10－30　创建参考平面

7. 创建键槽轮廓

选择刚创建的参考平面，在功能区的“三维模型”选项卡的“草图”组中选择“开始创建二维草图”命令，在创建的二维草图中创建如图 10－31 所示的轮廓。

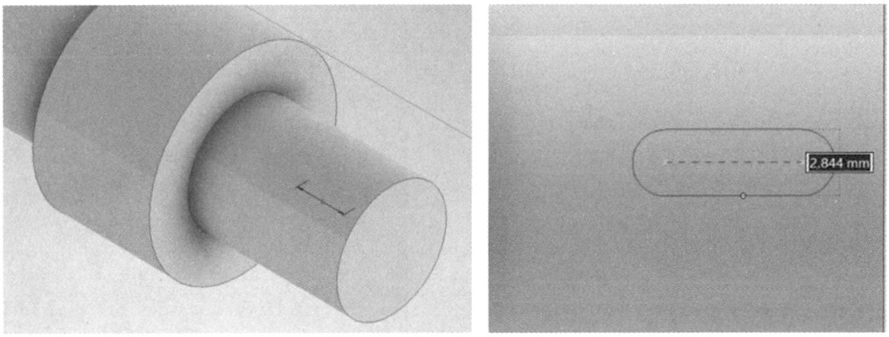

图 10－31 创建键槽轮廓

8. 创建键槽拉伸特征

退出草图环境，在功能区的“三维模型”选项卡的“创建”组中选择“拉伸”命令，弹出“拉伸”对话框。选择新建的草图后，布尔为“求差”，范围为“距离”10 mm（或直接选择“贯通”模式），设计拉伸方向为“默认”，单击“确定”按钮，如图 10－32 所示，创建键槽拉伸特征。

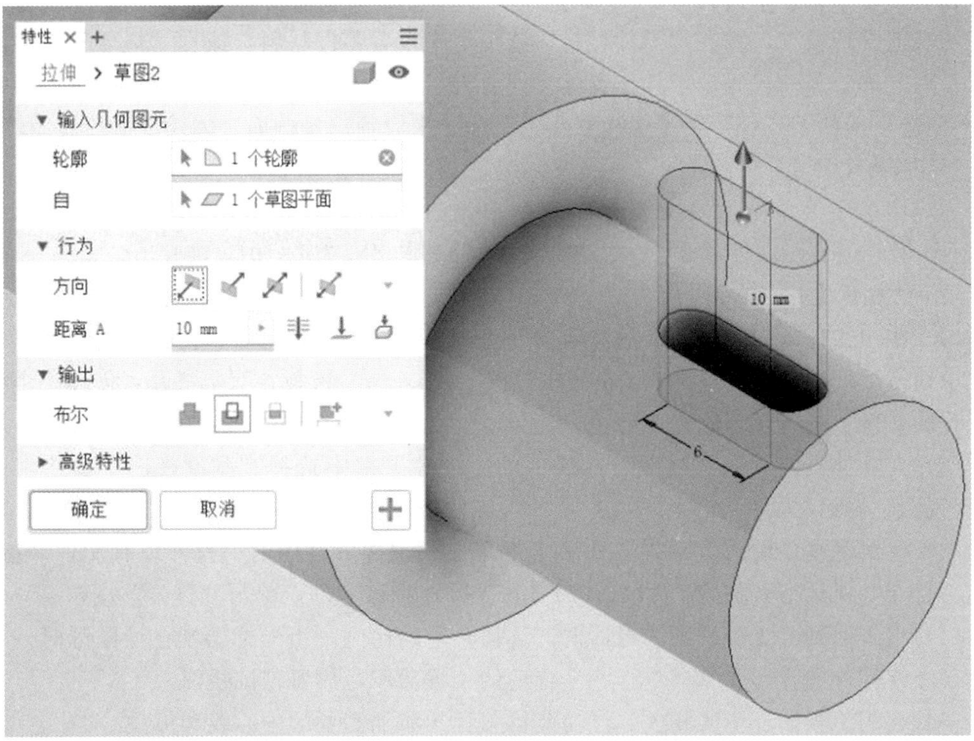

图 10－32 创建键槽拉伸特征

9. 创建倒角特征

选择图示边线，在功能区的“三维模型”选项卡的“修改”组中选择“倒角”命令，创建倒角特征，或直接利用图形区域的小工具栏来创建倒角特征，如图 10－33 所示。

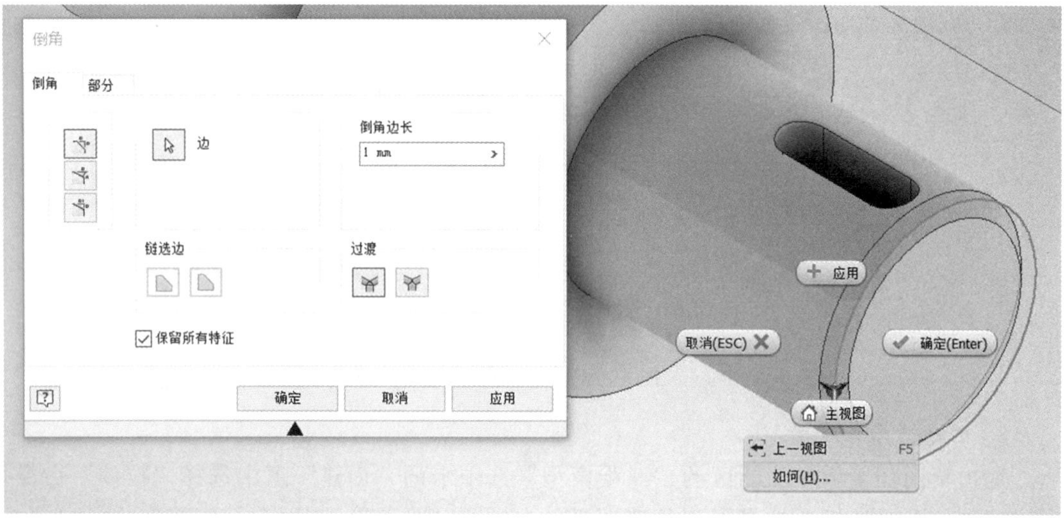

图 10－33 创建倒角特征

10. 设置其他设计数据

在应用程序菜单中选择“iProperty”命令，弹出零件特征界面，在此界面中可以设置零件的其他设计数据，如在“零件材料”选项卡中设置零件材料，或在“概要”选项卡中设置零件名称、零件代码、零件作者等。同时为了更真实地反映零件的外形，可以通过在“视图”选项卡的“外观”组中选择“颜色”命令来设置选择的面、体或特征的表面颜色。

11. 保存文件

在应用程序菜单中选择“保存”命令，弹出“另存为”对话框，指定保存类型为“Autodesk Inventor 零件（＊ipt）”，指定目录后确定保存为 L－01－001. ipt。

12. 创建该零件工程图

（1）在“快速入门”选项卡的“启动”组中选择“新建”命令，在弹出的“新建”对话框中切换至“Metric”选项卡，在其中选择“GB. idw”模板，双击打开，创建一个标准的工程图文件，进入工程图绘制环境。

（2）在功能区的“放置视图”选项卡的“创建”组中选择“基础视图”命令，弹出“工程视图”对话框。

（3）在对话框中的“零部件”选项卡下单击“文件”栏中的“打开现有文件”按钮，弹出“打开”对话框，找到 L－01－001. ipt 零件选择该零件，单击“打开”按钮。

（4）重新回到“工程视图”对话框，选择合适的比例，当光标出现在绘图区时，在光标上已经有零件的投影预览，选择一个合适的位置拾取，放置基础视图。

（5）利用工程图环境的相关标注功能给工程图添加需要的中心线和标注。

（6）完成后保存该文件，在“另存为”对话框中为工程图文件命名，单击“保存”

按钮。

（7）结果如图 10－34 所示。

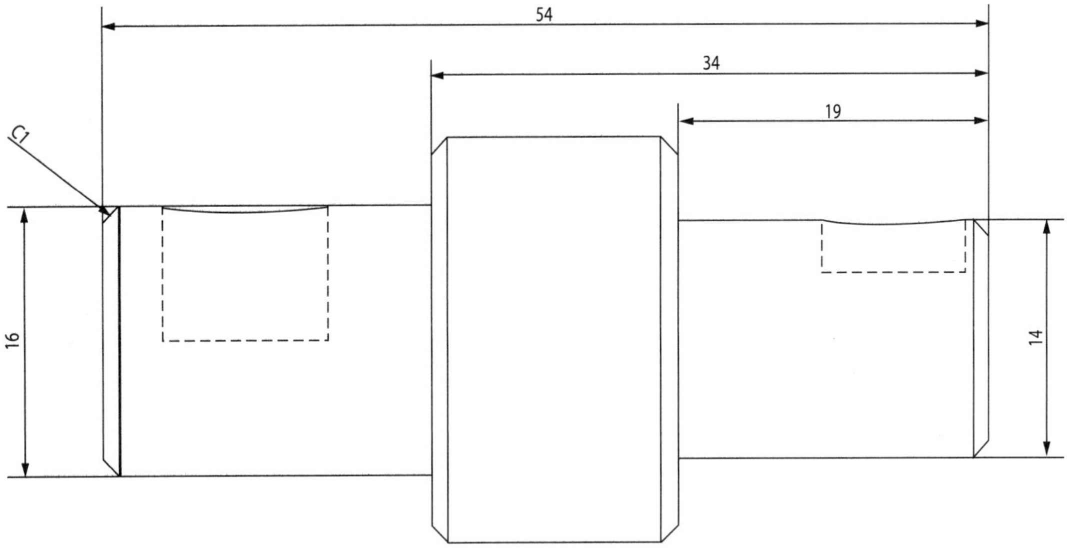

图 10－34　零件工程图实例

13. 参数化修改

如前文所述，机械产品的设计过程其实就是反复论证和修改的过程，有了 Inventor 的参数化设计，以及设计参数的关联传递，论证和修改的过程不再那么复杂，而是轻而易举就可以完成的。

例如，上面的零件设计，假设在论证中需要修改零件，将总长从 130 mm 改为 150 mm，将带键槽的一头长度从 50 mm 改为 72 mm。只需要打开零件的三维实体模型，在模型旋转特征的草图中，将要修改的尺寸值改为需要的值，保存即可。工程图自动关联更新，这就做到了一劳永逸，简化了修改流程，大大节省了论证和修改时间。

附　录

标准公差数值(GB/T 1800.1—2009)

公称尺寸 mm		标准公差等级																	
		IT1	IT2	IT3	IT4	IT5	IT6	IT7	IT8	IT9	IT10	IT11	IT12	IT13	IT14	IT15	IT16	IT17	IT18
大于	至	μm											mm						
—	3	0.8	1.2	2	3	4	6	10	14	25	40	60	0.1	0.14	0.25	0.4	0.6	1	1.4
3	6	1	1.5	2.5	4	5	8	12	18	30	48	75	0.12	0.18	0.3	0.48	0.75	1.2	1.8
6	10	1	1.5	2.5	4	6	9	15	22	36	58	90	0.15	0.22	0.36	0.58	0.9	1.5	2.2
10	18	1.2	2	3	5	8	11	18	27	43	70	110	0.18	0.27	0.43	0.7	1.1	1.8	2.7
18	30	1.5	2..5	4	6	9	13	21	33	52	84	130	0.21	0.33	0.52	0.84	1.3	2.1	3.3
30	50	1.5	2.5	4	7	11	16	25	39	62	100	160	0.25	0.39	0.62	1	1.6	2.5	3.9
50	80	2	3	5	8	13	19	30	46	74	120	190	0.3	0.46	0.74	1.2	1.9	3	4.6
80	120	2.5	4	6	10	15	22	35	54	87	140	220	0.35	0.54	0.87	1.4	2.2	3.5	5.4
120	180	3.5	5	8	12	18	25	40	63	100	160	250	0.4	0.63	1	1.6	2.5	4	6.3
180	250	4.5	7	10	14	20	29	46	72	115	185	290	0.46	0.72	1.15	1.85	2.9	4.6	7.2
250	315	6	8	12	16	23	32	52	81	130	210	320	0.52	0.81	1.3	2.1	3.2	5.2	8.1
315	400	7	9	13	18	25	36	57	89	140	230	360	0.57	0.89	1.4	2.3	3.6	5.7	8.9
400	500	8	10	15	20	27	40	63	97	155	250	400	0.63	0.97	1.55	2,5	4	6.3	9.7
500	630	9	11	16	22	32	44	70	110	175	280	440	0.7	1.1	1.75	2.8	4.4	7	11
630	800	10	13	18	25	36	50	80	125	200	320	500	0.8	1.25	2	3.2	5	8	12.5
800	1000	11	15	21	28	40	56	90	140	230	360	560	0.9	1.4	2.3	3.6	5.6	9	14
1000	1250	13	18	24	33	47	66	105	165	260	420	660	1.05	1.65	2.6	4.2	6.6	10.5	16.5
1250	1600	15	21	29	39	55	78	125	195	310	500	780	1.25	1.95	3.1	5	7.8	12.5	19.5
1600	2000	18	25	35	46	65	92	150	230	370	600	920	1.5	2.3	3.7	6	9.2	15	23
2000	2500	22	30	41	55	78	110	175	280	440	700	1100	1.75	2.8	4.4	7	11	17.5	28
2500	3150	26	36	50	68	96	135	210	330	540	860	1350	2.1	3.3	5.4	8.6	13.5	21	33

轴的基本偏差数值(摘自 GB/T 1800.1—2009)

公称尺寸 mm		基本															
		上偏差 es															
		所有标准公差等级												IT5 和 IT6	IT7	IT8	IT4 和 IT7
大于	至	*a*	*b*	C	*cd*	*d*	*e*	*ef*	*f*	*fg*	*g*	*h*	*js*				
—	3	−270	−140	−60	−34	−20	−14	−10	−6	−4	−2	0	偏差$=\pm\frac{\mathrm{IT}n}{2}$，式中 IT*n* 是 IT 值数	−2	−4	−6	0
3	6	−270	−140	−70	−46	−30	−20	−14	−10	−6	−4	0		−2	−4		+1
6	10	−280	−150	−80	−56	−40	−25	−18	−13	−8	−5	0		−2	−5		+1
10	14	−290	−150	−95		−50	−32		−16		−6	0		−3	−6		+1
14	18																
18	24	−300	−160	−110		−65	−40		−20		−7	0		−4	−8		+2
24	30																
30	40	−310	−170	−120		−80	−50		−25		−9	0		−5	−10		+2
40	50	−320	−180	−130													
50	65	−340	−190	−140		−100	−60		−30		−10	0		−7	−12		+2
65	80	−360	−200	−150													
80	100	−380	−220	−170		−120	−72		−36		−12	0		−9	−15		+3
100	120	−410	−240	−180													
120	140	−460	−260	−200		−145	−85		−43		−14	0		−11	−18		+3
140	160	−520	−280	−210													
160	180	−580	−310	−230													
180	200	−660	−340	−240		−170	−100		−50		−15	0		−13	−21		+4
200	5	−740	−880	−260													
225	250	−820	−420	−280													
250	280	−920	−480	−300		−190	−110		−56		−17	0		−16	−26		+4
280	315	−1050	−540	−330													

（续表）

公称尺寸 mm		基本															
		上偏差 es															
		所有标准公差等级												IT5 和 IT6	IT7	IT8	IT4 和 IT7
大于	至	*a*	*b*	*C*	*cd*	*d*	*e*	*ef*	*f*	*fg*	*g*	*h*	*js*				
315	355	−1200	−600	−360		−210	−125		−62		−18	0		−18	−28		+4
355	400	−1350	−680	−400													
400	450	−1500	−760	−440		−230	−135		−68		−20	0		−20	−32		+5
450	500	−1650	−840	−480													
500	560					−260	−145		−76		−22	0					0
560	630																
630	710					−290	−160		−80		−24	0					0
710	800																
800	900					−320	−170		−86		−26	0	偏差$=\pm\frac{ITn}{2}$，式中 IT*n* 是 IT 值数				0
900	1000																
1000	1120					−350	−195		−98		−28	0					0
1120	1250																
1250	1400					−390	−220		−110		−30	0					0
1400	1600																
1600	1800					−430	−240		−120		−32	0					0
1800	2000																
2000	2240					−480	−260		−130		−34	0					0
2240	2500																
2500	2800					−520	−290		−145		−38	0					0
2800	3150																

偏差数值														
	下偏差 ei													
≤IT3 >IT7	所有标准公差等级													
k	m	n	p	r	s	t	u	v	x	y	z	za	zb	zc
0	+2	+4	+6	+10	+14		+18		+20		+26	+32	+40	+60
0	+4	+8	+12	+15	+19		+23		+28		+35	+42	+50	+80
0	+6	+10	+15	+19	+23		+28		+34		+42	+52	+67	+97
0	+7	+12	+18	+23	+28		+33		+40		+50	+64	+90	+130
								+39	+45		+60	+77	+108	+150
0	+8	+15	+22	+28	+35		+41	+47	+54	+63	+73	+98	+136	+188
						+41	+48	+55	+64	+75	+88	+118	+160	+218
0	+9	+17	+26	+34	+43	+48	+60	+68	+80	+94	+112	+148	+200	+274
						+54	+70	+81	+97	+114	+136	+180	+242	+325
0	+11	+20	+32	+41	+53	+66	+87	+102	+122	+144	+172	+226	+300	+405
				+43	+59	+75	+102	+120	+146	+174	+210	+274	+360	+480
0	+13	+23	+37	+51	+71	+91	+124	+146	+178	+214	+258	+335	+445	+585
				+54	+79	+104	+144	+172	+210	+254	+310	+400	+525	+690
0	+15	+27	+43	+63	+92	+122	+170	+202	+248	+300	+365	+470	+620	+800
				+65	+100	+134	+190	+228	+280	+340	+415	+535	+700	+900
				+68	+108	+146	+210	+252	+310	+380	+465	+600	+780	+1000
0	+17	+31	+50	+77	+122	+166	+236	+284	+350	+425	+520	+670	+880	+1150
				+80	+130	+180	+258	+310	+385	+470	+575	+740	+960	+1250
				+84	+140	+196	+284	+340	+425	+520	+640	+820	+1050	+1350

（续表）

k	*m*	*n*	*p*	*r*	*s*	*t*	*u*	*v*	*x*	*y*	*z*	*za*	*zb*	*zc*
0	+20	+34	+56	+94	+158	+218	+315	+385	+475	+580	+710	+920	+1200	+1550
				+98	+170	+240	+350	+425	+525	+650	+790	+1000	+1300	+1700
0	+21	+37	+62	+108	+190	+268	+390	+475	+590	+730	+900	+1150	+1500	+1900
				+114	+208	+294	+435	+530	+660	+820	+1000	+1300	+1650	+2100
0	23	+40	+68	+126	+232	+330	+490	+595	+740	+920	+1100	+1450	+1850	+2400
				+132	+252	+360	+540	+660	+820	+1000	+1250	+1600	+2100	+2600
0	+26	+44	+78	+150	+280	+400	+600							
				+155	+310	+450	+660							
0	+30	+50	+88	+175	+340	+500	+740							
				+185	+380	+560	+840							
0	+34	+56	+100	+210	+430	+620	+940							
				+220	+470	+680	+1050							
0	+40	+66	+120	+250	+520	+780	+1150							
				+260	+580	+840	+1300							
0	+48	+78	+140	+300	+640	+960	+1450							
				+330	+720	+1050	+1600							
0	+58	+92	+170	+370	+820	+1200	+1850							
				+400	+920	+1350	+2000							
0	+68	+110	+195	+440	+1000	+1500	+2300							
				+460	+1100	+1650	+2500							
0	+76	+135	+240	+550	+1250	+1900	+2900							
				+580	+1400	+2100	+3200							

孔的基本偏差数值(摘自 GB/T 1800.1—2009)

公称尺寸 mm		基本偏差																				
		下偏差 *EI*																				
		所有标准公差等级												IT6	IT7	IT8	≤IT8	>IT8	≤IT8	>IT8	≤IT8	>IT8
大于	至	*A*	*B*	*C*	*CD*	*D*	*E*	*EF*	*F*	*FG*	*G*	*H*	*JS*	*J*			*K*		*M*		*N*	
—	3	+270	+140	+60	+34	+20	+14	+10	+6	+4	+2	0	偏差＝$\pm\frac{ITn}{2}$，式中 IT*n* 是 IT 值数	+2	+4	+6	0	0	−2	−2	−4	−4
3	6	+270	+140	+70	+46	+30	+20	+14	+10	+6	+4			+5	+6	+10	−1+△		−4+△	−4	−8+△	0
6	10	+280	+150	+80	+56	+40	+25	+18	+13	+8	+5	0		+5	+8	+12	−1+△		−6+△	−6	−10+△	0
10	14	+290	+150	+95		+50	+32		+16		+6	0		+6	+10	+15	−1+△		−7+△	−7	−12+△	0
14	18																					
18	24	+300	+160	+110		+65	+40		+20		+7	0		+8	+12	+20	−2+△		−8+△	−8	−15+△	0
24	30																					
30	40	+310	+170	+120		+80	+50		+25		+9	0		+10	+14	+24	−2+△		−9+△	−9	−17+△	0
40	50	+320	+180	+130																		
50	65	+340	+190	+140		+100	+60		+30		+10	0		+13	+18	+28	−2+△		−11+△	−11	−20+△	0
65	80	+360	+200	+150																		
80	100	+380	+220	+170		+120	+72		+36		+12	0		+16	+22	+34	−3+△		−13+△	−13	−23+△	0
100	120	+410	+240	+180																		
120	140	+460	+260	+200		+145	+85		+43		+14	0		+18	+26	+41	−3+△		−15+△	−15	−27+△	0
140	160	+520	+280	+210																		
160	180	+580	+310	+230																		
180	200	+660	+310	+240		+170	+100		+50		+15	0		+22	+30	+47	−4+△		−17+△	−17	−31+△	0
200	225	+740	+380	+260																		
225	250	+820	+420	+280																		

（续表）

公称尺寸 mm		基本偏差																				
		下偏差 *EI*																				
		所有标准公差等级												IT6	IT7	IT8	≤IT8	>IT8	≤IT8	>IT8	≤IT8	>IT8
大于	至	*A*	*B*	*C*	*CD*	*D*	*E*	*EF*	*F*	*FG*	*G*	*H*	*JS*	*J*			*K*		*M*		*N*	
250	280	+920	+480	+300		+190	+110		+56		+17	0	偏差 $=\pm\frac{ITn}{2}$，式中 IT*n* 是 IT 值数	+25	+36	+55	$-4+\Delta$		$-20+\Delta$	−20	$-34+\Delta$	0
280	315	+1050	+540	+330																		
315	355	+1200	+600	+360		+210	+125		+62		+18	0		+29	+39	+60	$-4+\Delta$		$-21+\Delta$	−21	$-37+\Delta$	0
355	400	+1350	+680	+400																		
400	450	+1500	+760	+440		+230	+135		+68		+20	0		+33	+43	+66	$-5+\Delta$		$-23+\Delta$	−23	$-40+\Delta$	0
450	500	+1650	+840	+480																		
500	560					+260	+145		+76		+22	0					0		26		44	
560	630																					
630	710					+290	+160		+80		+24	0					0		30		50	
710	800																					
800	900					+320	+170		+86		+26	0					0		34		56	
900	1000																					
1000	1120					+350	+195		+98		+28	0					0		40		65	
1250	1120																					
1250	1400					+390	+220		+110		+30	0					0		48		78	
1400	1600																					
1600	1800					+430	+240		+120		+32	0					0		58		92	
1800	2000																					
2000	2240					+480	+260		+130		+34	0					0		68		110	
2240	2500																					
2500	2800					+520	+290		+145		+38	0					0		76		135	
2800	3150																					

（续表）

数值													△值					
上偏差 *ES*																		
≤IT7	标准公差等级大于 IT7												标准公差等级					
P 至 *ZC*	*P*	*R*	*S*	*T*	*U*	*V*	*X*	*Y*	*Z*	*ZA*	*ZB*	*ZC*	IT3	IT4	IT5	IT6	IT7	IT8
在大于 IT7 的相应数值上增加一个△值	−6	−10	−14		−18		−20		−26	−32	−40	−60	0	0	0	0	0	0
	−12	−15	−19		−23		−28		−35	−42	−50	−80	1	1.5	1	3	4	6
	−15	−19	−23		−28		−34		−42	−52	−67	−97	1	1.5	2	3	6	7
	−18	−23	−28		−33		−40		−50	−64	−90	−130	1	2	3	3	7	9
						−39	−45		−60	−77	−108	−150						
	−22	−28	−35		−41	−47	−54	−63	−73	−98	−136	−188	1.5	2	3	4	8	12
				−41	−48	−55	−64	−75	−88	−118	−160	−218						
	−26	−34	−43	−48	−60	−68	−80	−94	−112	−148	−200	−274	1.5	3	4	5	9	14
				−54	−70	−81	−97	−114	−136	−180	−242	−325						
	−32	−41	−53	−66	−87	−102	−122	−144	−172	−226	−300	−405	2	3	5	6	11	16
		−43	−59	−75	−102	−120	−146	−174	−210	−274	−360	−480						
	−37	−51	−71	−91	−124	−146	−178	−214	−258	−335	−445	−585	2	4	5	7	13	19
		−54	−79	−104	−144	−172	−210	−254	−310	−400	−525	−690						
	−43	−63	−92	−122	−170	−202	−248	−300	−365	−470	−620	−800	3	4	6	7	15	23
		−65	−100	−134	−190	−228	−280	−340	−415	−535	−700	−900						
		−68	−108	−146	−210	−252	−310	−380	−465	−600	−780	−1000						
	−50	−77	−122	−166	−236	−284	−350	−425	−520	−670	−880	−1150	3	4	6	9	17	26
		−80	−130	−180	−258	−310	−385	−470	−575	−740	−960	−1250						
		−84	−140	−196	−284	−340	−425	−520	−640	−820	−1050	−1350						
	−56	−94	−158	−218	−315	−385	−475	−580	−710	−920	−1200	−1550	4	4	7	9	20	29
		−98	−170	−240	−350	−425	−525	−650	−790	−1000	−1300	−1700						

（续表）

数值													△值					
上偏差 *ES*																		
≤IT7	标准公差等级大于 IT7												标准公差等级					
P 至 *ZC*	*P*	*R*	*S*	*T*	*U*	*V*	*X*	*Y*	*Z*	*ZA*	*ZB*	*ZC*	IT3	IT4	IT5	IT6	IT7	IT8
在大于 IT7 的相应数值上增加一个△值	−62	−108	−190	−268	−390	−475	−590	−730	−900	−1150	−1500	−1900	4	5	7	11	21	32
		−114	−208	−294	−435	−530	−660	−820	−1000	−1300	−1650	−2100						
	−68	−126	−232	−330	−490	−595	−740	−920	−1100	−1450	−1850	−2400	5	5	7	13	23	34
		−132	−252	−360	−540	−660	−820	−1000	−1250	−1600	−2100	−2600						
	−78	−150	−280	−400	−600													
		−155	−310	−450	−660													
	−88	−175	−340	−500	−740													
		−185	−380	−560	−840													
	−100	−210	−430	−620	−940													
		−220	−470	−680	−1050													
	−120	−250	−520	−780	−1150													
		−260	−580	−810	−1300													
	−140	−300	−640	−960	−1450													
		−330	−720	−1050	−1600													
	−170	−370	−820	−1200	−1850													
		−400	−920	−1350	−2000													
	−195	−440	−1000	−1500	−2300													
		−460	−1100	−1650	−2500													
	−240	−550	−1250	−1900	−2900													
		−580	−1400	−2100	−3200													